연소공학

최성우 저

도서출판 동화기술

머리말

연소공학은 이공계열의 여러 학문분야에서 다루는 응용학문으로 학문분야별 연소공학의 접근 방법이 매우 다양하다. 연소는 열에너지를 얻기 위한 공학적 과정이나 이 과정에서 연소 부산물로 황산화물, 질소산화물, 미세먼지 등 다양한 형태의 대기오염물질도 함께 배출된다.

연소과정은 대기오염 및 기후변화 원인물질의 생성과 아주 밀접한 관계를 가지므로 열에너지의 생성과정을 이해함과 동시에 연소과정의 부산물인 대기오염물질과 기후변화 원인물질인 이산화탄소의 생성과정 및 환경에 미치는 영향을 이해하는데 관심을 두어야 한다.

이 책은 연소공학을 보다 쉽게 이해하는데 도움을 주고자 하였으며, 다음과 같은 차별성을 두고 집필하였다.

첫째, 기존의 교재와는 달리 연소과정을 벤다이어그램으로 도식화하여 설명함으로써 공기량 및 연소가스량의 연소반응식을 이해하는데 도움을 주고자 하였다. 연소반응식을 단순히 암기하지 않고 벤다이어그램을 이용하여 연소반응을 이해함으로써 연소반응식을 스스로 유도할 수 있도록 하여 자기주도적 학습이 가능하도록 하였다.

둘째, 각 장별 개념을 설명하고 정리한 후 각 장과 관련된 과년도 대기환경기사 기출문제를 기초로 유형별로 분석하여 내용을 이해함과 동시에 실전문제를 접함으로써 국가기술자격증 취득에 도움을 주고자 하였다.

셋째, 연소와 대기오염 및 기후변화와의 관련성에 대해 서술하였고, 연소과정에 의해 발생하는 대기오염물질의 화학적 생성과정에 대해 논의하였으며, 이에 대한 공학적 대책을 제안하였다.

넷째, 환경학 전공자 외 소방설비기사, 가스기사, 에너지관리기사 등 연소기전의 이해 및 계산을 필요로 하는 다양한 전문분야에서도 사용할 수 있도록 집필하였다.

마지막으로 이 책을 집필하는데 도움을 준 도상현 박사와 계명대학교 환경융합연구실 대학원생 여러분, 본서를 흔쾌히 출판해 주시고 성원해 주신 도서출판 동화기술 관계자 여러분께 감사드립니다.

저자 씀

차 례

CHAPTER 1

연소의 기초

1.1 연소의 정의
1.2 연소와 화학반응
1.3 연소속도
1.4 착화점과 인화점
1.5 연소 계산을 위한 기초개념
1.6 연소와 무차원수

1.1 연소의 정의

연소는 영어로 combustion이라 하며 한자로는 태우다, 라는 의미의 탈 연(燃)자와 사를 소(燒)자로 "타다, 불태우다", 라는 의미를 갖는다. 즉 연소는 물질을 태운다는 의미를 가진다.

우리 주변에 태우거나 탈 수 있는 물질들은 매우 많다. 종이류, 나무류, 양초류, 섬유류, 석유, 석탄계 연료 등 불이 붙을 수 있는 물질을 가연성물질(supporter of combustion)이라 부른다. 가연성이란 물질을 연소시키기 쉬움을 표시하는 성질로 가연성(combustibility), 또는 인화성(inflammable)이라고 부른다. 가연성 물질 중 불이 더욱 잘 붙는 물질을 인화성물질이라고도 한다.

그러나 가연성물질만 존재한다고 해서 연소될 수 있는 것은 아니다. 즉 가연성물질이 연소되기 위해서는 산소와 점화원이 필요하다. 점화원(source of ignition)은 불을 붙일 수 있는 수단으로 가스레인지의 전기적 스파크 등을 대표적인 예로 들 수 있다. 시중에서 볼 수 있는 라이터를 예로 연소기전을 살펴보면 라이터 내 액체는 가연성물질이며 부싯돌은 점화원이라 볼 수 있다. 점화원은 발화에 필요한 열에너지를 공급하게 된다. 즉 가연성물질, 점화원, 산소를 연소의 3대 요소라고 부른다.

이를 기초로 연소를 정의하면 "가연성물질이 빛이나 열 또는 불꽃을 내면서 산소와 결합하는 발열산화반응"이라 정의할 수 있으며 화학반응의 일종이라는 것을 알 수 있다. 또한 에너지 전환개념에서 연소는 가연성물질이 가진 화학에너지를 열에너지로 쉽게 전환할 수 있는 현상이라고 정의할 수 있다.

특히 가연성물질의 구비조건은 다음과 같다.

- 산소와 친화력이 높고, 화학적 활성도가 커야 한다.
- 연소 반응열이 크고, 표면적이 커야 한다.
- 반면에 활성화에너지와 열전도율이 적어야 한다.
- 연소는 발열반응이므로 흡열반응을 일으켜서는 안 된다.

일반적으로 가연성물질의 산소(산화제)와 결합하여 연소되나 산소 이외에 산화질소, 할로겐계화합물과도 반응한다.

대기오염의 대표적 배출원이 자동차를 기준으로 연소기전을 그림 1.1에 나타내었다. 자동차 내 가솔린은 대표적인 가연성물질이다. 하지만 가솔린만 있다고 해서 자동차가 움직이는 것은 아니다. 즉 가솔린은 잠재에너지형태의 화학에너지임을 알 수 있다.

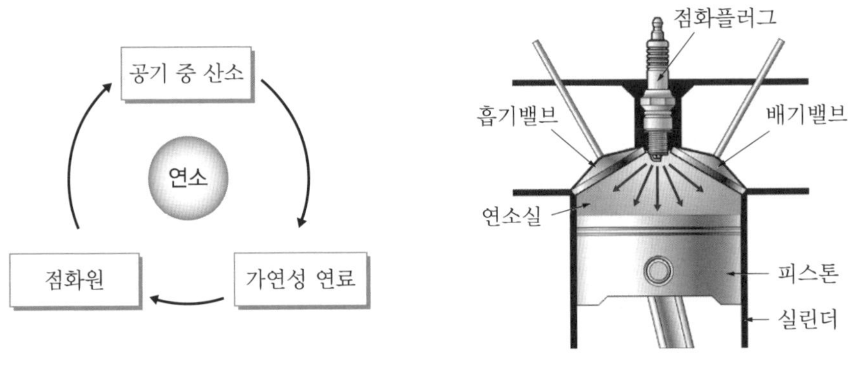

그림 1.1 연소의 3대 요소와 자동차 연소 사례

출처) https://courses.candelalearning.com/princgenchem/chapter/2-6-industrially-important-chemicals/

연료펌프에 의해 가솔린이 엔진 내로 이동하고 흡기밸브를 통해 공기 즉, 산소가 공급되면 점화플러그의 점화코일에 의해 점화가 일어나 연소가 시작되는 것이다. 또한 이러한 연소과정을 통해 운동에너지가 발생되며 자동차 배기관을 통해서 연소반응의 생성물인 물과 이산화탄소 및 대기오염물질이 발생하게 된다.

이를 화학반응의 개념을 통해 도식화 하면 다음과 같다.

A	+	B	=	C	+	D	+	Heat
가연성물질 (가솔린)		공기 중의 산소		물, 이산화탄소		대기오염물질 (SO_x, NO_x)		운동(열) 에너지

A와 B는 반응물이며 C와 D는 생성물이다. A는 가연성물질이며 B는 산소이고 반응과정에서 생성물인 물과 이산화탄소, 대기오염물질 그리고 열이 발생한다. 따라서 연소는 열에너지를 얻기 위한 과정이며 부수적으로 SO_x, NO_x와 같은 대기오염물질이 발생되고 기후변화, 지구온난화의 원인물질인 이산화탄소가 발생된다. 따라서 환경학을 전공하는 학생은 연소과정에서 발생하는 부산물인 대기오염물질과 지구온난화의 원인물질인 이산화탄소의 감축에 관심을 가져야 한다.

1.2 연소와 화학반응

연소는 곧 화학반응이다. 따라서 연소기전을 이해하기 위해서는 화학반응의 기초개념을 이해해야 한다. 반응물과 생성물의 화학반응식을 나타내면 다음과 같다.

$$aA + bB \leftrightarrow cC + dD \tag{1-1}$$

여기서 a, b, c, d는 몰수이며 A와 B는 반응물, C와 D는 생성물이다.

1. 평형상수와 엔탈피변화

화학반응식 (1-1)에서 평형상수는 화학 평형의 법칙으로 평형상수 값이 크면 생성물질이 많아지는 것을 의미하며 온도만의 함수로 압력이나 농도에 영향을 받지는 않는다. [ ]는 몰농도를 의미한다.

$$\text{평형상수} = \frac{[\text{생성물의 몰농도의 곱}]}{[\text{반응물의 몰농도의 곱}]} = \frac{[c][d]}{[a][b]} \tag{1-2}$$

또한 화학반응의 평형상태를 설명할 때에는 깁스자유에너지(ΔG; Gibbs free energy)를 사용한다. ΔG는 화학반응 시 이용되거나 방출되는 에너지 총량으로, 일정한 온도에서 일어나는 ΔG식은 다음과 같다.

$$\Delta G = \Delta H - T\Delta S \tag{1-3}$$

ΔH는 엔탈피의 변화, ΔS는 엔트로피의 변화이며 T는 절대온도를 의미한다. 따라서 ΔG단위는 kcal/mol이 된다.

- ΔG가 0의 값을 가지면 평형상태로 반응이 진행되지 않는다.
- ΔG가 0보다 크면 반응은 비자발적이 된다.
- ΔG가 0보다 작으면 자발적 반응을 하게 된다.

식(1-3)에서 볼 수 있듯이 엔트로피(ΔS)가 증가할수록 ΔG는 감소한다.

화학반응에서는 반응 전후 온도의 평형을 위해 계가 열을 방출하거나 흡수하게 된다. 이 열을 엔탈피(ΔH; enthalpy)라 부르며 어떤 물질이 가지는 고유 에너지의 총량으로 정의되며, 단위는 kcal/mol로 열량과 동일한 차원을 가진다.

엔탈피는 $\Delta H = U + pV$로 U는 내부에너지, p는 압력, V는 부피로 다음과 같은 특성을 가진다.

- 발열반응에서는 엔탈피가 감소하고 흡열반응에서는 엔탈피가 증가한다.
- 반응물이 생성물보다 에너지상태가 높으면 발열반응이 된다.
- 엔탈피는 반응경로와는 무관하며 물질의 양에 비례한다.

연소는 발열화학반응으로 가연성물질이 산소와 반응하므로 반응 전후 엔탈피의 변화를 가지게 되며 이 변화량을 표준엔탈피변화로 정의하며 기호로는 $\Delta H°$로 나타낸다. 표준엔탈피의 변화는 표준상태(기체의 경우 25℃, 1atm에서 가장 안정적임)에서 흡수되는 열의 변화로 (−)는 기호를 붙이는데 이는 열이 방출되는 것을 의미한다. 표준엔탈피변화는 다음 식(1-4)로 정의된다.

$$\text{표준엔탈피변화}(\Delta H) = [\text{생성물의 엔탈피}] - [\text{반응물의 엔탈피}] \qquad (1\text{-}4)$$

발열반응에서는 엔탈피가 감소하는 반응으로 반응열은 0보다 커지면 표준엔탈피변화는 0보다 작아진다.

즉 가연성물질인 C, H, S 등은 연소 반응 후 (−) 표준엔탈피변화로 발열반응을 하며 연료 중 N은 (+)값을 가짐으로 흡열반응을 하여 연소공학에서는 연료 중의 N을 가연성물질로 취급하지 않는다.

예를 들어, 발열량이 10,000kcal/mol이라면 연소반응에 통해 계가 가지고 있는 에너지 중 10,000에 해당하는 에너지가 열로 전환되었다는 것을 의미하며 표준엔탈피의 변화는 −10,000이 된다. 즉 연소반응은 발열반응이므로 발열량은 +값을 가지며 표준엔탈피변화는 −값을 가지게 된다. 연소공학에서 표준엔탈피변화는 연소열, 반응열의 개념으로 볼 수 있다.

화학반응을 일으키기 위한 최소의 에너지를 필요로 하는데 이를 활성화에너지(E_a)라고 부른다.

- 활성화에너지가 큰 경우 반응은 느리게 나타난다.
- 활성화에너지가 작은 반응은 빠르게 일어난다.

따라서 연소반응이 빠르게 일어나기 위하여 활성화에너지가 작은 것이 유리하다. 일반적으로 활성화에너지를 낮추기 위해 촉매를 사용한다.

흡열반응과 발열반응에서 활성화에너지와 엔탈피를 그림 1.2에 나타내었다.

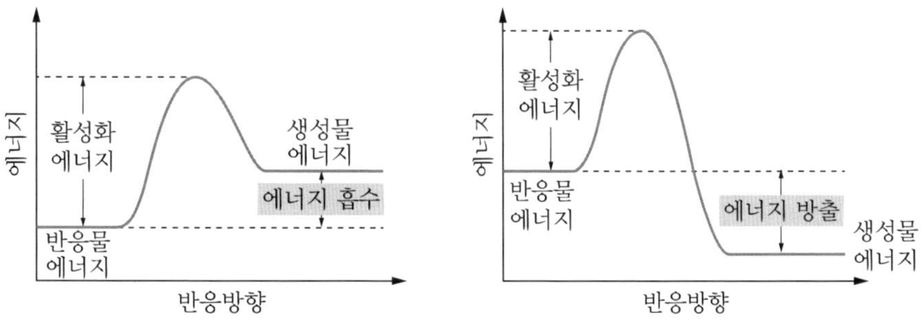

그림 1.2 활성화에너지와 엔탈피

출처) https://www.saddlespace.org/whittakerm/science/cms_page/view/7795235

2. 반응속도

화학반응의 빠르기 정도는 반응속도에 의해 결정이 된다. 반응속도는 단위시간동안의 반응물질 또는 생성물질의 변화량을 의미한다. 두 물질의 화학반응을 위해서는 반응물질을 구성하는 입자간의 충돌이 일어나야 한다. 반응 초기에는 반응물질 간의 충돌이 매우 많아 빠른 반응이 일어나지만 반응시간이 경과할수록 반응물질의 양이 감소하므로 충돌 횟수가 작아지게 된다. 반응물질 및 생성물질의 농도와 시간간의 관계를 그림 1.3에 나타내었다.

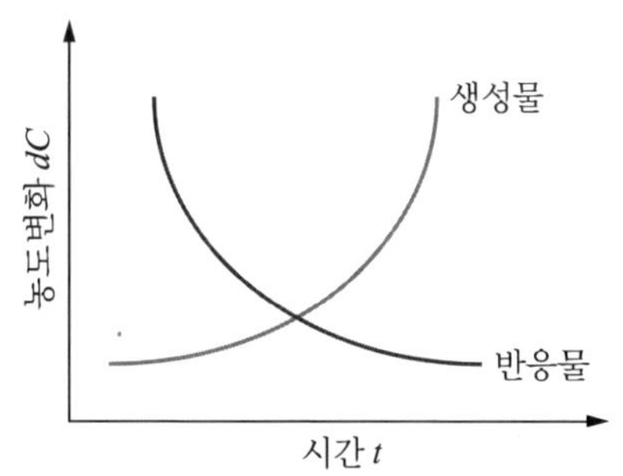

그림 1.3 시간의 변화에 따른 반응물과 생성물의 농도변화

즉 반응속도는 반응시간의 변화에 따른 농도의 변화(dC/dt)를 의미하며 식(1-1)에서 반응물과 생성물의 농도변화에 따른 식은 다음과 같다.

$$\text{반응속도}(v) = -\frac{\text{반응물의 농도변화}}{\text{반응시간}} = +\frac{\text{생성물의 농도변화}}{\text{반응시간}} \tag{1-5}$$

$$v = -\frac{d[A]}{dt} = \frac{d[C]}{dt} = k[A]^x[B]^y \tag{1-6}$$

여기에서 v는 반응속도, dt는 반응시간의 변화량, $d[A]$는 반응물질의 농도 변화량으로 t시간 후 잔여하는 A물질의 농도이며, $d[C]$는 t시간 후 생성되는 C의 농도를 의미하며 k는 반응속도상수이고 x, y는 반응차수로 실험적으로 구해진다. 반응속도(v)와 반응속도상수(k)의 특성을 살펴보면 다음과 같다.

- 반응물의 농도변화에 (−)는 반응물의 농도가 시간에 따라 감소함을 의미한다.
- 반응속도(v)는 반응시간과 관련이 있고 농도에 비례한다.
- 반응속도상수(k)는 농도에 비례하지 않으며 온도에 의해 영향을 받으며 온도가 일정하면 농도에 관계없이 일정한 값을 가진다.
- 일련의 연쇄반응에서 가장 큰 영향을 주는 반응단계를 속도결정단계라고 하며 반응속도가 가장 느리게 일어나는 반응단계를 의미한다.

반응속도식은 크게 0차, 1차, 2차 반응식으로 나누며 각 반응 차수별 식의 전개하기 전 환경학에서 많이 다루는 미적분과정을 살펴보자. 미분(Differential calculus)은 어떠한 것의 아주 작은 부분이라 의미를 가지로 기호는 d를 쓴다. 변수 x에 d를 붙여 dx라 쓰면 이는 x의 아주 작은 부분이라는 뜻이다. 적분(Integral calculus)은 어떠한 것의 합이라는 뜻으로 $\int$라는 기호를 사용한다. 미분에서 적분하라는 기호 $\int dx$를 사용하며 x의 아주 작은 부분을 모두 합한 것이라는 의미를 갖는다.

일반적으로 환경학에서 많이 보는 미분식은 크게 3종류로 dx, $\frac{dx}{x}$, $x^m dx$ 이에 대한 미적분식을 살펴보면 다음과 같다. dx꼴은 농도(dC), 시간(dt), 속도(dv)에서 볼 수 있으며 $\frac{dC}{C}$는 1차 반응식, $\frac{dC}{C^2}$은 2차 반응식에서 볼 수 있다.

미분	부정적분 (단, C는 적분상수)	정적분 (a에서 b구간)
dC, dt	$\int dx = x + C$	$\int_a^b dx = b - a$
$\frac{dC}{C}$	$\int \frac{dx}{x} = \ln(x) + C$	$\int_a^b dx = \ln b - \ln a = \ln\left(\frac{b}{a}\right)$
$\frac{dC}{C^2}$ 또는 $C^{-2}dC$	$\int x^m dx = \frac{x^{m+1}}{m+1} + C$ (단, $m \neq -1$)	$\int_a^b x^m dx = \left[\frac{b^{m+1}}{m+1}\right] - \left[\frac{a^{m+1}}{m+1}\right]$ (단, $m \neq -1$)

반응속도 기본식은

$$\frac{dC}{dt} = -k \cdot C^n$$

여기서 k는 반응속도상수, n은 반응차수(0차, 1차, 2차), C는 반응물의 농도를 의미한다. 특히 반응속도상수(k)는 반응차수에 따라 단위가 달라지므로 이 점에 주의해야 한다.

- 0차 반응은 반응속도가 반응물의 농도에 영향을 받지 않는 반응
- 1차 반응은 반응속도가 반응물의 농도에 비례하는 반응
- 2차 반응은 반응속도가 반응물의 농도의 제곱에 비례하는 반응

반응속도식과 관련하여 반응차수별 식을 적분화하면 다음과 같다.

1) 0차 반응; $\frac{dC}{dt} = -k \cdot C^0 \Rightarrow \frac{dC}{dt} = -k$

이를 $t = 0$에서 $t = t$까지 $C = C_o$에서 $C = C_t$까지 정적분하면 다음과 같다.

$$\int_{C_o}^{C_t} dC = -k \int_0^t dt$$

$$C_t - C_o = -k \cdot t$$

$$\therefore \; C_t = -k \cdot t + C_o$$

여기서, C_t : t시간 후 남은 반응물의 농도

k : 0차 반응의 속도상수(mol/L · hr)

C_o : 초기($t = 0$) 반응물의 농도

2) 1차 반응; $\frac{dC}{dt} = -k \cdot C^1 \Rightarrow \frac{dC}{dt} = -k \cdot C$

이를 $t=0$에서 $t=t$까지 $C=C_o$에서 $C=C_t$까지 정적분하면 다음과 같다.

$$\int_{C_o}^{C_t} \frac{dC}{C} = -k \int_0^t dt$$

$$\ln C_t - \ln C_o = -k \cdot t$$

$$\ln\left(\frac{C_t}{C_o}\right) = -k \cdot t$$

$$\therefore\ C_t = C_o \cdot e^{-kt}$$

여기서, C_t : t시간 후 남은 반응물의 농도

k : 1차 반응의 속도상수(1/hr)

C_o : 초기($t=0$) 반응물의 농도

3) 2차 반응; $\frac{dC}{dt} = -k \cdot C^2$

이를 $t=0$에서 $t=t$까지 $C=C_o$에서 $C=C_t$까지 정적분하면 다음과 같다.

$$\int_{C_o}^{C_t} \frac{dC}{C^2} = -k \int_0^t dt$$

$$\therefore\ \frac{1}{C_t} - \frac{1}{C_o} = k \cdot t$$

여기서, C_t : t시간 후 남은 반응물의 농도

k : 2차 반응의 속도상수(L/mol · hr)

C_o : 초기($t=0$) 반응물의 농도

3. 반응속도와 온도와의 관계

연소반응에서 반응온도는 매우 중요한 요소로 반응속도상수와 온도와의 관계는 아레니우스식(Arrhenius equation)으로 나타낼 수 있다.

$$k = A\exp\left(-\frac{E_a}{RT}\right)$$

여기에서 k : 반응속도상수, A는 빈도계수, T : 절대온도(K), R : 기체상수, E_a는 활성화에너지이다. 이 식에서 R값은 8.314J/mol · K로 대기공학에서 사용하는 0.082atm · m^3/kmol · K와 구별하여 사용해야 한다.

$$\ln K = -\frac{E_a}{RT} + \ln A$$

$$\ln K = -\frac{E_a}{2.303R} \cdot \frac{1}{T} + \log A$$

아레니우스식에서 빈도계수 A값을 구하는 것은 매우 어려움으로 온도차(T_1, T_2)를 이용하여 식을 변형시켜 활성화에너지를 계산할 수 있다.

$$\ln\frac{k_2}{k_1} = \frac{E_a}{R}\left(\frac{1}{T_1} - \frac{1}{T_2}\right)$$

$$\frac{k_{T_2}}{k_{T_1}} = e^{\left(\frac{E_a}{RT_1} - \frac{E_a}{RT_2}\right)}$$

이를 재정리하면 $\dfrac{k_{T_2}}{k_{T_1}} = e^{\left[\frac{E_a(T_2 - T_1)}{RT_2T_1}\right]}$

1.3 연소속도

화학반응에서 사용되는 반응속도(reaction rate)는 연소반응에서 연소속도(combustion rate, burning rate)라고 부른다. 연소의 정의에 따라 연소속도는 가연성물질과 산소가 반응하는 속도를 의미한다. 연소속도의 차원은 LT^{-1}로 L은 길이 T는 시간의 차원을 의미하며 단위는 cm/sec를 쓴다.

1) 연소속도에 영향을 주는 인자

- 공기의 대류확산
- 산소농도
- 가연성물질의 확산과 산소의 혼합도
- 반응계의 온도

- 활성화에너지와 촉매 등

가연성 기체 물질 중 연소속도가 가장 빠른 기체는 수소로 282cm/sec의 속도를 가지며 아세틸렌이 44cm/sec, 프로판은 43cm/sec, 메탄은 37cm/sec의 속도를 가진다. 또한 연소속도를 대표하는 특성변수로 연소속도지수(Combustion Potential: CP)가 있으며 이는 수소연소속도를 기준으로 각 가스의 상대적 연소속도를 의미한다.

일반적으로 연소속도가 아주 빠르게 일어나면 이를 폭발(explosion)이라 정의한다. 또한 폭발 중 특히 격렬한 것을 폭굉(detonation)이라 부른다. 폭굉은 폭발성기체 또는 고체의 연소반응이 음속보다 빠르게 진행되는 것으로 충격파가 발생되며 이때 발생하는 압력은 초기압력의 40배 이상이 되고 속도도 1초에 수천m에 이르며 강한 파괴력을 가진다.

폭굉 유도거리는 다음 특성을 갖는다.

- 관 속에 방해물질이 없거나, 관내경이 굵을수록, 압력이 낮을수록 길어진다.
- 정상의 연소속도가 큰 혼합가스나 점화원에 에너지가 강할수록 짧아진다.

2) 폭발범위

특히 가연성 액체나 기체가 산소와 적당한 비율로 혼합된 상태에서 점화를 하면 폭발을 일으키는데 이 적당한 혼합비율의 범위를 폭발범위(explosive range) 또는 연소범위라고 부른다. 즉 점화원에 의해 폭발을 일으킬 수 있는 혼합가스의 용량%를 폭발범위로 정의한다.

폭발범위는 혼합가스의 농도비가 최저일 경우에는 폭발하한계(LEL: Lower Explosive Limit)라 하며 최고일 경우에는 폭발상한계(UEL: Upper Explosive Limit)라 부른다.

폭발범위의 특성

- 온도와 압력에 비례하여 커진다.
- 공기 중 보다는 산소 중에서 넓어진다.
- 폭발범위가 넓으면 위험하고 좁으면 안전하다.

르 샤틀리에의 원리(Le Chatelier's principle)는 열역학적 평형이동과 관련된 이론으로 하나의 평형계에 변화를 일으키려면 이에 대항하는 방향으로 영향이 생기게 되는데 평형계의 온도를 높이면 흡열변화, 내리면 발화변화를 일으키게 된다.

Le Chatelier는 수소염에 의한 폭발성 가스탐지와 아세틸렌을 이용한 용접취관을 제작하기도 하였다.

혼합가스의 폭발범위는 Le Chatelier의 식을 이용하여 다음과 같이 구할 수 있다.

$$\frac{100}{\text{LEL}} = \frac{V_1}{X_1} + \frac{V_2}{X_2} + \frac{V_3}{X_3} + \cdots + \frac{V_n}{X_n}$$

$$\frac{100}{\text{UEL}} = \frac{V_1}{L_1} + \frac{V_2}{L_2} + \frac{V_3}{L_3} + \cdots + \frac{V_n}{L_n}$$

여기에서 LEL은 폭발하한계, UEL은 폭발상한계, V는 각 성분의 기체체적(%), X는 각 기체의 폭발하한값, L은 각 기체의 폭발상한값을 의미한다.

또한 폭발위험도(H)는 폭발상한계와 폭발하한값의 차를 폭발하한값으로 나눈 수치를 말한다.

- 위험도의 값이 클수록 위험성이 커진다.
- 즉 상한계와 하한계의 차이가 큰 물질이 위험도가 높다.

$$H = \frac{\text{UEL} - \text{LEL}}{\text{LEL}}$$

가연성물질 공기 중 폭발범위는 표 1.1과 같다.

표 1.1 가연성물질별 폭발하한계 및 폭발상한계

물질	분자식	폭발하한계(%)	폭발상한계(%)
아세틸렌	C_2H_2	2.5	81
수소	H_2	4	75
일산화탄소	CO	12.5	74
이황화탄소	CS_2	1.2	44
암모니아	NH_3	15	28
메탄	CH_4	5	15
에탄	C_2H_6	3	12.4
프로판	C_3H_8	2.1	9.5
부탄	C_4H_{10}	1.8	8.4
휘발유	C_8H_{18}	1.4	7.6
벤젠	C_6H_6	1.2	7.8
톨루엔	C_7H_8	1.2	7.1

즉 폭발범위에서 아세틸렌은 $(81-2.5)/2.5=31.4$이고 메탄은 $(15-5)/5=2$로 아세틸렌이 폭발위험성도 높음을 나타낸다. 아세틸렌은 공기 중 폭발범위가 가장 크다.

폭발 및 화재방지의 기준으로 사용되는 최소산소농도(MOC: Minimum Oxygen Concentration)는 화염을 전파하기 위한 최소의 산소농도(%)를 의미한다. MOC는 주로 탄화수소류의 연료에 사용하며 계산식은 다음과 같다.

$$\text{MOC}(\%) = \text{연소하한치}(\%) \times \frac{\text{산소몰수}}{\text{연료몰수}}$$

MOC는 폭발 및 화재가 발생 시 연료와는 무관하게 산소의 농도를 감소시킴으로 폭발 및 화재방지의 기준으로 사용된다. 특히 CO_2, H_2O, N_2와 같은 불연성가스를 가연성혼합기에 넣게 되면 산소농도가 저하되어 연소범위가 축소되고 연소는 중지된다.

1.4 착화점과 인화점

가연성물질이 산소와 결합하여 발화하거나 폭발을 일으키는 최저온도로 발화점, 착화점 또는 착화온도라고도 한다.

- 착화온도는 가연성물질을 가열하여 특정온도에 도달 시 더 이상 가열하지 않아도 연료 자체의 연소열에 의해 연소를 계속하는 온도를 의미한다.
- 가연성물질은 발화점 이상이 되면 스스로 연소된다.
- 발화점이 높은 물질은 온도가 높아야 불이 붙으며 발화점이 낮은 물질은 낮은 온도에서도 불이 잘 붙는다는 것을 의미한다.

착화점이 낮은 물질, 즉 불이 잘 붙는 조건(착화온도가 낮아지는 조건)은 다음과 같으며 연소공학에서 가연성물질의 구비 조건이기도 하다.

착화온도(착화점, 발화점) 낮추기 위한 조건

1. 액체 가연물질의 증발량이 높을수록
2. 산소와 친화성이 높고, 산소농도가 높을수록
3. 압력이 높을수록
4. 비표면적이 클수록
5. 화학결합의 활성도가 클수록
6. 탄화수소의 분자량이 클수록(분자구조가 복잡할수록)
7. 열전도율이 낮을수록
8. 활성화에너지가 작을수록
9. 증기압이 높고 습도가 낮을수록

특히 물질 속에서 열이 이동되는 비율을 열전도율이라고 하며 열전도율이 낮을 경우 열 이동이 잘 되지 않으므로 발화점은 낮아져 불이 잘 붙게 되나 열전도율이 높은 물질은 열 공급 시 열전달이 쉽게 되어 불이 잘 붙지 않게 되며 발화점은 높아지게 된다. 또한 활성화에너지가 작을수록 발화점이 낮아져 불이 잘 붙게 된다.

인화점(flash point)은 기체연료 또는 휘발성 액체연료의 증기 등이 산소와 혼합된 상태에서 점화원을 가까이 댔을 때 연소하는 또는 인화되는 최저온도를 의미한다.

- 인화점 이상 계속 가열을 하면 스스로 연소할 수 있는 온도에 도달하는데 이를 연소점이라고 한다.
- 연소점은 가연물질이 5초 이상 연소를 계속할 수 있는 온도이며 인화점보다 약 10℃ 정도 높다.
- 인화점은 주로 액체의 인화성을 판단하는 수치로 사용되며 우리나라의 석유제품은 한국산업규격(KS)에 의해 최저인하점이 규정되어 있다.

각 연료별 인화점과 착화점을 표 1.2에 나타내었다.

표 1.2 각 연료별 인화점

연 료	인화점
코크스	550～750℃, 400～600℃
메 탄	650～750℃
일산화탄소	580～650℃
이 탄	250～450℃

1.5 연소 계산을 위한 기초개념

1. 단위환산법

일반적으로 단위전환 시 비례법을 많이 사용하나 다음과 같이 방법을 사용할 것을 권장한다.

$$(\text{새단위}) = (\text{본래단위}) \times \left(\frac{\text{새단위}}{\text{본래단위}}\right)$$

예를 들어 3km는 몇 cm인가? 의 단위환산을 위해서는

$$3\text{km} \times \frac{1{,}000\text{m}}{\text{km}} \times \frac{100\text{cm}}{\text{m}} = 300{,}000\text{cm}$$

여기에서 1,000m/km를 환산계수라고 하며 1km=1,000m의 의미를 갖는다.

개념문제 1-1 단위환산법
질소 100kg은 몇 kmol이며 몇 Sm^3인가? (단, 0℃, 1atm)

풀이 먼저 기억할 것은 질소(N_2)의 경우
1kmol=28kg, 1kmol=22.4Sm^3이라는 점이다.

$$100\text{kg} \times \frac{1\text{kmol}}{28\text{kg}} = 3.57\text{kmol}$$

$$100\text{kg} \times \frac{1\text{kmol}}{28\text{kg}} \times \frac{22.4\text{Sm}^3}{1\text{kmol}} = 80\text{Sm}^3$$

2. 몰, 질량, 부피의 관계

연소는 화학반응의 일종으로 화학반응식에 대한 이해가 필요하므로 연소공학에 필요한 기초개념을 살펴보자.

수소와 산소의 화학반응식을 보면 다음과 같다.

$$H_2 + \frac{1}{2}O_2 = H_2O$$

이 화학식의 의미는 수소 1mol이 산소 $\frac{1}{2}$mol과 반응하여 물 1mol를 생성한다는 뜻이다.

즉 질량으로 식을 해석하면 수소 2g은 산소 16g과 반응하여 물 18g을 생성한다는 뜻이다. 반응물과 생성물을 질량으로 해석 시 반응물질의 양과 생성물질의 양이 동일하여 질량보존의 법칙이 성립함을 알 수 있다.

반면에 부피로 식을 해석하면 수소 22.4L는 산소 11.2L와 반응하여 22.4L의 물을 생성한다는 의미이다. 반응물질의 부피와 생성물질의 부피는 같지 않음을 알 수 있다.

이와 같이 연소식에서는 몰 반응을 이해하는 것이 매우 중요하다.

몰 반응과 관련된 법칙은 아보가드로의 법칙(Avogadro's law)이다. 아보가드로의 법칙은 같은 온도와 압력 하에 모든 기체는 동일 부피 속에 같은 수의 분자가 있다는 법칙이다. 즉 표준상태(Standard Temperature Pressure: 0℃, 1atm) 조건하에서 모든 기체 1mol은 아보가드로수(6.02×10^{23}개) 만큼의 분자를 가지고 있다.

몰과 질량의 관계는 다음과 같다.

1mol = 분자량(g)

즉 산소 1gmol을 32g이며 물 1gmol은 18g이 된다.
몰은 부피로 단위전환이 가능하다.

1mol = 22.4L

즉 산소 1gmol은 22.4L이며 수증기 1gmol 역시 22.4L를 갖는다.

몰은 질량, 부피로 단위전환법

1mol = 분자량(g)

1mol = 22.4L (단, STP상태)

연소공학에서는 mol 대신 kmol을 사용한다.

1kmol = 분자량(kg)

1kmol = 22.4Sm^3 또는 1kmol = 22.4Nm^3

(S: STP상태의 부피임을 의미한다. 표준상태의 부피를 Nm^3을 사용하는 경우도 있다. 이때 N은 Normal 의미를 가지며 STP와 동일한 상태를 의미한다.)

개념문제 1-2 CO_2 50kg을 표준상태에서의 부피(m^3)로 나타내면? (단, CO_2는 이상기체이고, 표준상태로 간주)

풀이 $50kg \times \frac{22.4Sm^3}{44kg} = 25.45Sm^3$

3. 온도와 열

발열량의 단위를 이해하기 위해선 온도와 열의 개념을 이해하는 것이 중요하다.

1) 온도

온도(Temperature)는 물질의 차고 뜨거운 정도를 나타내는 수치 물질을 구성하는 입자의 내부운동에너지의 평균으로 정의되며 섭씨온도, 화씨온도, 절대온도로 구분되며 그림 1.4에 각 온도계를 나타내었다.

온도의 종류

1. 섭씨온도(℃) : Celsius
2. 화씨온도(°F) : Fahrenheit
3. 절대온도(K, R)

   Lord Kelvin : K = 273 + ℃

   Rankine : R = 460 + °F

섭씨온도계는 어는점은 0℃로 100등분하여 끓는점은 100℃가 된다. 화씨온도계는 어는점이 32°F로 180등분 후 끓는점은 212°F가 된다. 즉 섭씨온도 1℃는 화씨온도로는 1.8°F가 된다. 또한 섭씨온도를 화씨온도로 전환하기 위해서는 다음 식을 이용한다.

$$t(°F) = 1.8 \times t(℃) + 32$$

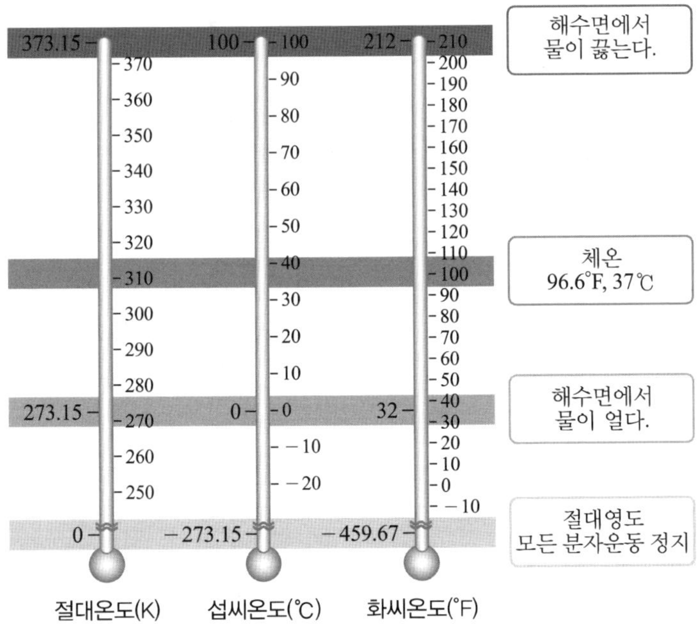

그림 1.4 절대온도, 섭씨온도, 화씨온도계의 비교

출처) http://highschoolenergy.acs.org/content/hsef/en/what-is-energy/thermometers.html

2) 열

열(Heat)은 물질 내 내부에너지의 총량으로 열 이동, 외부에 대한 일, 물질의 열 출입에 의한 에너지 이동을 모두 포함한 양이다. 열은 에너지의 한 형태이며 에너지는 일로 변할 수 있다. 따라서 열, 에너지, 일은 동일한 차원을 갖는다. 에너지는 힘 × 길이의 개념이다.

$$E = F \times l = m \times a \times l$$

에너지는 국제단위(SI단위)는 N×m이며 이를 J(joule)로 표현한다. J은 1N의 힘으로 물체는 1m 움직이는 동안 하는 일 또는 이동하는데 필요한 에너지를 의미한다.

보통 열량의 단위 kcal를 많이 쓰며 1kcal는 1기압 하에서 1kg의 얼음, 물, 수증기를 1℃ 올리는데 필요한 열량으로 정의된다. 1kcal는 4.18kJ과 같다. 또한 열량의 단위로 Btu(British thermal unit)를 쓰기도 하며 Btu는 FPS단위계로 1lb(453g)의 물을 1°F 상승시키는데 필요한 열량이다. 1Btu는 252cal이다.

열량의 단위

1cal = 4.18605J
1Btu = 252cal
1kcal ≒ 4.18kJ

열량 외에 열의 양을 표현하는 방법으로 비열, 열용량이 있다.

- 열량(quantity of heat, calorie)은 열의 많고 적음을 나타내는 양(kcal)
- 비열(specific heat)은 어떤 물질 1kg을 1℃ 높이는데 필요한 열량(kcal/kg · ℃)
- 열용량(heat capacity)은 어떤 물질을 1℃ 높이는데 필요한 열량(kcal/℃)

따라서 열량(Q), 비열(C), 열용량(H), 질량(m), 온도변화(t)

$$Q = m \times C \times t \left[\text{kg} \times \frac{\text{kcal}}{\text{kg} \cdot ℃} \times ℃ = \text{kcal} \right]$$

$$H = \frac{Q}{t} \left[\text{kcal} \times \frac{1}{℃} = \frac{\text{kcal}}{℃} \right]$$

열량과 열용량의 관계

$$Q = H \times t$$

3) 비열

기체는 압력과 부피가 수시로 변하므로 기체에서 비열은 크게 정압비열과 정적비열로 나누어 설명한다.

- **정적비열**(specific heat at constant volume, C_v) : 기체의 부피를 일정하게 놓고 정의한 비열로 기체는 외부에 일을 하지 않으며 기체에 가해진 열은 모두 기체의 내부 에너지로의 변화이며 $C_v = 0.17$kcal/kg · ℃이다.
- **정압비열**(specific heat at constant pressure, C_p) : 기체의 압력을 일정하게 놓고 정의한 비열로 기체는 팽창하므로 외부에 일을 하면서 내부 에너지도 증가하며 부피를 일정하게 했을 때보다 더 많은 열량을 필요로 하며 $C_p = 0.24$kcal/kg · ℃이다.

정압비열과 정적비열의 관계

1. $C_p > C_v$
2. 비열비 : $C_p / C_v = r = 1.4$
3. 기체상수(R) 관련 : $C_p - C_v = R$

4) 현열과 잠열

열의 종류로는 현열과 잠열로 나눌 수 있으며 수분의 현열과 잠열을 그림 1.5에 나타내었다.

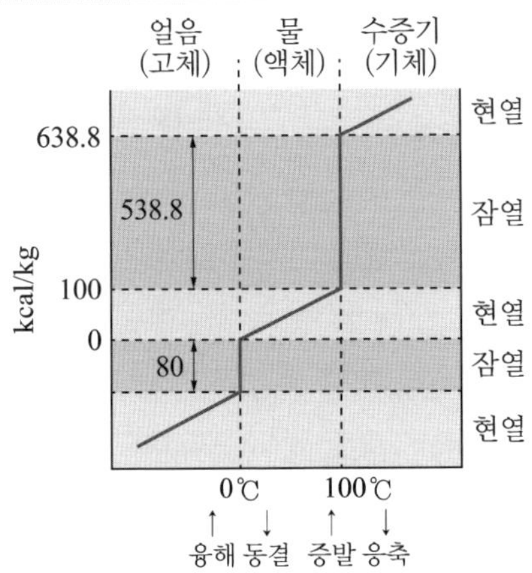

그림 1.5 수분의 현열과 잠열

- 현열(sensible heat)은 가해진 열이 물질의 상태변화에는 사용되지 않고 온도상승에 소비되는 열이며 잠열은 온도상승의 효과를 나타내지 않고 물질의 상태만을 변화시키기 위하여 소비되는 열로 0℃ 물의 융해열은 80kcal/kg이며 100℃ 물의 기화열은 약 540kcal/kg이다.

연소공학에서 수분의 잠열은 매우 중요한 개념이다.

- 수분의 잠열은 물의 증발잠열과 수증기의 응축잠열로 나눌 수 있으며 0℃의 물 1kg을 기화하기 위해서는 597.3kcal의 열량이 필요하다. 계(연소로)내 반응에서 응축잠열 즉 수증기가 물로 상태가 변하면 열을 계 내로 내놓음으로 계 내 온도는 증가하게 된다(그림 1.6). 따라서 연소가스 중 수분이 수증기 상태로 존재하는 경우보다 액체상태로 존재 시 연소로의 온도는 높아지게 된다.

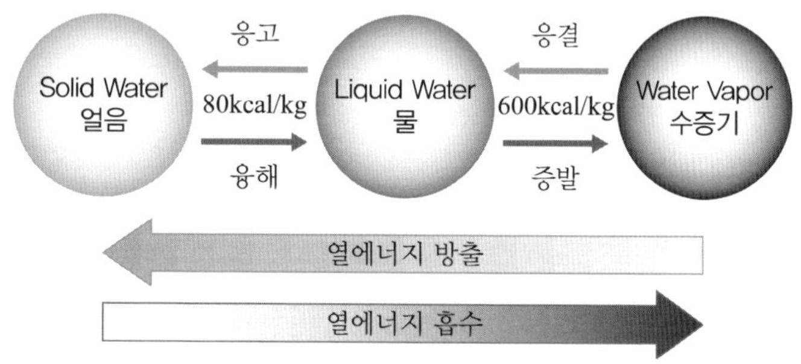

그림 1.6 수분의 상변화에 따른 응축잠열의 변화

출처) http://www.physicalgeography.net/fundamentals/6c.html

또한 간단한 단위변환을 통해 응축잠열 597.3kcal/kg을 kcal/Sm^{3}으로 변환시킬 수 있다.

$$\frac{597.3\text{kcal}}{\text{kg}} \times \frac{18\text{kg}}{1\text{kmol}} \times \frac{1\text{kmol}}{22.4\text{Sm}^3} \fallingdotseq \frac{480\text{kcal}}{\text{Sm}^3}$$

그러나 연소공학에서는 수증기의 응축잠열을 고체·액체연료의 경우 약 600kcal/kg을 사용하며 기체연료에서는 480kcal/Sm^{3}을 사용한다.

수분의 응축잠열 (단위에 주의)
고체·액체연료 : 600kcal/kg
기체연료 : 480kcal/Sm^3

1.6 연소와 무차원수

무차원수는 차원이 없는 물리량으로 dimensionless number이라 부른다. 단위조작과 관련된 무차원군은 약 80여종이 있으며 주로 사용되는 것은 20여종이다. 연소와 관련하여 열전달과 관련된 스탠턴수, 누셀트수, 프란틀수, 페클레수, 물질이동과 관련된 셔우드수, 슈미트수 및 유체유동과 관련된 레이놀즈수에 대해 알아본다.

1) Reynolds number(레이놀즈수)

유체흐름이 층류, 천이류, 난류 상태인지를 판정하는 무차원수로 관성력과 점성력의 비로 Re로 표기한다.

$$Re = \frac{\rho v d}{\mu} = \frac{v d}{\nu}$$

여기서 ρ는 유체밀도, v는 유속, d는 관경, μ는 점성계수, ν는 동점성계수를 의미한다.

점성계수 μ, 동점성계수 ν의 관계식은 $\nu = \frac{\mu}{\rho}$로, 동점성계수는 점성계수를 밀도로 나눈 값이다.

일반적으로 Re수가 2,000보다 작으면 층류영역이며, 2,000보다 크고 4,000보다 작으면 천이류영역이며, 4,000보다 크면 난류영역이라고 평가한다.

2) Schmidt number(슈미트수)

물질 이동에서 농도 경계층과 속도 경계층의 상대적 크기에 관계되는 무차원수로 Sc로 표기한다.

$$Sc = \frac{\mu}{\rho D} = \frac{\nu}{D}$$

여기서 μ는 점성계수이며, ρ는 밀도, D는 확산계수이며, ν는 동점성계수를 의미한다.

즉 Sc는 유체의 성질과 그 유체 내에서 확산하는 물질의 성질에 의해 결정되면 기체인 경우 1에 가까운 값을 가지며 액체의 경우 수백~수천의 값을 가진다. 주로 압력보다는 온도에 의해 값이 변화한다. 열전달에서는 유체의 성질에 의해서만 결정되는 프란틀수에 대응하는 역할을 한다.

3) Sherwood number(셔우드수)

물질이동계수와 분자확산비에 길이를 곱한 무차원수로 물질이동속도와 관련이 있으며 기호로 Sh라고 표기한다.

$$Sh = \frac{k_c \cdot l}{D}$$

k_c는 물질이동계수이며 D는 확산계수이며 l은 길이를 의미한다. Sh수는 레이놀즈수와 슈미트수의 함수로 알려져 있다.

4) Prandtl number(프란틀수)

열이동과 관련된 무차원수로 유체의 운동점성도와 온도전도율(열전도)의 비이며 Pr로 표기한다.

$$Pr = \frac{\mu C_p}{\lambda}$$

여기서 μ는 점성계수이며, C_p는 정압비열, λ는 열전도율이다.

유체의 종류와 상태와 관련 있는 물성상수로 기체에서는 거의 1로 일정한 값을 가지며 액체에서는 온도에 의해 변한다.

5) Péclet number(페클레수)

페클레수는 레이놀즈수와 프란틀수의 곱으로 유속과 단위길이당 열전도율에 대한 비이며 기호로 Pe로 표기한다.

$$Pe = Re \times Pr = \frac{l v \rho C_p}{\lambda}$$

여기서 l은 길이이며, v는 유속, ρ는 유체밀도, C_p는 정압비율이며, λ는 열전도율이다.

6) Stanton number(스탠턴수)

스탠턴수는 누셀트수를 레이놀즈수와 프란틀수의 곱으로 나눈 것으로 기호로 St로 표기한다.

$$St = \frac{Nu}{Re \times Pr} = \frac{h}{C_p v \rho}$$

여기서 h는 열전달계수이며, C_p는 정압비열, v는 유속, ρ는 밀도를 의미한다.

7) Nusselt number(누셀트수)

유체와 고체표면 간의 열전달에 관련된 무차원수로 전달열과 전도열의 비이며 기호로는 Nu로 나타낸다. 누셀트수는 스탠턴수와 프랜틀수 및 레이놀즈수의 곱이다.

$$Nu = St \times Pr \times Re = \frac{h \cdot l}{\lambda}$$

고체와 유체간의 열전달에 관한 무차원수의 하나로서, h는 열전달계수이며 l은 길이 또는 관지름이며 λ는 열전도율이다.

Nu가 크다는 것은 열전도속도에 미치는 유체 분자운동의 영향이 적다는 것을 의미한다.

과년도 기출문제

1.1 연소의 정의

01 연소 시 가연물의 구비조건으로 옳지 않은 것은?

가. 활성화에너지가 클 것　　나. 화학적으로 활성이 강할 것

다. 표면적이 클 것　　라. 반응열이 클 것

풀이　가

02 연소반응에서 가연성 물질을 산화시키는 물질로 가장 거리가 먼 것은?

가. 산소　　나. 산화질소

다. 유황　　라. 할로겐계 물질

풀이　다

1.2 연소와 화학반응

1. 화학반응의 기본개념

03 $A+B \rightleftarrows C+D$ 반응에서 A와 B의 반응물질이 각각 1mol/L이고, C와 D의 생성물질이 각각 0.5mol/L일 때, 평형상수 값은?

풀이　반응물이 1mol 존재하여도, 생성물로써 0.5mol이 생성되었다면 반응물 중 0.5mol 만큼만 반응한 것이기 때문에 반응물에도 0.5mol로 계산해야 한다.

$$\text{평형상수} = \frac{[\text{생성물의 몰농도의 곱}]}{[\text{반응물의 몰농도의 곱}]} = \frac{[C][D]}{[A][B]} = \frac{0.5\times0.5}{1\times1} = 0.25$$

04 깁스(Gibbs) 자유에너지에 관한 설명으로 옳지 않은 것은?

가. 평형상태에서는 $\Delta G=0$이다.
나. $\Delta G<0$이면 반응은 비자발적이다.
다. 엔트로피가 증가할수록 깁스에너지는 감소한다.
라. 혼합물의 경우 ΔG는 반응물과 생성물의 농도에 관계한다.

풀이 나

05 엔탈피에 대한 설명으로 옳지 않은 것은?

가. 엔탈피는 반응경로와 무관하다.
나. 엔탈피는 물질의 양에 비례한다.
다. 흡열반응은 반응계의 엔탈피가 감소한다.
라. 반응물이 생성물보다 에너지상태가 높으면 발열반응이다.

풀이 다

06 벤젠의 연소반응이 다음과 같을 때 벤젠의 연소열(kJ/mole)은 얼마인가?
(단, 표준상태 25℃, 1atm에서의 표준생성열)

$$C_6H_6(g) + 7.5O_2(g) \rightarrow 6CO_2(g) + 3H_2O(g)$$

생성열	$C_6H_6(g)$	$O_2(g)$	$CO_2(g)$	$H_2O(g)$
$\Delta H_f°$(kJ/mole)	83	0	−394	−286

풀이 표준엔탈피변화(ΔH)=[생성물의 엔탈피]−[반응물의 엔탈피]

$$\Delta H = \left[\left(-394\frac{\text{kJ}}{\text{mole}}\times 6\right)+\left(-286\frac{\text{kJ}}{\text{mole}}\times 3\right)\right]-\left(83\frac{\text{kJ}}{\text{mole}}\times 1\right)$$
$$= -3{,}305\frac{\text{kJ}}{\text{mole}}$$

표준엔탈피변화량은 즉 연소열(반응열)은 벤젠 1mole당 −3,305kJ이며 발열량은 벤젠 1mole당 3,305kJ이라는 뜻이다.

07 다음 식을 이용하여 $C_2H_4(g) \rightarrow C_2H_6(g)$로 되는 반응의 엔탈피는 몇 kJ인가?

$$2C + 2H_2(g) \rightarrow C_2H_4(g) \qquad \Delta H_f = 52.3\text{kJ}$$
$$2C + 3H_2(g) \rightarrow C_2H_6(g) \qquad \Delta H_f = -84.7\text{kJ}$$

풀이 표준엔탈피변화(ΔH)=[생성물의 엔탈피]−[반응물의 엔탈피]

$$=(-84.7\text{kJ})-(52.3\text{kJ})$$
$$=-137\text{kJ}$$

2. 화학반응속도론

08 화학반응속도론에 관한 다음 설명 중 가장 거리가 <u>먼</u> 것은?

가. 0차 반응은 반응속도가 반응물의 농도에 영향을 받지 않는 반응을 말한다.

나. 화학반응속도는 반응물이 화학반응을 통하여 생성물을 형성할 때 단위시간당 반응물이나 생성물의 농도변화를 의미한다.

다. 화학반응식에서 반응속도상수는 반응물 농도와 관련된다.

라. 일련의 연쇄반응에서 반응속도가 가장 늦은 반응단계를 속도결정단계라 한다.

풀이 다

09 화학반응속도 및 반응속도상수에 관한 설명으로 옳지 <u>않은</u> 것은?

가. 1차 반응에서 반응속도상수의 단위는 $\frac{1}{\text{sec}}$ 이다.

나. 반응물의 농도를 무제한 증가할지라도 반응속도에는 영향을 미치지 않는 반응을 0차 반응이라 한다.

다. 화학반응속도론에서 반응속도상수 결정에 활성화에너지가 가장 주요한 영향인자로 작용하며, 넓은 온도범위에 걸쳐 유효하게 적용된다.

라. 반응속도상수는 온도에 영향을 받는다.

풀이 다

3. 반응속도상수(k)와 온도: 아레니우스식의 활용 및 활성화에너지 계산

10 다음 중 화학반응 또는 연소반응에 있어서 반응속도상수와 온도와의 관계를 나타낸 식은?

가. 깁스반응식　　나. 보일-샤를의 식

다. 반데르발스식　　라. 아레니우스식

풀이 라

11 연소반응에서 반응속도상수 k를 온도의 함수인 다음 반응식으로 나타낸 법칙은?

$$k = k_0 \cdot e^{-\frac{E}{RT}}$$

가. 헨리의 법칙　　나. 아레니우스의 법칙

다. 보일-샤를의 법칙　　라. 반데르발스의 법칙

풀이 나

12 화학반응속도는 일반적으로 Arrhenius식으로 표현된다. 어떤 반응에서 화학반응상수가 27℃일 때에 비하여 77℃일 때 3배가 되었다면 이 화학반응의 활성화에너지(kcal/mol)는?

풀이 반응온도 $T_1 = (27+273)\text{K}$일 때 반응상수 k_1, 반응온도 $T_2 = (77+273)\text{K}$일 때 반응상수 k_2로 주어진 조건에서 T_2일 때 3배가 되므로 $k_2 = 3k_1$의 관계가 성립된다.

$$\frac{k_{T_2}}{k_{T_1}} = e^{\left[\frac{E_a(T_2 - T_1)}{RT_2T_1}\right]}$$

$$\frac{3k_1}{k_1} = e^{\left[\frac{E_a(350\text{K}-300\text{K})}{8.314\frac{\text{J}}{\text{mol}\cdot\text{K}}\times 350\text{K}\times 300\text{K}}\right]}$$

$$\therefore\ E_a = 19{,}181.11\frac{\text{J}}{\text{mol}}$$

J을 kcal로 전환하기 위해선 1kcal = 4.18kJ을 알고 있어야 한다.

$$E_a = 19{,}181.11\frac{\text{J}}{\text{mol}}\times\frac{\text{kJ}}{10^3\text{J}}\times\frac{\text{kcal}}{4.18\text{kJ}} = 4.59\frac{\text{kcal}}{\text{mol}}$$

13 어떤 반응에서 0℃에서의 반응속도상수가 $0.001\frac{1}{\text{sec}}$이고, 100℃에서의 반응속도상수가 $0.05\frac{1}{\text{sec}}$일 때 활성화에너지$\left(\frac{\text{kJ}}{\text{mol}}\right)$는?

풀이 아레니우스식의 화학반응속도 공식으로 풀이를 하면

$$\ln\left(\frac{k_{T_2}}{k_{T_1}}\right) = \frac{E_a(T_2 - T_1)}{RT_2T_1}$$

$$\ln\left(\frac{0.05\frac{1}{\text{sec}}}{0.001\frac{1}{\text{sec}}}\right) = \frac{E_a[(273℃+100℃)-(273℃+0℃)]}{8.314\times(273℃+100℃)\times(273℃+0℃)}$$

$$\therefore\ E_a = 33{,}119.43\frac{\text{J}}{\text{mol}}\times\frac{\text{kJ}}{10^3\text{J}} = 33.12\frac{\text{kJ}}{\text{mol}}$$

14 사진현상을 하였더니 현상의 속도상수가 17℃일 때에 비하여 26℃에서 2배였다. 활성화에너지$\left(\frac{\text{cal}}{\text{mol}}\right)$는?

풀이 아레니우스식의 화학반응속도 공식으로 풀이를 하면

$$\ln\left(\frac{k_{T_2}}{k_{T_1}}\right) = \frac{E_a(T_2 - T_1)}{RT_2T_1}$$

$$\ln 2 = \frac{E_a[(273℃+26℃)-(273℃+17℃)]}{8.314\times(273℃+26℃)\times(273℃+17℃)}$$

$$\therefore\ E_a = 55{,}521.62\frac{\text{J}}{\text{mol}}\times\frac{\text{cal}}{4.18\text{J}} = 13{,}282.69\frac{\text{cal}}{\text{mol}}$$

4. 르샤틀리에의 원리와 폭발범위 계산문제

15 르샤틀리에가 주장한 열역학적인 평형이동에 관한 원리란?

풀이 평형상태에 있는 물질계의 온도, 압력을 변화시키면 그 변화를 감소시키는 방향으로 반응이 진행된다.

16 폭발성 혼합가스의 연소범위(L)를 구하는 식? (단, L_n: 각 성분 단일의 연소한계(상한 또는 하한), V_n: 각 성분가스의 체적(℃))

풀이 르샤틀리에의 폭발범위 공식은

$$\frac{100}{L} = \frac{V_1}{L_1}+\frac{V_2}{L_2}+\frac{V_3}{L_3}\cdots \text{ (단, } L\text{ : 폭발범위, } V\text{ : 체적조성)}$$

L에 대하여 정리하면,

$$L = \frac{100}{\frac{V_1}{L_1}+\frac{V_2}{L_2}+\frac{V_3}{L_3}}$$

17 조성이 메탄 50%, 에탄 30%, 프로판 20%인 혼합가스의 폭발범위는 얼마인가? (단, 메탄 폭발범위: 5~15%, 에탄 폭발범위: 3~12.5%, 프로판 폭발범위: 2.1~9.5%, 르샤틀리에의 식을 적용)

풀이 혼합가스의 폭발범위(Le Chatelier식)는 다음 식으로 계산된다.

① 하한계 $\frac{100}{\text{LEL}} = \frac{V_1}{X_1}+\frac{V_2}{X_2}+\frac{V_3}{X_3}$

$$\frac{100}{\text{LEL}} = \frac{50\%}{5\%}+\frac{30\%}{3\%}+\frac{20\%}{2.1\%} \qquad \therefore\ \text{LEL} = 3.387\%$$

② 상한계 $\frac{100}{\text{UEL}} = \frac{V_1}{L_1}+\frac{V_2}{L_2}+\frac{V_3}{L_3}$

$$\frac{100}{\text{UEL}} = \frac{50\%}{15\%}+\frac{30\%}{12.5\%}+\frac{20\%}{9.5\%} \qquad \therefore\ \text{UEL} = 12.757\%$$

18 CH_4 30%, C_2H_6 30%, C_3H_8 40%인 혼합가스의 폭발범위는? (단, CH_4 폭발범위: 5~15%, C_2H_6 폭발범위: 3~12.5%, C_3H_8 폭발범위: 2.1~9.5%, 르샤틀리에의 식 적용)

풀이 $\frac{100}{L} = \frac{V_1}{L_1} + \frac{V_2}{L_2} + \frac{V_3}{L_3} \cdots$ (르샤틀리에의 식)

$\frac{100}{L} = \frac{30\%}{5\%} + \frac{30\%}{3\%} + \frac{40\%}{2.1\%}$ $\quad \therefore L(\text{하한값}) = 2.853\%$

$\frac{100}{L} = \frac{30\%}{15\%} + \frac{30\%}{12.5\%} + \frac{40\%}{9.5\%}$ $\quad \therefore L(\text{상한값}) = 11.614\%$

19 가스의 조성이 CH_4 70%, C_2H_6 20%, C_3H_8 10%인 혼합가스의 폭발범위는? (단, CH_4 폭발범위: 5~15%, C_2H_6 폭발범위: 3~12.5%, C_3H_8 폭발범위: 2.1~9.5%, 르샤틀리에의 식 적용)

풀이 $\frac{100}{L} = \frac{V_1}{L_1} + \frac{V_2}{L_2} + \frac{V_3}{L_3} \cdots$ (르샤틀리에의 식)

$\frac{100}{L} = \frac{70\%}{5\%} + \frac{20\%}{3\%} + \frac{10\%}{2.1\%}$ $\quad \therefore L(\text{하한값}) = 3.933\%$

$\frac{100}{L} = \frac{70\%}{15\%} + \frac{20\%}{12.5\%} + \frac{10\%}{9.5\%}$ $\quad \therefore L(\text{상한값}) = 13.663\%$

5. 폭발범위와 위험도에 관한 이론문제

20 가연성 가스의 폭발범위 및 그 위험도에 관한 설명으로 옳지 않은 것은?

가. 가스의 온도가 높아지면 폭발범위는 일반적으로 넓어진다.
나. 가스압이 높아지면 폭발 하한값은 크게 변화되지 않으나 상한값이 높아진다.
다. 폭발한계 농도 이하에서는 폭발성 혼합가스를 생성하기 어렵다.
라. 폭발하한농도가 높을수록 위험도는 증가한다.

풀이 라

21 가연성 가스의 폭발범위에 관한 설명으로 옳지 않은 것은?

가. 가스의 온도가 높아지면 일반적으로 넓어진다.
나. 압력이 상압(1기압)보다 낮아질 때 변화가 크다.
다. 폭발한계 농도 이하에서는 폭발성 혼합가스를 생성하기 어렵다.
라. 가스압이 높아지면 하한값이 크게 변화하지 않으나 상한값은 높아진다.

풀이 나

22 가연성 가스의 폭발범위에 따른 위험도 증가 요인으로 가장 적합한 것은?

가. 폭발하한농도가 낮을수록 위험도가 증가하며, 폭발상한과 폭발하한의 차이가 클수록 위험도가 커진다.

나. 폭발하한농도가 낮을수록 위험도가 증가하며, 폭발상한과 폭발하한의 차이가 작을수록 위험도가 커진다.

다. 폭발하한농도가 높을수록 위험도가 증가하며, 폭발상한과 폭발하한의 차이가 클수록 위험도가 커진다.

라. 폭발하한농도가 높을수록 위험도가 증가하며, 폭발상한과 폭발하한의 차이가 작을수록 위험도가 커진다.

풀이 가

23 폭굉에 관한 설명 중 옳지 <u>않은</u> 것은?

가. 연소파의 전파속도가 음속을 초월하는 것으로 연소파의 진행에 앞서 충격파가 진행되어 심한 파괴작용을 동반한다.

나. 정상의 연소속도가 큰 혼합가스일 경우 폭광유도거리는 짧아진다.

다. 폭광온도는 연소온도보다 3~5배 정도 높고, 압력은 15~20배에 달한다.

라. 관 속에 방해물질이 없거나 관내경이 굵을수록 폭광유도거리는 길어진다.

풀이 다

24 다음 중 표준공기 내에서 연소범위(Vol%)가 가장 넓은 것은?

가. 메탄　　나. 아세틸렌　　다. 벤젠　　라. 톨루엔

풀이 나

6. 최소산소농도(MOC) 계산문제

25 Propane의 최소산소농도(MOC)는? (단, Propane의 폭발하한계는 2.1Vol%이다.)

풀이 $C_3H_8 + 5O_2 \rightarrow 3CO_2 + 4H_2O$

$$MOC = \text{연소하한치} \times \frac{\text{산소몰수}}{\text{연료몰수}} = 2.1 \times \frac{5}{1} = 10.5\%$$

26 부탄의 최소산소농도(MOC)는? (단, 부탄의 폭발하한계는 1.8Vol%이다.)

풀이 기체연료인 부탄의 분자식은 C_4H_{10}이며 C_mH_n의 연소방정식은 3장에서 다루며 탄화수소류의 일반 연소방정식은 다음과 같다.

$$C_mH_n + \left(m + \frac{n}{4}\right)O_2 = mCO_2 + \frac{n}{2}H_2O$$

$$C_4H_{10} + 6.5O_2 = 4CO_2 + 5H_2O$$

$$MOC(\%) = 연소하한치(\%) \times \frac{산소몰수}{연료몰수} = 1.8 \times \frac{6.5}{1} = 11.7\%$$

7. 연소속도 이론

27 다음 중 기체의 연소속도를 지배하는 주요 인자와 가장 거리가 먼 것은?

가. 발열량　　나. 촉매　　다. 산소와의 혼합비　　라. 산소농도

풀이 가

28 기체연료와 공기를 혼합하여 연소할 경우 다음 중 연소속도가 가장 큰 것은? (단, 대기압, 25℃ 기준)

가. 메탄　　나. 수소　　다. 프로판　　라. 아세틸렌

풀이 나

8. 1차 반응속도 계산문제

29 1,000초 동안 반응물의 $\frac{1}{2}$이 분해되었다면 반응물이 $\frac{1}{10}$이 남을 때까지는 얼마의 시간(sec)이 필요한가? (단, 1차 반응 기준)

풀이 이 문제를 풀기 위해선 주어진 조건을 해석하여 두 가지의 절차로 풀면 된다.

주어진 조건

1) $t=1{,}000$초 동안 반응물의 $\frac{1}{2}$이 분해: 이 조건에서 반응물이 $\frac{1}{2}$이 되었다는 것으로 $C_t = \frac{1}{2}C_o$ 의미한다. 따라서 $\ln\left(\frac{0.5C_o}{C_o}\right) = -k \times 1{,}000$를 통해 k값을 구한다.

따라서 k값은 $6.93 \times 10^{-4}\left(\frac{1}{sec}\right)$이다.

2) 반응물이 $\frac{1}{10}$ 남을 때까지의 조건은 $C_t = 0.1C_o$임을 의미한다.

따라서 $\ln\left(\frac{0.1C_o}{C_o}\right) = -6.93 \times 10^{-4}\left(\frac{1}{sec}\right) \times t$로

$\therefore\ t = 3{,}322.6\,sec$

반응속도와 관련된 문제는 항상 두 가지 절차를 고려하여 풀도록 연습한다.

30 어떤 1차 반응에서 100초 동안 반응물의 $\frac{1}{2}$이 분해되었다면 반응물의 $\frac{1}{10}$이 남을 때까지 걸리는 시간은?

풀이 1차 반응식을 이용하여 풀이하면

$$\ln\frac{C_2}{C_1} = -k \cdot t$$

$$\ln\frac{1}{2} = -100k$$

$$k = 0.0069\frac{1}{\text{sec}}$$

$$\ln\left(\frac{1}{10}\right) = -0.0069\frac{1}{\text{sec}} \times t$$

$$\therefore\ t = 333.7079\text{sec}$$

31 어떤 1차 반응에서 반감기가 10분이었다. 반응물이 $\frac{1}{10}$ 농도로 감소할 때까지는 얼마의 시간이 걸리겠는가?

풀이 $\ln\left(\frac{C_t}{C_o}\right) = -k \cdot t$

$$\ln 0.5 = -k \times 10\,\text{min}$$

$$k = 0.0693\frac{1}{\text{min}}$$

$$\ln\left(\frac{1}{10}\right) = -0.0693\frac{1}{\text{min}} \times t$$

$$\therefore\ t = 33.23\text{min}$$

32 어떤 화학과정에서 반응물질이 25% 분해하는데 41.3분 걸린다는 것을 알았다. 이 반응이 1차라고 가정할 때 속도상수 k는?

풀이 $\ln\left(\frac{C_t}{C_o}\right) = -k \cdot t$

25% 분해 → 남은 물질은 75%

$$\ln(0.75) = -k \cdot \text{min}$$

$$k = 6.96566\frac{1}{\text{min}} \times \frac{1\text{min}}{60\text{sec}}$$

$$\therefore\ k = 1.161 \times 10^{-4}\frac{1}{\text{sec}}$$

33 1,000초 동안 반응물의 $\frac{1}{2}$이 분해되었다면 반응물이 $\frac{1}{250}$이 남을 때까지는 얼마의 시간이 필요한가? (단, 1차 반응 기준)

풀이

$$\ln\left(\frac{C_t}{C_o}\right) = -k \cdot t$$

$$\ln\left(\frac{1}{2}\right) = -k \cdot 1{,}000\,\text{sec}$$

$$k = 6.9315 \times 10^{-4}\frac{1}{\text{sec}}$$

$$\ln\left(\frac{1}{250}\right) = -6.9315 \times 10^{-4}\frac{1}{\text{sec}} \times t$$

$$\therefore\ t = 7{,}965.75\text{sec}$$

9. 2차 반응속도 계산문제

34 창고에 화재가 발생하여 적재된 A화합물이 5분 동안에 $\frac{1}{2}$이 손실되었다. 이 A화합물의 90%가 손실되는데 걸리는 시간은? (단, 연소반응은 2차 반응으로 진행된다.)

풀이 2차 반응속도 식을 이용하여 풀이한다.

$$\frac{1}{C_2} - \frac{1}{C_1} = k \cdot t$$

$$\frac{1}{50} - \frac{1}{100} = k \times 5\text{min}$$

$$k = 0.002\frac{1}{\text{min}}$$

$$\frac{1}{10} - \frac{1}{100} = 0.002\frac{1}{\text{min}} \cdot t$$

$$t = 45\text{min}$$

35 창고에 화재가 발생하여 적재된 어떤 화합물이 10분 동안에 $\frac{1}{2}$이 소실되었다. 이 화합물의 80%가 소실되는데 걸리는 시간은? (단, 연소반응은 2차 반응으로 진행된다.)

풀이 2차 반응속도 식을 이용하여 계산한다.

$$\frac{1}{C_2} - \frac{1}{C_1} = k \cdot t$$

(반감기를 이용하여 k를 찾는다.)

$$\frac{1}{50} - \frac{1}{100} = k \cdot 10\text{min}$$

$$\therefore\ k = 1\times10^{-3}\frac{1}{\text{min}}$$

$$\frac{1}{20}-\frac{1}{100} = 1\times10^{-3}\frac{1}{\text{min}}\times t$$

$$\therefore\ t = 40\text{min}$$

36 어떤 2차 반응에서 반응물질의 농도를 같게 했을 때 그 10%가 반응하는데 250초 걸렸다면 90% 반응하는 데는 몇 초 걸리는가?

풀이

$$\frac{1}{C_2}-\frac{1}{C_1} = k\cdot t$$

$$\frac{1}{90}-\frac{1}{100} = k\cdot 250\text{sec}$$

$$k = 4.444\times10^{-6}\frac{1}{\text{sec}}$$

$$\frac{1}{10}-\frac{1}{100} = 4.444\times10^{-6}\frac{1}{\text{sec}}\times t$$

$$\therefore\ t = 20{,}250.2\text{sec}$$

10. 착화온도, 인화점 관련문제

37 착화온도에 관한 설명으로 틀린 것은?
가. 동질성 물질에서 발열량이 클수록 낮아진다.
나. 화학결합의 활성도가 작을수록 낮아진다.
다. 비표면적이 클수록 낮아진다.
라. 공기의 산소농도 및 압력이 높을수록 낮아진다.

풀이 나

38 다음 중 착화온도(℃)가 가장 낮은 연료는?
가. 코크스　나. 메탄　다. 일산화탄소　라. 이탄(자연건류)

풀이 라

39 착화점이 높아지는 조건에 관한 설명으로 옳은 것은?
가. 분자구조가 복잡할수록
나. 발열량이 낮을수록
다. 산소의 농도가 클수록
라. 화학반응성이 클수록

풀이 나

11. 열량의 개념

40 현열에 관한 용어 설명으로 가장 적합한 것은?

가. 물질에 의하여 흡수 또는 방출된 열이 온도변화로 나타나지 않고, 상태변화에만 사용되는 열
나. 물질에 의하여 흡수 또는 방출된 열이 온도변화로 나타나고, 물질의 상태변화에는 사용되지 않는 열
다. 물질에 의하여 흡수 또는 방출된 열이 물질의 모든 변화로 나타나는 열
라. 물질에 의하여 흡수 또는 방출된 열이 계의 열용량에만 관계하고, 물질의 상태변화 또는 온도변화에는 사용되지 않는 열

풀이 나

41 비열(Heat Capacity)에 관한 설명으로 옳지 않은 것은?

가. 물질 1g을 1℃ 상승시키는데 필요한 열량을 말하며, 순수한 물의 비열은 1cal/g·℃로서 다른 물질
나. 상태함수가 아니고 경로에 따라 달라지는 양이다.
다. 반응조건에 상관없이 동일한 값을 가지므로 연소반응에서 항상 상수로 취급하고, 이상기체의 경우 정압비열과 정적비열 값은 동일하다.
라. 단일 화염온도를 이론적으로 산출하기 위해 알아야 하는 열역학적 성질 중의 하나이다.

풀이 다

12. 무차원수

42 연소학에서 사용되는 무차원수 중 "Nusselt number"의 의미로 가장 적합한 것은?

가. 난류확산의 특성시간에 대한 화학반응의 특성시간의 비
나. 전도열 이동속도에 대한 대류열 이동속도의 비
다. 화염신장률
라. 온도 확산속도에 대한 운동량 확산속도의 비

풀이 나

43 다음은 연소학에서 이용하는 주된 무차원수에 관한 설명이다. 어떤 무차원수인가?

- 정의 : $\dfrac{\mu}{\rho \cdot D}$ (μ: 점성계수, ρ: 밀도, D: 확산계수)
- 의미 : $\dfrac{\text{운동량의 확산속도}}{\text{물질의 확산속도}}$

풀이 Schmidt number

Combustion Engineering

CHAPTER 2

연료의 종류 및 특성

연료(Fuel)는 가연성물질로 산화제와 반응하거나 내부구조의 변화에 의해 화학에너지를 지속적으로 빛 또는 열에너지로 변환시키고 이 때 발생하는 빛과 열을 경제적으로 이용할 수 있는 물질을 의미한다.

연료의 조건은 다음과 같다.

- 저장량이 많아 안정적 조달이 가능해야 한다.
- 운반 및 취급, 저장이 간편해야 한다.
- 화학적 활성이 크고 연소 시 단위질량당 발열량이 커야 한다.
- 표면적(기체연료 > 액체연료 > 고체연료)과 반응열이 커야 한다.
- 활성화에너지와 열전도도(고체연료 > 액체연료 > 기체연료)는 작아야 한다.
- 유해물질을 생성해서는 안 되며 가격이 싸야 한다.

2.1 고체연료

일반적으로 고체연료는 무기물이 주성분이며 탄소가 50~95%, 수소가 3~6%, 산소 및 질소, 황 등이 22~44%로 구성되어 있으며 회분과 수분 등을 함유한다. 이 구성 성분 중 연소할 수 있는 가연성물질은 탄소, 수소, 황이다. 일반적으로 고체연료는

- 액체연료에 비해 수소함유량이 적고 산소함유량은 크다.
- 고체연료의 C/H비는 15~20 정도이며 고체연료의 평균분자량은 1,000 이상이다.
- 연료별 분자량은 고체연료 > 액체연료(250 전후) > 기체연료(30 이하) 순이다.

1. 고체연료의 특성

1) 장치적 측면

- 연소장치에 연료를 공급하는 것이 불편하다.
- 부하변동 시 연소조절이 어렵다.
- 연소 시 소음발생이 적다.
- 역화의 위험성이 적다.
- 국부가열현상이 적다.

2) 연소적 측면

- 연료자체의 발열량이 낮다.
- 연소 시 과잉공기량이 커져 연소가스량이 많아지고 이에 따른 배기손실이 커진다.
- 열효율은 낮은 편이다.

3) 대기오염적 측면

- SO_x와 NO_x 등 연소생성물에 의해 연소장치의 부식현상이 나타날 수 있다.
- 연소 후 발생하는 회분 및 대기오염물질을 처리하기 위한 큰 부대설비가 필요하다.

2. 고체연료의 연소형태

표면연소, 분해연소, 증발연소, 발연연소로 구분되며 대부분의 고체연료가 연소 시 복합적 연소과정을 거친다. 석탄의 연소과정을 그림 2.1에 나타내었다.

1) 표면연소(Surface Combustion)

- 고체연료가 증발연소와 분해연소를 통해 휘발분을 연소한 후 남아있는 고정탄소 표면에 산소가 확산하면서 연소하는 형태이다.
- 표면에 불꽃이 없으며 고체연료가 빨갛게 달아올라 연소하는 즉 화염이 없는 연소형태이다.
- 주로 석탄, 장작, 숯, 코크스 등과 같은 고체연료만이 이와 같은 연소기전을 갖는다.

2) 분해연소(Pyrolytic Combustion)

- 표면연소 전에 발생하며 가열에 의해 고체연료가 열분해할 때 발생된 휘발분이 연소되는 것으로 고체연료 중 가스성분이 확산연소 되는 것을 의미한다.
- 주로 분자량이 큰 목재, 석탄 등이 분해연소의 특성을 가진다.

3) 증발연소(Evaporative Combustion)

- 양초나 파라핀계와 같이 용융점이 낮은 고체연료가 연소하기 전 가열에 의해 기화된 증기가 산소와 결합하여 연소하는 기전이다.
- 액체연료인 등유, 경유 등과 같은 증발유의 연소기전이기도 하다.
- 이때 가연성 가스는 분해열을 갖지 않으며 증발 증기가 연소하는 것으로 분해연소와 구별해야 한다.

4) 발연연소(Smoke Combustion)

- 열분해 발열반응으로 열분해가 낮은 고체연료가 휘발분이 점화되지 않고 다량의 발연을 수반하는 연소형태로 종이나 목재 등의 연소기전이다.

참고로 자기연소는 공기 중 산소를 필요로 하지 않고, 분자 자신속의 산소에 의해 연소하는 반응을 의미한다. 예로 니트로글리세린 등은 공기 중 산소를 필요로 하지 않고 분자 자신 속의 산소에 의해 연소한다.

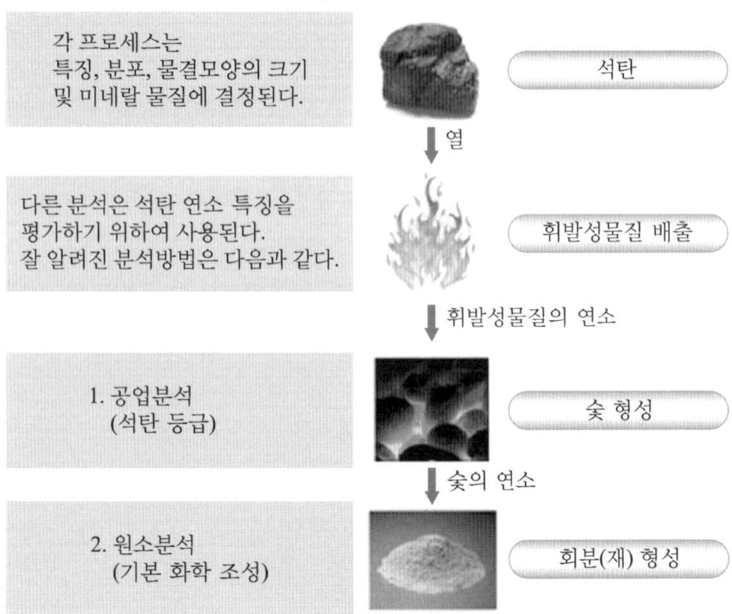

그림 2.1 석탄의 연소과정

출처) http://www.slideshare.net/BrijmohanGoel/coal-24578080

3. 고체연료의 종류

1차 연료인 천연물과 2차 연료인 가공품으로 나눈다. 1차 연료는 석탄류, 무연탄, 역청탄, 갈탄, 아탄, 이탄, 장작 등을 들 수 있으며 2차 연료는 코크스(반성코크스, 아탄코크스, 석유코크스), 목탄, 동탄 등으로 분류할 수 있다.

1) 석탄

(1) 석탄의 구성

1차 연료인 석탄은 고정탄소, 휘발분, 수분, 황분, 회분 등으로 구성되어 있으며 구성물질별 특성은 다음과 같다.

- **고정탄소**는 연료비(탄화도)가 높아 발열량이 높고 연소성을 좋게 하며 탄화도는 이탄<갈탄<역청탄<무연탄 순이다.
- **휘발분**은 매연의 원인이 되며 역청탄이 50%로 가장 많고 무연탄에서 가장 적다.
- **수분**은 석탄 표면에 물리적으로 흡착되어 있는 부착수분, 고유수분(부착수분을 제거 후 석탄 건조 시), 화합수분(석탄 중 결정수) 형태로 존재하며 착화불량 및 열손실의 원인이 된다.
- **회분**의 성분은 산성 성분[이산화규소(SiO_2), 산화알루미늄(Al_2O_3), 이산화티탄(TiO_2)]과 그 외는 염기성 성분[산화철(Fe_2O_3), 산화마그네슘(MgO), 산화칼슘(CaO) 등]으로 구성된다. 주성분은 SiO_2이며 발열량이 낮고 연소성이 좋지 않다.
  - 회분 중 산성 성분이 많으면 회분의 용융점이 높다.
  - 염기성 성분이 많으면 회분의 용융점이 낮아진다.
- 또한 회분의 색상으로 구성 함유물에 따라 달라지는데 백색(이산화규소와 산화알루미늄), 적색(산화철), 황색(산화칼슘)을 띠게 된다. 황분은 연료 중 0.3~2%를 차지하며 무기성 유황분은 황산염과 SO_2로 남으며 유기성 황분은 연소하여 SO_2가 된다.

(2) 석탄의 생성

석탄(Coal)은 식물이 오랜 시간 열과 압력을 받아 탄화되는데 초기에는

- 토탄(peat) 또는 이탄형태로 탄화도가 가장 낮은 상태에서 갈탄 → 아역청탄 → 역청탄 → 무연탄 → 변성무연탄 순으로 탄화된다. 석탄의 탄화과정을 그림 2.2에 나타내었다. 이들 모두 석탄이며 토탄(이탄)은 탄소 성분이 60%이며, 갈탄과 아탄은 70%, 역청탄은 80~90%, 무연탄은 95%이다. 탄화가 될수록 탄소 성분 함량이 높아진다. 국제석탄학회에 따르면 고체연료 구성 성분은 탄소 성분이 중

량으로 50%, 용적으로 70% 이상 함유 시 석탄이라고 규정한다.

그림 2.2 석탄의 탄화과정

출처) http://www.uky.edu/KGS/coal/coalkinds.htm, http://www.wou.edu/las/physci/GS361/Fossil%20fuels/Coal.htm

(3) 석탄의 특성

- **연료비**는 **탄화도**의 정도를 나타내는 지수로 탄화도가 높을수록 고정탄소가 증가하고 휘발분은 감소하여 연료비는 커진다.

$$연료비[\%] = \frac{고정탄소}{휘발분} = \frac{100-(휘발분+수분+회분)}{휘발분} = 탄화도$$

탄화도 또는 연료비는 갈탄류가 1 이하이며, 역청탄은 저도역청탄 1~1.8, 고도역청탄 1.8~4, 반역청탄 4~7, 반무연탄 7~12, 무연탄은 12 이상이 된다.

연료비 = [고정탄소/휘발분] = 탄화도

1. 탄화도가 높다는 것은 고정탄소(분자)가 크고 휘발분(분모)은 작다는 의미로
   ① 비례관계(탄화도가 높을수록 증가하는 것)
   비중, 착화온도, 열분해, 열전도율, 발열량, 고정탄소

② 반비례관계(탄화도가 높을수록 감소하는 것)
기공률, 비열, 휘발분(매연 발생률)
2. 탄화도 : 무연탄 > 역청탄 > 갈탄 > 이탄

- **석탄의 비중**은 조성과 탄화도 정도에 따라 차이가 나며
  - 탄화도가 높을수록 증가한다. 즉 갈탄에서 무연탄으로 갈수록 커지며 회분이 많으면 커진다.
  - 석탄의 비중은 참비중(석탄 체적에 대한 중량비)과 겉보기비중(기공을 포함한 체적에 대한 중량)으로 나누며 석탄의 비중은 약 1.2～1.8이다.
- **석탄의 비열**은
  - 탄화도가 증가할수록, 회분이 많고 수분이 적을수록 비열은 감소한다.
  - 일반적으로 석탄의 비열은 0.22～0.26kcal/kg · ℃이며, 역청탄은 0.24～0.26 kcal/kg · ℃, 무연탄은 0.22～0.23kcal/kg · ℃, 회분은 0.16～0.17kcal/kg · ℃이다.
- **석탄의 열전도율**은
  - 0.12～0.29kcal/mh · ℃이며 탄화도가 높을수록 열전도율을 증가한다.
  - 석탄의 착화온도는 탄화도가 커질수록 높아지며 갈탄 250～300℃, 역청탄 300～400℃, 무연탄은 440～500℃로 수분함량에 따라 달라진다.
- **연소성**은 연료의 조성성분에 따른 연소특성으로
  - 수분이 많으면 착화온도가 높아져 착화가 되지 않으며 열손실이 발생한다.
  - 회분이 많은 경우 발열량이 낮아지고 연소효율이 떨어진다.
  - 또한 휘발분이 많으면 매연이 발생하나 고정탄소가 클 경우 발열량이 높고 연소성이 좋아진다.
- **석탄의 저탄장 관리** : 저탄장은 배수를 위해 1/100～1/150의 구배를 가져야 하며 탄층의 높이는 2m 이하(실내는 4m 이하)로 하여 석탄의 자연발화방지를 위해 탄층의 내부온도는 60℃ 이하로 해야 한다. 고온과 직사광선을 피하고 탄층 내에서 통기관을 설치하고 공기와의 접촉을 최소화한다.

2) 코크스

2차 연료로 가공품인 코크스(Cokes)가 있다. 코크스는 점결탄을 1,000℃의 온도에서 건류하여 얻어지는 2차 연료로 해탄이라고도 한다.

- 점결탄(coking coal)은 역청탄의 일종으로 비점결탄보다 탄화도가 높고 무연탄까지는 이르지 않은 석탄이다.

- 건류(dry distillation)란 공기를 차단한 상태에서 석탄, 목재 등의 고체유기물을 가열하여 휘발분과 탄소잔류분으로 나누는 조작을 말한다.

코크스는 크게 두 가지로 나누는데

- 석유코크스(petroleum coke)로 석유정제시 잔류물이 아스팔트, 피치 등을 고온 열분해하여 분해유를 유출시킨 잔류 코크스를 말한다.
- 반성코크스(semi-coke)는 갈탄, 유연탄을 600℃ 이하의 저온에서 건류하여 휘발분이 일부 남아 있는 고체연료를 말한다. 반성코크스는 타르성분이 없어 연기 없이 연소되며 휘발분이 10～15% 정도 잔류하여 착화온도가 400℃로 불이 붙기 쉬우며 연소성이 좋다. 우리나라에서는 콜라이트라고도 부른다.

코크스의 생성과정을 그림 2.3에 나타내었다.

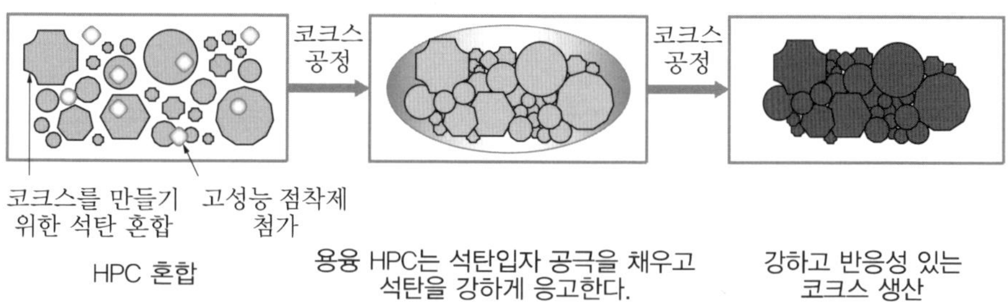

그림 2.3 코크스의 생성과정

출처) http://www.jisf.or.jp/course50/tecnology03/index_en.html

3) 고형연료 SRF(Solid Refuse Fuel)

고형연료는 불연물, 유기물, PVC 등을 제거하고 가연물로 만든 RDF(Refuse Derived Fuel), 폐플라스틱을 60% 이상 함유하는 RPF(Refuse Plastic Fuel), 폐타이어를 사용하여 만든 TDF(Tire Derived Fuel), 폐목재를 사용하여 만든 WCF(Wood Chip Fuel)이 있으나 이를 통합하여 SRF(Solid Refuse Fuel)로 부른다. 자원의 절약과 재활용촉진에 관한 법률 시행규칙 환경부령에 따르면

- SRF(Solid Refuse Fuel)란 일반 고형연료제품으로 폐기물관리법 제2조 제4호의 지정폐기물이 아닌 생활폐기물(폐가구류 등 대형 가연성 고형폐기물을 포함하며, 음식물류폐기물은 제외), 폐합성수지류(자동차 파쇄잔재물(ASR)은 제외), 폐합성

섬유류, 폐고무류(합성고무류 포함), 폐타이어 및 환경부장관이 인정하여 고시하는 가연성 고형폐기물을 사용하여 제조하는 것을 말한다.

동 시행규칙에서 BIO-SRF(Biomass-Solid Refuse Fuel)는 폐기물관리법 제2조 제4호의 지정폐기물이 아닌 가연성 고형폐기물을 서로 혼합하여 제조한 연료이다. BIO-SRF에 사용할 수 있는 가연성 고형폐기물은 폐지류, 농업폐기물(왕겨, 쌀겨, 옥수수대 등 농작물의 부산물), 폐목재류(원목으로 된 폐가구류 및 제재부산물은 포함, 철도용 침목 및 전신주 제외), 식물성잔재물(땅콩껍질, 호두껍질, 팜껍질, 코코넛껍질, 귤껍질 등을 말하며 음식물류 폐기물은 제외), 초본류 폐기물 외 그 밖에 에너지로 사용이 가능하다고 환경부장관이 인정하여 고시하는 바이오매스(biomass) 폐기물을 의미한다.

고형연료제품의 품질기준(제20조의 2관련)에 따르면 각 SRF와 BIO-SRF의 품질기준은 다음 표 2.1과 표 2.2와 같다.

표 2.1 고형연료제품의 품질기준 (제20조의2 관련)〈개정 2014.7.22.〉

구분		단위	성형		비성형	
모양 및 크기		mm	직경	50 이하	가로	50 이하
			길이	100 이하	세로	50 이하
수분		wt.%	10 이하		25 이하	
저위발열량		kcal/kg	수입 고형연료제품 : 3,650 이상 제조 고형연료제품 : 3,500 이상			
회분		wt.%	20 이하			
염소		wt.%	2.0 이하			
황분		wt.%	0.6 이하			
금속 성분	수은(Hg)	mg/kg	1.0 이하			
	카드뮴(Cd)		5.0 이하			
	납(Pb)		150 이하			
	비소(As)		13.0 이하			

※ 비고

1. 회분, 연소, 황분 및 금성성분은 건조된 상태를 기준으로 한다.
2. 성형제품은 펠릿으로 제조한 것으로 한정한다.
3. 비성형제품으로서 제20조의3 제1항에 따른 고형연료제품 사용시설에 직접 사용하기 위해 같은 부지에서 제조하는 경우에는 체 구멍의 크기가 가로 120mm, 세로 120mm 이하(체 구멍이 원형인 경우 면적이 14,400mm^2 이하)인 체에 통과시켰을 때 무게기준으로 제품의 95% 이상이 통과할 수 있는 것으로 제조할 수 있다.
4. 위 표에도 불구하고 별표 1 제10호 가목의 일반 고형연료제품 중 폐타이어만을 사용하여 제조한 고형연료제품의 황분 함유량은 2.0wt.% 이하로 한다.

표 2.2 바이오 고형연료제품(BIO-SRF) (제20조의2 관련)〈개정 2014.7.22.〉

구분		단위	성형		비성형	
모양 및 크기		mm	직경	50 이하	가로	120 이하
			길이	100 이하	세로	120 이하
수분		wt.%	10 이하		25 이하	
저위발열량		kcal/kg	수입 고형연료제품 : 3,150 이상 제조 고형연료제품 : 3,000 이상			
회분		wt.%	15 이하			
염소		wt.%	0.5 이하			
황분		wt.%	0.6 이하			
바이오매스		wt.%	95 이상			
금속성분	수은(Hg)	mg/kg	0.6 이하			
	카드뮴(Cd)		5.0 이하			
	납(Pb)		100 이하			
	비소(As)		5.0 이하			
	크롬(Cr)		70.0 이하			

※ 비고
1. 회분, 연소, 황분 및 금성성분은 건조된 상태를 기준으로 한다.
2. 성형제품은 펠릿으로 제조한 것으로 한정한다.
3. 바이오매스 함유량은 고형연료제품의 함유 성분 중에서 수분과 회분을 제외한 나머지 성분 중 바이오매스의 비율을 말한다.

2.2 액체연료

1. 액체연료의 특성

1) 연소적 측면

① 발열량이 크고 연소효율과 열효율이 높다.
② 회분이 거의 없고 점화 및 소화 등 연소조절이 용이하다.
③ 반면에 연소온도가 높아 국부과열을 일으킬 수 있고 화재 및 역화의 위험성이 크다.

2) 대기오염적 측면

석탄에 비해 매연 발생량은 적으나 중질유의 경우 황분을 함유하므로 SO_x를 발생시킨다.

3) 장치적 측면

① 저장 및 계량, 운반이 용이하다.
② 연소장치인 버너에 따라 소음이 발생될 수 있다.
③ 연료 중에 미량 함유된 바나듐 등이 금속산화물에 의해 연소장치에 문제가 생길 수 있다.

2. 액체연료의 연소형태

1) 분무연소(Spray Combustion)

① 중유 등 액체연료를 분무하여 미세액적으로 만들어 산소와 연소시키는 방식이다.
② 미립화시 연료의 증발표면적이 크게 증가한다.
③ 액체의 미립화에 영향을 미치는 요인으로 분사압력, 분사속도, 연료의 점도 등이 있다.
④ 보일러의 오일연소 등에 사용된다.

2) 증발연소(Evaporative Combustion)

① 액체연료인 휘발유, 등유, 경유, 알코올, 벤젠 등이 소량의 공기와 함께 증발관으로 보내져 만들어진 증발유와 산소가 결합하여 확산연소 되는 방식이다.
② 주로 가압식버너와 소형보일러 등에 사용된다.

3) 액면연소(Liquid surface Combustion)

① 등유와 경유 등과 같은 경질유의 표면이 방사나 대류현상에 의해 표면가열시 증발현상이 일어나 증발유와 산소가 결합하여 확산연소 되는 방식이다.
② 일반적으로 액면연소기전은 포트연소, 경계층연소, 전파연소가 있으며 포트버너 등 폐유 소각장치에 사용된다.

4) 등심연소(Wick Combustion)

① 심화연소라고도 하며 액체연료에 심지를 삽입하여 모세관현상을 이용하여 심지 표면에 발생하는 연료증기가 산소와 결합하는 연소방식이다.
② 주로 석유램프에 사용하며 복사나 대류에 의해 부등심에 전달된 열에 의해 연료가 증발하여 등심의 상부와 측면에서 확산연소 된다.

3. 액체연료의 종류 및 특성

1) 석유 정제유

원유를 물리·화학적 방법을 통하여 가솔린, 등유, 경유, 중유를 말하여 원유를 탈수 후 상압증류장치로부터 경질, 중질의 나프타(Naphtha)가 만들어지고 중질 나프타는 옥탄가가 높은 고급가솔린, 비행기 연료로 사용한다. 각 석유 정제유의 특성을 표 2.3에 나타내었다.

표 2.3 석유 정제유의 특성

석유 정제유	탄소수	비등점 (℃)	인화점 (℃)	착화점 (℃)	특성
가솔린 (Gasoline)	$C_8 \sim C_{11}$	30～220	－20～－40	300	• 연소 범위 : 1.4～7.6% • 비중 : 0.7～0.8 • 고발열량 : 11,000～11,500kcal/kg
등유 (Kerosene)	$C_{10} \sim C_{14}$	150～230	30～60	254	• 비중 : 0.78～0.8 • 발열량 : 11,000kcal/kg • 무색 내지 담화색이며 인화점은 휘발유보다 높다.
경유 (Diesel)	$C_{11} \sim C_{19}$	200～350	5～70	254	• 비중: 0.8～0.9 정도 • 발열량 : 11,000kcal/kg • 정제한 것은 무색에 가깝고, 착화성 적부는 Cetane값으로 표시되며 세탄값은 40～60 정도가 좋다.
중유 (Heavy Oil)	C_{17} 이상	300 이상	60～70	530～580	• 비중 : 0.84～0.96 • 발열량 : 10,000～11,000kcal/kg • 중유의 점도는 C중유가 가장 높고 수송 시 적정점도는 500～1,000cSt 이다.

석유류의 특성

1. 비중이 높을수록
   ① 점도, 유동점, 잔류탄소, 휘도, 방사율, C/H, 착화점이 높아진다.
   ② 발열량이 낮아진다.
2. 점도(동점도) 낮을수록
   유동점이 낮아져 유동성이 좋고 분무가 잘되므로 인화점이 낮아지고 연소가 잘된다.
3. 증기압이 높을수록 인화점이 낮아져서 연소효율은 좋아지나 폭발의 위험성이 있다.
4. C/H비가 클수록
   ① 이론공연비(AFR)는 감소하고 매연이 발생하기 쉽다.

② 휘도와 방사율이 커진다.
③ 화염은 장염이 된다.
④ 중유 > 경유 > 등유 > 휘발유 (C/H비가 클수록 매연 증가)

(1) 탄수소비(C/H비)

연료의 구성성분 중 탄소와 수소의 중량비를 탄수소비라 하며 일반적으로

- 고체연료의 탄수소비는 15～20, 액체연료의 탄수소비는 5～10, 기체연료의 탄수소비는 1～3이며, 석탄은 10～30, 중유는 7～8, 경유는 5～6, 메탄은 3 정도이다.
- 액체연료의 경우 탄수소비는 중유가 가장 크며 경유, 등유, 휘발유 순이다.
- 기체연료는 올레핀계가 가장 크며 나프틴계, 아세틸계, 프로필계, 메탄 순이다.
- 일반적으로 탄수소비가 클수록 이론공연비(AFR)는 감소하고 매연이 발생하기 쉬우며 휘도와 방사율이 커지고 화염은 장염이 된다.

2) 중유(Heavy Oil)

중유는 원유에서 가솔린, 등유, 경유를 증류 후 얻어지는 갈색 또는 흑갈색 액체로 원유 부피의 30～50%를 중유로 얻을 수 있으며 비등점 300℃ 이상이며 탄소(carbon)는 C_{17} 이상의 탄화수소이다.

중유의 특성의 특성을 살펴보면 다음과 같다.

(1) 비중

4℃의 물에 대한 15℃의 중유의 중량비를 기름의 비중이라 하며 중유의 비중은 0.92～0.96이다.

- 비중이 클수록 점도, 유동점, 잔류탄소가 증가된다.
- 비중이 큰 연료는 연소 시 발열량이 낮아지고 화염의 휘도가 커지고 방사율이 커진다.

(2) 점도

저점도의 중유(A중유)는 고점도의 중유(C중유)보다 유동점이 낮아 유동성이 좋으며 분무화가 잘되므로 인화점이 낮아지면서 연소가 잘된다.

- 점도 크기 순 : C중유 > B중유 > A중유
- 액체연료의 경우 온도가 상승하면 분자간의 응집력이 감소하므로 점성계수가 작아진다.

• 기체연료의 경우 온도가 상승하면 분자간 운동량 교환이 활발해짐으로 점성계수는 증가한다.

• 특히 점성계수는 푸아즈(poise) 단위를 쓰며 1poise = 1g/cm · sec이다. 액체와 기체의 점성계수와 온도와 관계를 그림 2.4에 나타내었다.

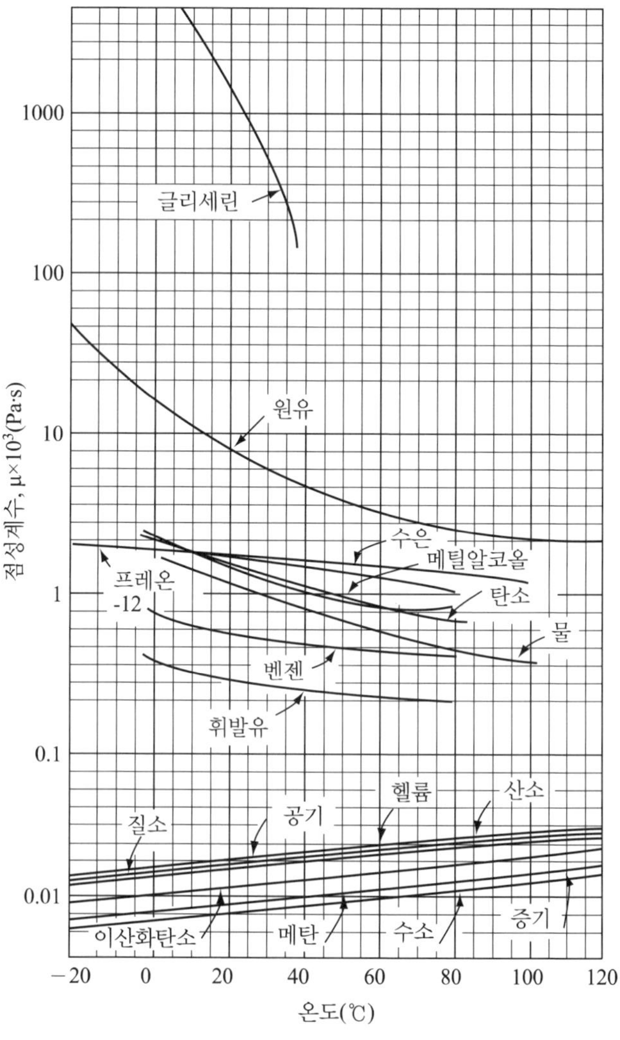

그림 2.4 액체와 기체의 점성계수와 온도와의 관계

(3) 인화점

인화점은 액체연료에서 발생하는 증기가 산소와 반응하여 착화되는 최저온도로서 KS M 2614에서 중유의 인화점 60～70℃ 이상으로 규정하며 비중이 낮을수록 인화점은 낮다. 따라서 인화점은 A중유가 낮고 C중유는 높다.

(4) 유동점

일정한 조건 하에 냉각하였을 때 즉 응고점에 도달하기 전 유동할 수 있는 최저온도이다.

- 응고점은 유체를 냉각할 경우 점도가 증가되어 유동성을 잃고 굳어지기 시작하는 온도를 말한다. 일반적으로 유동점은 응고점 보다 2.5℃ 높다.
- 구름점은 파라핀왁스 등이 냉각할 경우 하얗게 굳어지기 시작하는 온도이다.

(5) 잔류탄소

공기가 부족한 상태에서 연소되지 않은 탄화물로 중유의 잔류탄소 함량은 약 7～16%이다.

- 잔류탄소의 함량이 높으면 점도가 높아진다.
- 버너에 코크스상의 부착물이 형성되어 무화불량의 원인이 된다.

(6) 회분

중유에 함유된 불순물 중 연소 후 고체상으로 잔류하는 물질로 주로 규소, 칼륨, 칼슘, 철, 마그네슘, 바나듐과 같은 금속산화물이다.

(7) 수분

증류 과정 후 중유에 잔류하는 수분을 잔류수분이라 하며 분리된 것은 수분이라 한다.

중유의 규격과 용도를 다음 표 2.4에 나타내었다.

표 2.4 중유의 품질요구사항(KS M 2614)

		반응	인화점 (℃)	동점도 (50℃) mm^2/s	유동점 (℃)	잔류탄소 %(m/m)	수분 및 침전물 %(V/V)	회분 %(m/m)	황분 %(m/m)
A중유	1호	중성	60 이상	20 이하	5 이하	8 이하	0.5 이하	0.05 이하	0.5 이하
	2호	중성	60 이상	20 이하	5 이하	8 이하	0.5 이하	0.05 이하	1.0 이하
	3호	중성	60 이상	20 이하	5 이하	8 이하	0.5 이하	0.05 이하	2.0 이하
B중유	1호	중성	65 이상	50 이하	10 이하	12 이하	0.5 이하	0.10 이하	0.5 이하
	2호	중성	65 이상	50 이하	10 이하	12 이하	0.5 이하	0.10 이하	1.0 이하
	3호	중성	65 이상	50 이하	10 이하	12 이하	0.5 이하	0.10 이하	3.0 이하
C중유	1호	중성	70 이상	540 이하	-	-	1.0 이하	-	0.5 이하
	2호	중성	70 이상	540 이하	-	-	1.0 이하	-	1.0 이하
	3호	중성	70 이상	540 이하	-	-	1.0 이하	-	4.0 이하

※ 비고

A중유 및 B중유의 겨울용 유동점은 0℃ 이하로 따뜻한 기후에 사용하는 A중유의 유동점은 10℃ 이하로 한다. 2015년 유동점 시험방법을 기존의 KS M ISO 3016에서 ASTM D6749로 수정하였다.

출처) 국가기술표준원, 산업표준심의회, KS M2614, 2015

3) 석유 대체연료

(1) 석탄액화유

고체연료인 석탄을 고온·고압 하에서 휘발유 및 디젤유로 액화한 연료이다.

(2) 석탄슬러리연료

석탄을 미분화하여 오일과 혼합한 경우(COM: Coal Oil Mixture)와 수혼합연료(CWM: Coal Water Mixture)가 있다.

(3) 알코올연료

천연가스, 석탄, 나프타로부터 합성되는 메틸알코올과 녹말 및 바이매스의 발효에 의해 발생되는 에틸알코올이 있다.

그을음(soot)과 매연

그을음과 매연은 연료 연소 시 가연성물질의 불완전연소 또는 열분해에 의해 생성되는 탄소를 의미한다. 대기환경보전상에서 soot는 검댕이라 부르며 "연소할 때 생기는 유리탄소가 응결하여 입자의 지름이 1μm 이상 되는 입자상물질"을 말하며 매연은 "연소할 때에 생기는 유리탄소가 주가 되는 미세한 입자상물질"을 의미한다. 즉 그을음과 매연은 산소가 부족한 상태에서 탄화수소를 중합하여 탈수소와 함께 벤젠고리를 형성하여 그을음이 생성된다. 또한 천연가스, 타르, 수지 등 제어된 조건에서 불완전연소를 하여 그을음을 얻기도 하는 데 이를 블랙카본이라고 부른다. 그을림 연소는 숯불과 같이 불꽃을 동반하지 않는 열분해와 표면연소의 복합형태라 볼 수 있으며 산소가 충분하면 완전연소 한다.

연소과정에서 발생하는 그을음은 두 종류로 나눌 수 있다.

- 잔탄형 : 연료의 유적이 노 내의 고온부나 화염의 잔열에 의해 증발할 경우 증발온도이하에 분해되어 형성되는 그을음으로 입경이 비교적 크고 표면에 광택이 있다. 탄소 성분 외 회분과 황성분 등을 함유하며 세노스피어(Cenosphere)라고 부른다.
- 기상석출형 : 증발한 연료가스가 공기부족상태에서 고온이 되어 기상분해 되어 생성되며 입자의 크기는 매우 작다.

일반적으로 그을음과 매연의 다음 조건에서 생성되기 쉽다.

1. 연료의 특성에 따라
   ① 연료의 분자량이 클수록
   ② 연료의 비중이 높고 잔류탄소량이 많을수록
   ③ 연료의 탄수소비(C/H비)가 클수록
      - 그을음은 C/H비가 3 이상일 때 발생하며 수증기를 주입하여 탄수소비(C/H비)를 낮출 수 있다.
      - 중질연료일수록 C/H비는 크므로 매연 발생이 커진다. 즉 고체·액체연료에서는 타르가, 기체연료에서는 올레핀계의 C/H비가 가장 크다.
        타르 > 중유 > 경유 > 등유 > 휘발유
        올레핀계 > 나프텐계 > 아세틸렌 > 프로필렌 > 프로판 > 에탄 > 메탄
      - C/H비가 크면 비점이 높은 연료는 매연이 발생되기 쉽다.
      - 매연의 발생빈도는 천연가스인 CH_4가 가장 낮으며 다음 순서와 같다.
        타르 > 고역청탄 > 중유 > 저역청탄 > 아탄 > 코크스 > 석탄가스 > 제조가스 > LPG > 천연가스
   ④ 탄화수소의 종류에 따라
      - 분해 및 산화하기 쉬운 탄화수소는 매연 발생이 적다.
      - 탄소결합(−C−C−)을 분해하는 것보다 탈수소가 용이한 쪽이 매연 발생이 크며 열분해, 중합, 불포화 결합생성 등의 반응이 일어나기 쉬운 탄화수소류일수록 매연이 잘 된다.
      - 탄화수소류 분자량이 클수록 매연이 발생이 크다.
        나프탈렌계 > 벤젠계 > 올레핀계 > 파라핀계 순
2. 연소조건에 따라
   ① 국부적 산소가 부족하고 연소실의 체적이 작거나 통풍력이 부족할 때 매연 발생이 커진다.
   ② 액체연료의 분무 입경이 큰 경우 매연 발생이 커지며 그을음 방지를 위하여 연소실 온도를 1,000℃ 이상으로 유지하고 적절한 공연비 유지해야 한다.
   ③ 화염의 형태 및 노 내의 조건, 연소실의 크기와 연소시간에 영향을 받는다.

2.3 기체연료

1. 기체연료의 특징

1) 연소적 측면

① 연소가 균일하며 적은 공기비로 완전연소가 가능하다.
② 연소효율이 높고 고온의 온도를 얻기 쉽고 부하변동범위가 넓고 연소조절이 가능하다.
③ 기체연료의 발열량은 탄소(carbon) 수가 많을수록 높아지지만, 연료의 증가에 따른 과잉공기의 증가로 연소성이 나빠질 수 있다.
④ 기체연료의 비중이 클수록 연소성이 나쁘다.

2) 대기오염 측면

회분이나 매연이 거의 발생되지 않으며 황함량이 낮다.

3) 장치적 측면

① 저장 및 수송에 어려움이 있고 시설비가 많이 소요된다.
② 누출되기 쉽고 폭발 위험성이 크다.
③ 기체연료의 폭발범위는 가스의 종류에 따라 다르며 상한값과 하한값이 중앙 조성비에서 연소속도가 최대로 된다.

2. 기체연료의 연소기전

반응물질의 혼합상태에 따라 부분예혼합연소, 예혼합연소, 확산연소로 나누며 연소장의 유동형태에 따라 층류연소와 난류연소로 나눈다.

1) 부분예혼합연소(partial premixed combustion)

확산연소의 단점을 보완하기 위해 기체연료와 반응하는 공기를 일부 혼합 후 버너에 분출하고 나머지 공기는 노 내에 공급하여 확산연소 하는 방법이다.

2) 예혼합연소(premixed combustion)

기체연료와 공기를 혼합하여 버너로 공급, 연소시키는 방법으로 연소반응이 빠르며 화염은 짧고 화염변이 형성되어 스스로 전파된다. 고부하연소가 가능하며 연소실이 작아도 된다. 반면에 역화 위험이 가장 커 점화버너에만 사용한다.

3) 확산연소(diffusion combustion)

기체연료와 공기를 따로 공급하는 방법으로 화염면은 형성되나 전파되지 않고 화염이 길다.

(1) 층류확산연소(laminar diffusion combustion)

연료와 공기를 층류형태로 분출하여 확산연소 하는 방법으로 연소속도가 느리고 화염이 길며 연소 소음이 낮다.

(2) 난류확산연소(turbulent diffusion combustion)

연료와 공기를 난류형태로 분출하여 확산연소 하며 층류확산연소에 비해 연소속도가 빨라 연소효율은 좋으나 연소 소음이 크다.

참고로 부유연소(suspended combustion)가 있는데 협의적 의미로는 미분탄, 왕겨, 톱밥 등과 같은 연료분말을 노 내에 분사하여 노 내 공간에서 연소하는 방법이며 광의적 의미로는 액체연료나 기체연료와 같이 연소로 내 공간에 분사 또는 분출하여 연소하는 경우를 의미하기도 한다.

3. 기체연료의 종류 및 특성

기체연료는 석탄계 가스와 석유계 가스 및 천연가스와 가공가스로 나눌 수 있다.

석탄계 가스는 일산화탄소, 수소, 메탄을 주성분으로 하는 코크스로와 발생로가스가 있으며, 석유계 가스는 LPG, 나프타분해가스 등과 같이 포화탄화수소(프로판, 부탄)와 불포화탄화수소(프로필렌, 부틸렌)를 주성분으로 하며 자연에 존재하는 메탄을 주성분으로 한 천연가스와 LNG 등이 있다.

기체연료의 종류별 생성 조건과 주성분 및 특성을 표 2.5에 나타내었다.

표 2.5 기체연료별 주성분과 특성

기체연료	생성조건	주성분	특성
LNG	천연가스를 1atm 하에서 −168℃ 정도로 냉각하여 액화	메탄(미량의 에탄, 프로판, 부탄)	• 공기보다 가벼워 건물의 천장에 모이는 경향
LPG	10~20atm에서 −49℃ 정도로 냉각하여 액화	프로판과 부탄	• 비중은 공기의 1.5~2.0배 정도로 누출 시 인화의 위험성이 큼. • 천연가스에서 회수, 나프타(Naph-tha) 열 분해, 석유정제 시 부산물 등으로부터 얻어짐. • 자동차와 가정용으로 쓰임. • 액체에서 기체로 될 때 증발열(90~100kcal/kg)이 있음.
발생로가스	코크스, 석탄의 불완전연소	CO, N_2(50%) + 약간의 H_2와 CO_2	• 발열량 1,200kcal/Sm^3으로 매우 낮음.
석탄가스	석탄의 건류	CO, CO_2	• 도시가스용으로 사용하며 발열량은 약 4,000~5,000kcal/Sm^3
고로가스	제철용 고로의 부산물	CO, N_2, 검댕	• 용광로가스라고도 하며 발열량이 1,000kcal/Sm^3으로 매우 낮음.
코크스가스	석탄의 건류	CH_4, H_2	• 발열량은 6,300~6,900kcal/kg

1) 천연가스(Natural gas)

천연에서 나오는 탄화수소를 주성분으로 한 가연성 가스이다. 주성분에 따라 건성천연가스와 습성천연가스로 나눈다.

(1) 건성천연가스

주성분이 메탄으로 일부 이산화탄소를 함유한다.

(2) 습성천연가스

유전지대에서 산출되는 가스로 메탄, 에탄, 프로판, 부탄 등을 포함하며 천연가솔린, 액화석유가스를 만들어 사용가능하다.

천연가스는 폭발범위가 좁고 화염 전파속도가 느리므로 위험성이 적은 편이다.

2) 액화천연가스(LNG: Liquefied Natural Gas)

천연가스를 1기압 하에서 약 −168℃까지 냉각하여 액화하여 만들며 액화비율은 580 대 1이다.

① 메탄을 주성분으로 하나 에탄, 프로판, 부탄 등이 함유되어 있다.
② 일반적으로 −183℃까지 냉각하면 무색의 고체가 된다.
③ 기존 화석연료에 비해 발화점이 낮은 청정연료이며 발열량은 약 9,000～12,000 kcal/Nm^{3}이다.
④ 공기보다 가벼워 폭발성은 낮다.

3) 액화석유가스(LPG: Liquefied Petroleum Gas)

나프타분해과정 또는 석유를 정제 시 부산물로 얻어지는 가스이다.
① 주성분은 프로판과 부탄이다.
② 상온에서 10～20atm(6～7kg$_f$/cm^2)를 가하면 액화되는 경질탄화수소이다.
③ 발열량은 일반도시가스에 비해 7배 높은 청정연료이다.
④ 공기보다 무거워 누설되면 인화 폭발의 위험성이 있다.
⑤ 그러나 착화온도는 440～480℃, 폭발범위는 2～10%이므로 도시가스에 비해선 안전한 가스이며 일반적으로 프로판 가스라고 부른다.

4) 천연액화가스(NGL: Natural Gas Liquefied)

천연상태에서 산출되어 대기 중에 액체상태로 존재하는 가스로 주성분은 펜탄이다.

5) 도시가스(Town gas)

석유계 원료 등 원료로 하여 제조한 정제혼합가스로 발열량은 도시가스의 종류별로 다르나 3,600～7,000kcal/Sm^{3}이다. 도시가스는 주로 LNG이나 경우에 따라 코크스로가스, 발생로가스 등이 쓰이기도 한다.

6) 코크스로, 고로, 발생로가스

① 코크스로가스는 석탄을 건류하여 코크스 제조 시 발생되는 가스로 수소와 메탄을 주성분으로 한다.
② 고로가스는 제철용 고로에서 발생되며 일산화탄소 및 질소가 주성분이다.
③ 발생로가스는 석탄과 코크스를 불완전연소 시켜 얻어지는 가스로 일산화탄소, 수소가 함유되어 있다.
④ 수성가스는 백열된 석탄 또는 코크스에 수증기를 주입하면 930℃ 이상에서 수소와 일산화탄소를 주성분으로 한 가스가 발생한다. 이외에 오일가스, 오프가스 등이 있다.

7) 셰일가스(Shale gas)

셰일 안에 갇혀 있는 가스로 메탄이 주성분이 천연가스의 일종으로 셰일이란 입자의 크기가 62μm 이하의 작은 실트와 점토가 고화되어 형성된 세립질 쇄설성 퇴적암이다. 셰일가스는 제2의 석유라고 부르며 탄화수소의 생성, 이동, 저장이 모두 근원암층인 셰일층에서 이루어진다는 점에서 새로운 개념의 비전통 에너지 자원이다.

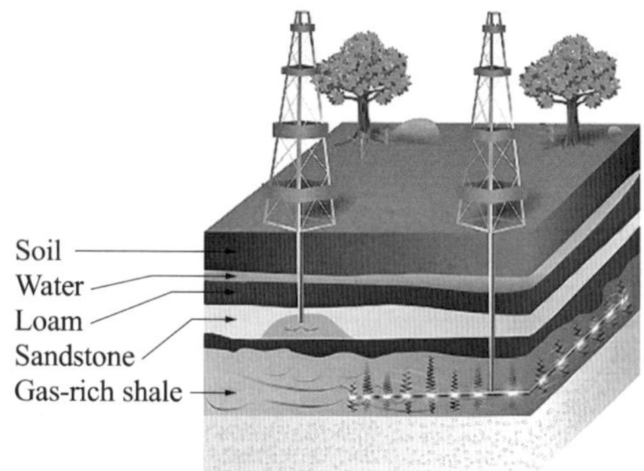

그림 2.5 셰일가스

출처) http://compassmag.3ds.com/5/Industry/SHALE-GAS

연소공학에서 가장 많이 사용되는 가연성물질의 구성성분이 메탄, 에탄, 프로판, 부탄, 아세틸렌, 에틸렌, 프로필렌, 부틸렌의 특성에 대해 표 2.6에 나타내었다.

표 2.6 탄화수소류의 분자식 및 특성

탄화수소류	분자식	특성
메탄	CH_4	• 알케인화합물, 파라핀계탄화수소, 메탄계탄화수소 • 도시가스, 천연가스, LNG의 주성분
에탄	C_2H_6	• 표준상태 하에 무색무취의 탄화수소 • 석유분해가스나 습성천연가스에 함유
프로판	C_3H_8	• 액화가능하며 약한 자극성냄새가 나는 무색액체 • 화학반응성은 낮으나 수소 이탈시 프로필렌으로 변하고 공기산화에 의해 폼알데하이드를 생성함.
부탄	C_4H_{10}	• 4개의 탄소원자를 가진 사슬모양의 탄화수소 • 노말뷰테인과 아이소뷰테인의 두 이성질체가 존재함.
아세틸렌	C_2H_2	• 탄소의 삼중결합을 가지며 카바이드로부터 제조함. • 산소와 혼합물은 폭발하기 쉬움으로 취급에 주의

탄화수소류	분자식	특성
에틸렌	C_2H_4	• 탄소의 이중결합을 가져 반응성이 매우 좋음 • 석유화학공업에 널리 사용
프로필렌	C_3H_6	• 알켄계열의 불포화유기화합물 • 상온에서 냄새가 나는 무색기체로 중합, 산화반응에 관여
부틸렌	C_4H_8	• 사슬모양의 불포화탄화수소 • 특유의 냄새가 무색기체로 원유에 적은 양을 함유하고 있음.

2.4 석탄의 에너지변환

1. 석탄의 열분해(Pyrolysis)와 가스화(Gasification)

열분해(pyrolysis)는 열분해 과정 또는 열적분해(thermal cracking) 과정이며, 가스화(gasification)는 고체나 액체를 기체로 바꾸어 주어 열적과정(thermal process)으로 그림 2.6에 나타내었다.

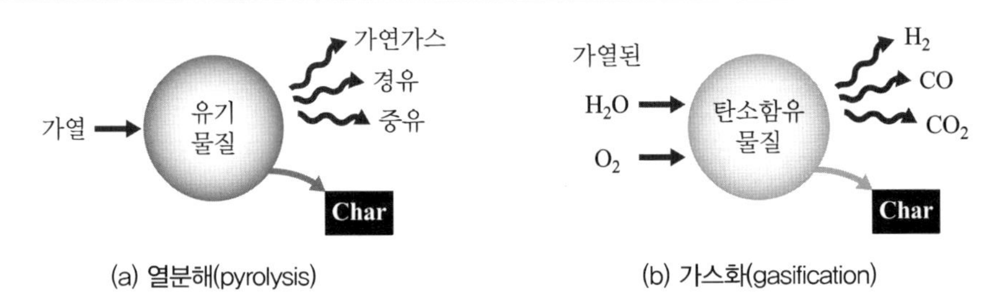

그림 2.6 석탄의 열분해와 가스화

출처) http://www.cleansolutionsco.com/technology.html

석탄의 열분해는 공기가 없는 상태에서 가열하여 석탄내의 유기물질을 분해하는 것으로 석탄을 천연고분자 유기물질과 무기물질인 회분으로 나누는 공정이다. 예를 들어 나무를 열분해하면 기체를 응축하여 액체성분인 목초액을 얻고 고체로는 숯을 얻게 된다. 석탄의 열분해 과정도 이와 유사하여

첫 번째 단계는 기체화 과정으로 저급의 건류가스인 CO, H_2, CH_4를 만든다.

두 번째 단계는 액체화 과정으로 타르(tar)라는 물질이 액체상태로 나온다.

마지막 단계에서는 고체상태인 숯(char)만 남게 된다.

석탄열분해 공정은 석탄가스화 및 석탄액화 공정의 1단계로 열분해온도는 500~600℃에서 수행하며 열분해의 온도와 방법(저속 열분해, 급속 열분해, 순간 열분해)에 따라 tar와 경유를 많이 나오게 할 수 있기도 하고, 아세틸렌, 기체, 탄화수소와 같이 기체산물을 많이 나오게 할 수 있다.

석탄의 가스화는 고체의 고분자 유기물을 가연성가스로 전환시키는 공정으로 열분해(pyrolysis) 과정과 char의 가스화 반응으로 구분한다. 석탄의 열분해 과정에서는 건류된 char를 생성하고 생성된 char를 고체와 기상 반응에 의해 가스화하며 최종적으로 석탄 전부를 가스상태로 전환한다. 이 과정을 통해 석탄은 CO, H_2, CO_2, H_2O, H_2S, CH_4 등으로 전환되고 일부는 소량의 건류 tar나 회분의 형태로 배출된다.

2. 석탄액화법(Coal liquefaction)

석탄액화법은 석탄을 열분해 또는 가스화 과정을 통해 가스로 만들고 그 가스 상에 수소를 첨가하거나 석탄으로부터 추출된 액체에 수소를 첨가하여 합성유류를 만드는 방법이다. 석탄액화법은 두 가지로 직접액화 공정과 간접액화 공정이 있다.

① 직접액화 공정은 고온 및 고압에서 분해된 석탄을 용액화 하여 이 용액에 촉매와 수소를 공급한 후 이를 증류 가능한 액체연료로 만드는 기술을 의미한다.

② 간접액화 기술이란 석탄을 수증기 및 산소와 반응시켜 가스로 전환시키고 가스화 생성물에 포함된 불순물인 먼지 및 황화합물을 제거한 합성가스를 촉매에 의해 탄화수소 화합물로 전환시키는 기술을 의미한다.

석탄액화법에 적절한 석탄은 유연탄(역청탄)으로 많은 양의 액체를 생성할 수 있다. 아쉽게도 국내탄은 무연탄으로서 무연탄은 액체 산물이 적어서 액화반응(수소와의 반응)에 적합하지 못하다.

3. 석탄슬러리

석탄슬러리연료는 고체연료인 석탄에 비해 취급, 저장, 운송이 간편하고 연소전처리시설이 필요 없는 장점을 가지며 분진의 비산도 없어 환경면에서도 유리하다. 석탄슬러리연료는 석탄을 미분화하여 오일과 혼합한 경우(COM: Coal Oil Mixture 또는 Coal Oil Slurry Fuel)와 수혼합연료(CWM: Coal Water Mixture 또는 Coal Water Slurry Fuel)가 있다.

COM은 미분쇄 석탄(fine coal)과 기름(경유 혹은 중유)을 일정 비율로 혼합된 석탄슬러리연료이며 CWM는 미분탄(유연탄)에 30% 정도의 물과 약간의 첨가제를 혼합하여 석탄을 유체화한 연료이다. COM에 대한 연구는 1975년부터 미국의 코텔이 개발하였으며 CWM은 1981년부터 개발되기 시작하였다.

국내에서 생산되는 석탄은 무연탄으로 회분이 30% 이상 되어 CWM으로 사용할 경우 장애를 일으킬 가능성이 있어 국내 석탄을 사용할 경우에는 CWM보다 COM이 적합하다.

COM은 중유 등의 oil이 포함되어 연소가 안정적이고 오일응집법 등의 회분 제거공정을 사용할 수 있으므로 국내 석탄에 효과적으로 적용할 수 있는 석탄슬러리연료이다.

COM 연료 적용 시의 장점

① 장치적 측면에서 중유보다 미립화특성이 양호하므로 중유사용량이 감소될 수 있으며 수송과 조작이 간편하다.

② 연소적 측면에서는 화염길이는 미분탄연소와 비슷하고 화염안정성은 중유연소와 유사하다.

③ 대기오염적 측면에서는 회분이 제거된 정제탄을 사용함으로 회분으로 인한 설비마모, 회부착성(slagging), 부착물(fouling) 현상을 줄일 수 있다. 또한 비산재(fly ash) 처리량 감소로 분진, 유황분 등의 환경오염물질을 감소될 수 있다.

과년도 기출문제

1. 고체연료의 연소기전

01 다음 연소의 종류 중 흑연, 코크스, 목탄 등과 같이 대부분 탄소만으로 되어 있는 고체연료에서 관찰되는 연소형태는?

가. 표면연소　　나. 내부연소　　다. 증발연소　　라. 자기연소

풀이 가

02 다음 중 흑연, 코크스, 목탄 등과 같이 대부분 탄소로만 되어 있고, 휘발성분이 거의 없는 연소의 형태로 가장 적합한 것은?

가. 자기연소　　나. 확산연소　　다. 표면연소　　라. 분해연소

풀이 다

03 다음 연소 중 코크스나 목탄 등이 고온으로 될 때 빨간 짧은 불꽃을 내면서 연소하는 것으로, 휘발성분이 없는 고체연료의 연소형태는?

가. 자기연소　　나. 분해연소　　다. 표면연소　　라. 내부연소

풀이 다

04 다음은 어떤 연소에 관한 설명인가?

> 목재, 석탄, 타르 등은 연소 초기에 열분해에 의해 가연성가스가 생성되고, 이것이 긴 화염을 발생시키면서 연소하게 된다.

가. 표면연소　　나. 분해연소　　다. 자기연소　　라. 확산연소

풀이 나

2. 석탄의 구성성분

05 석탄에 함유된 수분의 3가지 수분형태와 거리가 <u>먼</u> 것은?

가. 유효수분　　나. 부착수분
다. 고유수분　　라. 화합수분(결합수분)

풀이 가

06 다음 연료의 조성성분에 따른 연소특성으로 가장 거리가 <u>먼</u> 것은?

가. 휘발분 : 매연 발생을 방지한다.
나. 수분 : 열손실을 초래하고 착화를 불량하게 한다.
다. 고정탄소 : 발열량이 높고 연소성을 좋게 한다.
라. 회분 : 발열량이 낮고 연소성이 양호하지 않다.

풀이 가

07 석탄의 성상에 관한 설명으로 옳지 <u>않은</u> 것은?

가. 석탄회분의 용융 시 SiO_2, Al_2O_3 등의 염기성 산화물량이 많으면 회분의 용융점이 높아진다.
나. 점결성은 석탄에서 코크스를 생산할 때 중요한 성질이다.
다. 연료 조성변화에 따른 연소특성으로 수분은 착화불량과 열손실을, 회분은 발열량 저하 및 연소불량을 초래한다.
라. 석탄의 휘발분은 매연 발생의 요인이 된다.

풀이 가

08 석탄의 물리화학적인 성상에 관한 설명으로 옳은 것은?

가. 연료 조성변화에 따른 연소특성으로 회분은 착화불량과 열손실을, 탄소는 발열량 저하 및 연소불량을 초래한다.
나. 석탄회분의 용융 시 SiO_2, Al_2O_3 등의 산성 산화물량이 많으면 회분의 용융점이 상승한다.
다. 석탄을 고온 건류하여 코크스를 생산할 때 온도는 250~300℃ 정도이다.
라. 석탄의 휘발분은 매연 발생에 영향을 주지 않는다.

풀이 나

09 석탄의 성질에 관한 설명으로 옳지 <u>않은</u> 것은?

가. 비열은 석탄화도가 진행됨에 따라 증가하며, 통상 0.3~0.35kcal/kg·℃ 정도이다.
나. 건조된 것은 석탄화도가 진행된 것일수록 착화온도가 상승한다.
다. 석탄류의 비중은 석탄화도가 진행됨에 따라 증가되는 경향을 보인다.
라. 착화온도는 수분함유량에 영향을 크게 받으며, 무연탄의 착화온도는 보통 440~550℃ 정도이다.

풀이 가

10 역청이라고도 부르며, 천연적으로 나는 탄화수소류 또는 그 비금속유도체 등의 혼합물의 총칭으로서 원유나 아스팔트, 피치, 석탄 등을 말하는 연료는 무엇인가?

가. 브라이트 스톡(Bright Stock) 나. 베이시스(Bases)
다. 비츄멘(Bitumen) 라. 브리넬링(Brinelling)

풀이 다

11 다음은 어떤 고체연료에 대한 설명인가?

- 흑색고체이며 비점결성에서 강점결까지 다양한 범주의 성질을 갖는다.
- 탄소함유율은 75~90%, 휘발분은 20~45% 정도 함유한다.
- 착화온도가 330~450℃이며, 연소 시 황색화염을 수반하며, 건류하여 코크스, 석탄타르, 석탄가스 등을 생산하는데 많이 사용된다.

가. 갈탄 나. 역청탄
다. 무연탄 라. 이탄

풀이 나

3. 코크스

12 고체연료 중 코크스에 대한 설명으로 옳지 <u>않은</u> 것은?

가. 원료탄을 건류하여 얻어지는 2차 연료로서 코크스로에서 제조된다.
나. 휘발분이 거의 함유되어 있지 않아 연소 시 매연이 많이 발생된다.
다. 코크스의 발열량은 통상 8,000kcal/kg 정도이다.
라. 주성분이 탄소이며, 원료탄보다는 회분의 함량이 많아진다.

풀이 나

13 고체연료에 관한 설명으로 옳지 <u>않은</u> 것은?

가. 갈탄은 휘발분이 많기 때문에 착화성이 좋고, 착화온도도 520~720K 정도로 비교적 낮은 편이다.
나. 아탄은 순탄발열량이 낮을 뿐만 아니라 다량의 수분을 포함하고 있어 유효하게 이용할 수 있는 열량이 적다는 결점도 있다.
다. 역청탄을 저온 건류해서 얻어지는 반성코크스는 휘발분이 많고, 착화성도 좋다.
라. 코크스는 석탄에 비해 화력이 약하고, 매연이 잘 생기는 결점이 있다.

풀이 라

14 일반적인 고체연료의 원료 조성에 관한 설명으로 옳지 <u>않은</u> 것은?

가. 고체연료의 C/H비는 15~20 정도의 범위이다.
나. 고체연료의 분자량은 평균하여 150 전후이다.
다. 고체연료는 액체연료에 비하여 수소함유량이 적다.
라. 고체연료는 액체연료에 비하여 산소함유량이 크다.

풀이 나

4. 연료비(탄화도)

15 석탄의 탄화도가 증가하면 감소하는 것은?

가. 착화온도　　나. 비열
다. 발열량　　라. 고정탄소

풀이 나

16 석탄의 탄화도 증가에 따라 감소하는 것은?

가. 발열량　　나. 고정탄소
다. 착화온도　　라. 비열

풀이 라

17 석탄의 탄화도가 증가하면 감소하는 것은?

가. 고정탄소　　나. 착화온도
다. 매연 발생률　　라. 발열량

풀이 다

18 석탄을 공업분석 하여 수분 2.1%, 회분 15%, 휘발분 36.4%의 함량의 결과를 얻었다. 이 석탄의 연료비는?

풀이 고정탄소 : 100% − (수분 + 회분 + 휘발분) = 46.5%

$$\text{연료비} = \frac{\text{고정탄소}}{\text{휘발분}} = \frac{46.5\%}{36.4\%} = 1.28$$

19 석탄을 공업분석 한 결과 수분 3%, 휘발분 7%, 회분 5%일 때 이 석탄의 연료비는?

풀이 고정탄소(%) = 100% − (3% + 7% + 5%) = 85%

$$\text{연료비} = \frac{\text{고정탄소}}{\text{휘발분}} = \frac{85\%}{7\%} = 12.1$$

20 석탄을 공업분석 한 결과 수분이 0.8%, 휘발분이 8.5%이었다. 이 석탄의 연료비는?

풀이 고정탄소(%) = 100% − (0.8% + 8.5%) = 90.7%

$$\text{연료비} = \frac{\text{고정탄소}}{\text{휘발분}} = \frac{90.7\%}{8.5\%} = 10.7$$

5. 액체연료의 연소기전

21 액체연료가 미립화 되는데 영향을 미치는 요인으로 가장 거리가 먼 것은?
가. 분사압력　　나. 분사속도　　다. 연료의 점도　　라. 연료의 발열량

풀이 라

22 화염으로부터 열을 받으면 가연성 증기가 발생하는 연소로써 휘발분, 등유, 알코올, 벤젠 등의 액체연료의 연소형태는?
가. 표면연소　　나. 자기연소　　다. 증발연소　　라. 발화연소

풀이 다

23 다음 연소의 종류 중 휘발유, 등유, 알코올, 벤젠 등의 연소가 해당하는 것은?
가. 자기연소　　나. 분해연소　　다. 증발연소　　라. 표면연소

풀이 다

24 다음 설명하는 액체연료에 해당하는 것은?

- 비점 : 200~320℃
- 비중 : 0.8~0.9 정도
- 정제한 것은 무색에 가깝고, 착화성 적부는 Cetane값으로 표시된다.

가. Heavy Oil　　나. Gasoline　　다. Light Oil　　라. Kerosene

풀이 다

25 다음과 같은 특성을 가지는 액체연료로 가장 적합한 것은?

- 비등점 : 30~200℃
- 고발열량 : 11,000~11,500kcal/kg
- 비중 : 0.7~0.8

가. Light Oil　　나. Gasoline　　다. Heavy Oil　　라. Kerosene

풀이 나

6. 액체연료의 특성

26 액체연료에 관한 설명 중 가장 거리가 먼 것은?

가. 기체연료에 비해 밀도가 커 저장에 큰 장소를 필요로 하지 않고 연료의 수송도 간편한 편이다.

나. 완전연소 시 다량의 과잉공기가 필요하므로 연소장치가 대형화되는 단점이 있으며, 소화가 용이하지 않다.

다. 화재, 역화 등의 위험이 있고 연소온도가 높기 때문에 국부가열의 위험성이 존재한다.

라. 국내자원이 적고, 수입의 의존 비율이 높으며 회분은 거의 없으나 재속의 금속산화물이 장해원인이 될 수 있다.

풀이 나

27 다음 중 액체연료의 일반적인 특징으로 거리가 먼 것은?

가. 인화 및 역화의 위험이 크다.

나. 점화, 소화 및 연소조절이 어렵다.

다. 발열량이 높고 계량이 용이하다.

라. 연소온도가 높아 국부적인 과열을 일으키기 쉽다.

풀이 나

7. 석유

28 석유류의 비중이 커질 때의 특성으로 거리가 먼 것은?

가. 착화점이 높아진다.　　나. 화염의 휘도가 커진다.

다. 탄수소비(C/H)가 커진다.　　라. 발열량이 증가한다.

풀이 라

29 다음 액체연료 C/H비의 순서로 옳은 것은? (단, 큰 순서>작은 순서)

가. 중유>등유>경유>휘발유　　나. 중유>경유>등유>휘발유

다. 휘발유>등유>경유>중유　　라. 휘발유>경유>등유>중유

풀이 나

30 석유의 물성치에 관한 설명으로 옳지 않은 것은?

가. 경질유는 방향족계 화합물을 10% 미만 함유한다고 할 수 있다.

나. 점도가 낮을수록 유동점이 낮아지므로 일반적으로 저점도의 중유는 고점도의 중유보다 유동점이 낮다.

다. 석유의 동점도가 감소하면 끓는점과 인화점이 높아지고, 연소가 잘 된다.

라. 석유의 비중이 커지면 탄수소비(C/H)가 증가한다.

풀이 다

31 액체연료의 종류 및 성질에 관한 설명으로 옳지 않은 것은?

가. 휘발유는 석유제품 중 가장 경질이며, 비점은 약 250~350℃ 정도, 비중은 0.85~0.9 정도이다.

나. 등유는 휘발유와 유사한 방법으로 정제하며 무색 내지 담황색이고, 인화점은 휘발유보다 높다.

다. 경유의 착화성 여부는 세탄값으로 표시되며, 세탄값 40~60 정도의 것이 좋은 편이다.

라. 중유 점도의 정도는 C중유>B중유>A중유 순으로 감소되며, 수송 시 적정 점도는 500~1,000cSt 정도이다.

풀이 가

32 석유의 물리적 성질에 관한 설명으로 옳지 않은 것은?

가. 비중이 커지면 화염의 휘도가 커지며, 점도도 증가한다.

나. 증기압이 높으면 인화점이 높아져서 연소효율이 저하된다.

다. 유동점(Pour Point)은 일반적으로 응고점 보다 2.5℃ 높은 온도를 말한다.

라. 점도가 낮아지면 인화점이 낮아지고 연소가 잘된다.

풀이 나

8. 기체연료의 특성

33 다음 기체연료의 일반적인 특징으로 가장 거리가 먼 것은?

가. 연소조절, 점화 및 소화가 용이한 편이다.
나. 회분이 거의 없어 먼지 발생량이 적다.
다. 연료의 예열이 쉽고, 저질연료도 고온을 얻을 수 있다.
라. 취급 시 위험성이 적고, 설비비가 적게 든다.

풀이 라

34 다음 중 기체연료의 연소방법으로서 역화 위험이 가장 큰 것은?

가. 확산연소　　나. 부유연소
다. 난류연소　　라. 예혼합연소

풀이 라

35 다음 중 기체연료의 연소형태에 해당하지 않는 것은?

가. 확산연소　　나. 분해연소
다. 예혼합연소　　라. 부분예혼합연소

풀이 나

36 연료의 표면적을 넓게 하여 연소반응이 원활하게 이루어지도록 하는 연소형태와 가장 거리가 먼 것은?

가. 분사연소　　나. COM(Coal Oil Mixture)연소
다. 미분연소　　라. 층류연소

풀이 라

9. 기체연료의 종류 및 특성

37 다음 중 코크스나 석탄, 목재 등을 적열상태로 가열하여 공기 혹은 산소를 보내어 불완전연소 시킨 기체연료는?

가. 수성가스　　나. 오일가스
다. 발생로가스　　라. 분해가스

풀이 다

38 기체연료에 관한 설명 중 옳은 것은?

가. 발생로가스는 코크스나 석탄을 불완전연소 해서 얻는 가스이고, 주성분은 CO와 N_2이다.

나. 석탄가스는 석탄을 건류할 때 생기는 가스를 총칭한 것으로 주성분은 CO, CO_2이고, 산업시설의 동력용으로 많이 사용된다.

다. 고로가스는 제철용 고로에서 부산물로 얻어지는 가스이며, 발생로가스와 유사하지만 H_2, O_2가 많고 발열량은 2,500~3,000kcal/Sm^3 정도이다.

라. 부생가스 중 코크스로가스는 CO, N_2가, 고로가스는 CH_4, H_2가 주성분이다.

풀이 가

39 액화석유가스(LPG)에 관한 설명으로 가장 거리가 먼 것은?

가. 메탄, 프로판을 주성분으로 하는 혼합물로 1atm에서 −168℃ 정도로 냉각하면 쉽게 액체 상태로 된다.

나. 비중은 공기의 1.5~2.0배 정도로 누출 시 인화의 위험성이 크다.

다. 천연가스 회수, 나프타 분해, 석유 정제 시 부산물 등으로부터 얻어진다.

라. 액체에서 기체로 될 때 증발열이 있다.

풀이 가

40 다음 중 액화석유가스(LPG)에 대한 설명으로 거리가 먼 것은?

가. 비중이 공기보다 무거워 누출 시 인화폭발의 위험성이 높은 편이다.

나. 액체에서 기체로 기화할 때 증발열이 5~10kcal/kg로 작아 취급이 용이하다.

다. 발열량이 높은 편이며, 황분이 적다.

라. 천연가스에서 회수되거나 나프타의 분해에 의해 얻어지기도 하지만 대부분 석유 정제 시 부산물로 얻어진다.

풀이 나

41 기체연료에 관한 설명으로 옳지 않은 것은?

가. 코크스는 CH_4, H_2가 주성분이고, 발열량이 고로가스에 비해 크다.

나. 천연가스의 수분 기타의 잔류물을 제거하여 200기압 정도로 압축하여 자동차의 연료로 사용하면 옥탄가가 높기 때문에 유리하다.

다. 고로가스의 주성분은 CO_2, H_2O이다.

라. 발생로가스는 코크스나 석탄을 불완전연소 해서 얻는 가스이다.

풀이 다

42 다음 알코올연료 중 에테르, 아세톤, 벤젠 등 많은 유기물질을 용해하여, 무색의 독특한 냄새를 가지고, 모두 8종의 이성체가 존재하는 것은?

가. 에탄올(C_2H_5OH)　　나. 프로판올(C_3H_7OH)
다. 부탄올(C_4H_9OH)　　라. 펜탄올($C_5H_{11}OH$)

풀이 라

43 LPG와 LNG에 대한 설명으로 옳지 않은 것은?

가. LNG는 천연가스를 −168℃ 정도로 냉각하여 액화시킨 것으로 액화천연가스이다.
나. LNG의 주성분은 대부분이 메탄이고 그 외에 에탄, 프로판, 부탄 등으로 구성되어 있다.
다. LPG는 주로 Naphtha의 열분해에 의해 제조된 것으로 자동차용 연료는 프로판, 가정용에는 부탄이 주로 사용된다.
라. LPG는 밀도가 공기보다 커서 누출 시 건물의 바닥에 모이게 되고 LNG는 공기보다 가벼워 건물의 천장에 모이는 경향이 있다.

풀이 다

44 다음 기체연료에 관한 설명으로 옳은 것은?

가. 액화석유가스는 대부분 천연가스에서 회수하여 얻어진다.
나. 천연가스인 유전가스 중 건성가스는 대부분 메탄이 주성분이다.
다. 액화천연가스의 주성분은 부탄과 프로판이다.
라. 석탄가스의 주요한 가연성분은 프로판 및 부탄으로서 주로 대규모 난방용 연료로 사용한다.

풀이 나

45 기체연료에 관한 다음 설명으로 거리가 먼 것은?

가. 연료 속의 유황함유량이 적어 연소 배기가스 중 SO_2 발생량이 매우 적다.
나. 다른 연료에 비해 저장이 곤란하며, 공기와 혼합해서 점화하면 폭발 등의 위험도 있다.
다. 메탄을 주성분으로 하는 천연가스를 1기압 하에서 −168℃ 정도로 냉각하여 액화시킨 연료를 LNG라 한다.
라. 발생로가스란 코크스나 석탄을 불완전연소 해서 얻는 가스로 주성분은 CH_4와 H_2이다.

풀이 라

46 기체연료의 특징 및 종류에 관한 설명으로 옳지 않은 것은?
가. 부하변동범위가 넓고 연소의 조절이 용이한 편이다.
나. 천연가스는 화염전파속도가 크며, 폭발범위가 크므로 1차 공기를 적게 혼합하는 편이 유리하다.
다. 액화천연가스는 메탄을 주성분으로 하는 천연가스를 1기압 하에서 −160℃ 근처에서 냉각 액화시켜 대량 수송 및 저장을 가능하게 한 것이다.
라. 액화석유가스는 액체에서 기체로 될 때 증발열(90~100kcal/kg)이 있으므로 사용하는데 유의할 필요가 있다.

풀이 나

10. 그을음과 매연

47 연료의 연소 시 발생하는 그을음에 대한 설명으로 옳지 않은 것은?
가. 연료 중의 C/H비가 클수록 발생하기 쉽다.
나. 탈수소가 용이한 연료가 발생하기 쉽다.
다. 방향족 생성반응이 일어나기 쉬운 탄화수소일수록 발생하기 쉽다.
라. 분해나 산화되기 쉬운 탄화수소일수록 발생하기 쉽다.

풀이 라

48 연료연소 시 매연 발생에 관한 설명으로 옳지 않은 것은?
가. 연료의 C/H 비율이 클수록 매연이 발생하기 쉽다.
나. 중합 및 고리화합물 등과 같이 반응이 일어나기 쉬운 탄화수소일수록 매연 발생이 쉽다.
다. 분해하기 쉽거나 산화하기 쉬운 탄화수소는 매연 발생이 적다.
라. 탄소결합을 절단하기 보다는 탈수소가 쉬운 쪽이 매연이 발생하기 쉽다.

풀이 나

49 다음 중 연료 연소 시 매연 발생에 관한 설명으로 옳지 않은 것은?
가. 분해하기 쉽거나 산화하기 쉬운 탄화수소는 매연이 많아 발생되는 편이다.
나. 연료의 C/H 비율이 작을수록 매연이 생기기 어려운 편이다.
다. −C−C−의 탄소결합을 절단하는 것보다 탈수소가 용이한 쪽이 매연이 잘 발생되는 편이다.
라. 탈수소, 중합 및 고리화합물 등과 같이 반응이 일어나기 쉬운 탄화수소일수록 매연이 잘 생기는 편이다.

풀이 가

50 매연 발생에 관한 설명으로 옳지 않은 것은?

가. 분해가 쉽거나 산화하기 쉬운 탄화수소는 매연 발생이 적다.
나. 탈수소, 중합 및 고리화합물 등과 같은 반응이 일어나기 어려운 탄화수소일 때 매연 발생이 쉽다.
다. −C−C−의 탄소결합을 절단하기보다 탈수소가 쉬운 쪽이 매연이 생기기 쉽다.
라. 연료의 C/H의 비율이 클수록 매연이 생기기 쉽다.

풀이 나

51 연료 연소 시 매연이 잘 생기는 순서로 옳은 것은?

가. 타르>중유>경유>LPG
나. 타르>경유>중유>LPG
다. 중유>타르>경유>LPG
라. 경유>타르>중유>LPG

풀이 가

52 다음 중 그을음이 잘 발생하기 쉬운 연료 순으로 나열한 것은? (단, 쉬운 연료>어려운 연료)

가. 타르>중유>석탄가스>LPG
나. 석탄가스>LPG>타르>중유
다. 중유>LPG>석탄가스>타르
라. 중유>타르>LPG>석탄가스

풀이 가

53 다음 중 매연 발생 원인으로 가장 거리가 먼 것은?

가. 연소실의 체적이 적을 때
나. 통풍력이 부족할 때
다. 석탄 중에 황분이 많을 때
라. 무리하게 연소시킬 때

풀이 다

54 매연 발생에 관한 설명으로 옳지 않은 것은?

가. 연료의 탄수소비가 클수록 매연이 생기기 쉽다.
나. 산화하기 쉬운 탄화수소는 매연 발생이 적다.
다. 탄화수소의 탈수소가 용이할수록 매연 발생이 쉽다.
라. 중합반응이 일어나기 쉬운 탄화수소일수록 매연 발생이 적다.

풀이 라

11. 연료 종합문제

55 연료의 종류에 따른 연소 특성으로 옳지 않은 것은?

가. 기체연료는 저발열량의 것으로 고온을 얻을 수 있고, 전열효율을 높일 수 있다.
나. 액체연료는 화재, 역화 등의 위험이 크며, 연소온도가 높아 국부가열을 일으키기 쉽다.
다. 액체연료는 기체연료에 비해 적은 과잉공기로 완전연소가 가능하다.
라. 액체연료의 경우 회분은 아주 적지만, 재 속의 금속산화물이 장애원인이 될 수 있다.

풀이 다

56 다음 연료 및 연소에 관한 설명으로 옳지 않은 것은?

가. 휘발유, 등유, 경유, 중유 중 비점이 가장 높은 연료는 휘발유이다.
나. 연소라 함은 고속의 발열반응으로 일반적으로 빛을 수반하는 현상의 총칭이다.
다. 탄소 성분이 많은 중질유 등의 연소에서는 초기에는 증발연소를 하고, 그 열에 의해 연료 성분이 분해되면서 연소한다.
라. 그을림연소는 숯불과 같이 불꽃을 동반하지 않는 열분해와 표면연소의 복합형태라 볼 수 있다.

풀이 가

57 연료에 관한 다음 설명 중 가장 거리가 먼 것은?

가. 연료비는 탄화도의 정도를 나타내는 지수로서 $\frac{고정탄소}{휘발분}$으로 계산된다.
나. 석유계 액체연료는 고위발열량이 10,000~12,000kcal/kg 정도이고, 메탄올과 같이 산소를 함유한 경우 발열량은 일반 석유계 액체연료보다 높아진다.
다. 일산화탄소의 고위발열량은 3,000kcal/Nm^3 정도이며, 프로판과 부탄보다 발열량이 낮다.
라. LPG는 상온에서 압력을 주면 용이하게 액화되는 석유계의 탄화수소를 말한다.

풀이 나

58 폐타이어를 연료화 하는 주된 방식과 거리가 가장 먼 것은?

가. 가압분해 증류 방식　　나. 액화법에 의한 연료 추출 방식
다. 열분해에 의한 오일 추출 방식　　라. 직접연소 방식

풀이 가

12. 석탄슬러리연료

59 석탄·석유 혼합연료(COM)에 관한 설명으로 가장 적합한 것은?

가. 중유에다 거의 같은 질량의 미분탄을 섞어서 고체화시킨 연료이다.
나. 열량비로 COM 중의 석탄의 비율은 5% 정도로 석유비율이 큰 편이다.
다. 별도의 중유전용 연소시설을 이용하지 않는 것이 큰 장점이다.
라. 유해성분을 포함하고 있으므로 재와 매연처리, 연소가스의 연소실내 체류시간을 미분탄 정도로 고려할 필요가 있다.

풀이 라

13. 고형연료

60 쓰레기 재생연료(RDF)에 관한 설명으로 가장 거리가 먼 것은?

가. 쓰레기 재생연료를 연소시키는 데는 회전롤러식이 사슬상화격자 연소기보다 효율이 좋으며, 도시쓰레기의 소각에 비해 제어가 용이하지 않은 단점이 있다.
나. 쓰레기 재생연료의 소각에서 연료의 제재시간이 높은 온도에서 충분히 길지 않고 (800~850℃에서 2초 이상) 시스템이 제대로 가동 못할 시에는 염소를 포함하는 플라스틱이 잔존하여 다이옥신 등의 배출이 문제가 될 수 있다.
다. fluff RDF는 겉보기 밀도가 낮고, 비교적 수분함량이 높아서 저장하거나 수송하기가 어려운 단점이 있다.
라. 쓰레기 재생연료는 고정탄소가 석탄에 비해 적은 반면 휘발분이 많다.

풀이 가

Combustion
Engineering

CHAPTER 3

고체 및 액체연료의 연소가스량 계산

3.1 고체·액체연료의 연소방정식 만들기

고체·액체연료를 구성하는 성분 C, H, S, O, N, *W*이다. 연소계산에 필요한 각 성분별 원자량과 분자량을 표 3.1에 나타내었다.

표 3.1 고체·액체연료 연소계산에 필요한 성분별 원자량과 분자량

물질(원자)	원자량(kg/kmol)	물질(분자)	분자량(kg/kmol)
C(탄소)	12	CO_2(이산화탄소)	44
H(수소)	1	H_2O(수분)	18
S(황)	32	SO_2(아황산가스)	64
O(산소)	16	O_2(산소)	32
N(질소)	14	N_2(질소)	28

연소란 화학반응의 일종으로 화학반응식과 동일하며 이를 그림 3.1에 나타내었다. 즉

$$A + B = C + D + Heat$$

여기에서 A는 가연성물질로 고체·액체연료의 구성성분이며 B는 공급되는 공기량이다. C와 D는 연소반응 후 발생되는 연소가스량이며 Heat는 발열량이다. 연소반응 후 발생되는 발열량은 6장의 연소와 열에서 설명하였다.

A는 고체·액체연료의 구성성분으로 성분분석을 하면 C, H, S, O, N, *W*로 이를 1번 동그라미와 2번 동그라미로 표현하였다. 1번 동그라미의 C, H, S는 고체·액체연료 중 연소하는 물질이고 2번 동그라미는 O, N, *W*로 기타 성분을 의미한다. 3번은 이론공기량을 의미하여 4번은 과잉공기량, 5번은 연료 중 가연성성분의 연소에 의한 연소가스량, 6번은 이론공기 중의 질소와 과잉공기량, 7번은 연료 중 기타성분의 연소가스량을 의미한다. 따라서 연소반응식은 다음과 같이 7개의 동그라미로 구성된다고 생각하면 된다.

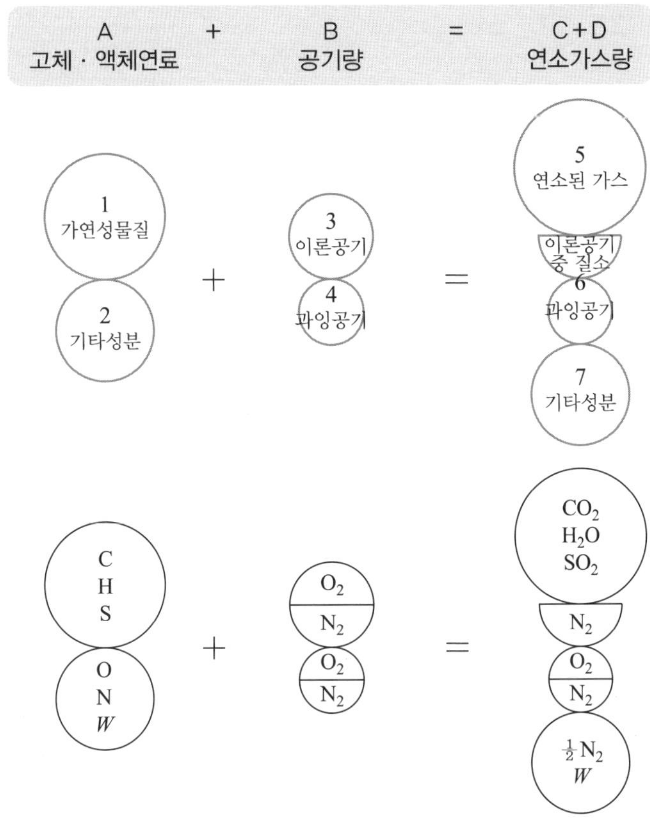

그림 3.1 고체·액체연료의 연소방정식 다이어그램

고체·액체연료의 연소가스량은 연료중량당 중량 즉 연료 1kg_f당 kg, (kg/kg_f)와 같은 중량비로 또는 연료 1kg_f당 Sm^3, (Sm^3/kg_f)과 같은 체적(부피)비로 나타낼 수 있다.

고체·액체연료의 연소가스량 단위

1. 중량 : (kg/kg_f)
2. 체적 : Sm^3/kg_f 또는 Nm^3/kg_f

※ kg_f : 연료의 중량을 의미하며 아래첨자 f는 fuel 약어임. 중량단위와 혼동하지 말 것
※ Sm^3, Nm^3 : S는 standard, N은 normal로 표준상태인 0℃, 1atm을 의미한다.

연소반응식을 만들 때는 다음과 같은 과정으로 생각한다.

Think Tip!

1단계

(1) 각 구성성분의 연소반응식을 기억한다.
(2) 각 구성성분의 몰비를 기입한다.
(3) 각 구성성분의 질량을 기입한다. [1kmol = 분자량(kg) 또는 원자량(kg)]
(4) 가연성물질에는 질량, 산소와 생성물에는 부피만 기입한다. (1mol = 22.4Sm^3)
※ (1)번과 (4)번 과정을 거치면 연소식을 만들기 위한 1단계 과정이 끝난다.

2단계

(5) 중량 연소식 만들기 : (3)번 항에서 가연성물질의 질량으로 각 항을 나눈다.
(6) 체적 연소식 만들기 : (4)번 항에서 가연성물질의 질량으로 각 항을 나눈다.

다음 그림 3.2를 통해 먼저 1번 동그라미의 가연성물질인 C, H, S의 연소반응식을 만들어 보자. 즉 1번 동그라미의 가연성물질의 3번 동그라미의 이론공기 중 산소와 연소하여 5번의 연소가스를 생성한다.

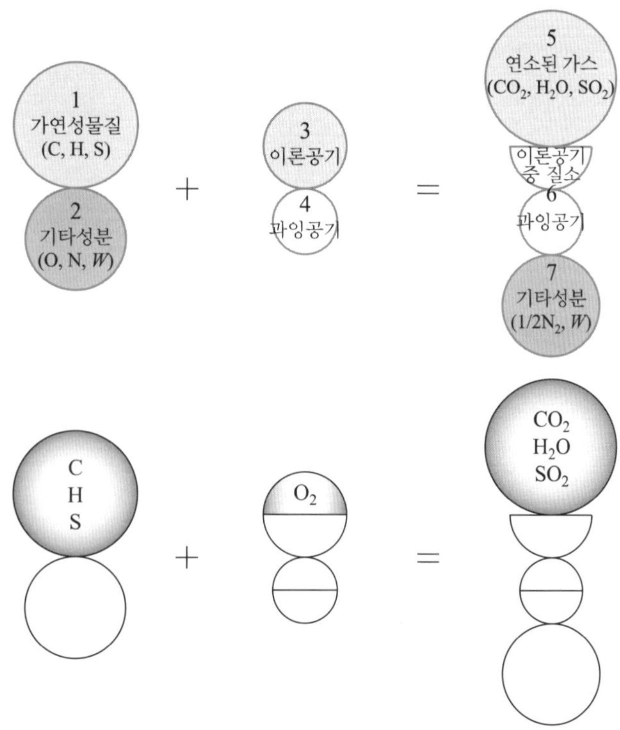

그림 3.2 고체·액체연료 중 가연성물질의 연소반응 다이어그램

1. 연료 중 C의 연소반응식

연료 중 C는 이론공기 중 산소와 연소 반응하여 이산화탄소를 만든다. 이에 대한 연소 반응식은 다음과 같다.

Think Tip!	연소반응식				
(1) 연소반응식	C	+	O_2	=	CO_2
(2) 몰비	1		1		1
(3) 질량	$12kg_f$		32kg		44kg
(4) 체적			$22.4Sm^3$		$22.4Sm^3$
비 만들기					
(5) 중량 : $12kg_f$로 (3)번의 항을 나눔			$\frac{32kg}{12kg_f}$		$\frac{44kg}{12kg_f}$
(6) 체적 : $12kg_f$로 (4)번의 항을 나눔			$\frac{22.4Sm^3}{12kg_f}$		$\frac{22.4Sm^3}{12kg_f}$

(5)번과 (6)번의 분수식으로 표현된 항은 절대로 풀지 말고 분수식 그대로 활용한다.

먼저 중량비에서 $\frac{32kg}{12kg_f}$가 의미하는 바는 $12kg_f$의 C를 연소하기 위해 필요로 하는 산소량이 32kg이라는 의미이며 $\frac{44kg}{12kg_f}$는 $12kg_f$의 C를 연소하면 44kg의 이산화탄소가 발생한다는 의미이다. 이와 동일하게 산소에서 $\frac{22.4Sm^3}{12kg_f}$는 $12kg_f$의 탄소를 연소하기 위해선 $22.4Sm^3$의 산소가 필요하며 이산화탄소는 $22.4Sm^3$이 생성된다는 의미이다. 중량비와 체적비의 일반식 표현법은 다음과 같다.

C	O_2	CO_2
중량비	$\frac{32}{12}C$	$\frac{44}{12}C$
체적비	$\frac{22.4}{12}C$	$\frac{22.4}{12}C$

여기에서 C는 탄소를 연소했다는 의미로 C값은 연료의 구성성분비가 된다. 즉 연료 중 C가 80%라면 0.8을 넣어주면 된다.

2. 연료 중 H의 연소반응식

연료 중 H는 이론공기 중 산소와 연소 반응하여 수분을 생성한다. 이에 대한 연소반응식은 다음과 같다.

Think Tip!	연소반응식				
(1) 연소반응식	H_2	+	$\frac{1}{2}O_2$	=	H_2O
(2) 몰비	1		$\frac{1}{2}$		1
(3) 질량	$2kg_f$		16kg		18kg
(4) 체적			$11.2Sm^3$		$22.4Sm^3$
비 만들기					
(5) 중량 : $2kg_f$로 (3)번의 항을 나눔			$\frac{16kg}{2kg_f}$		$\frac{18kg}{2kg_f}$
(6) 체적 : $2kg_f$로 (4)번의 항을 나눔			$\frac{11.2Sm^3}{2kg_f}$		$\frac{22.4Sm^3}{2kg_f}$

H_2	$\frac{1}{2}O_2$	H_2O
중량	$\frac{16}{2}H$	$\frac{18}{2}H$
체적	$\frac{11.2}{2}H$	$\frac{22.4}{2}H$

중량비에서 $\frac{16kg}{2kg_f}$가 의미하는 바는 $2kg_f$의 H를 연소하기 위해 필요로 하는 산소량이 16kg이라는 의미이며 $\frac{18kg}{2kg_f}$는 $2kg_f$의 H를 연소하면 18kg의 물이 발생한다는 의미이다. 이와 동일하게 산소에서 $\frac{11.2Sm^3}{2kg_f}$는 $2kg_f$의 H를 연소하기 위해선 $11.2Sm^3$의 산소가 필요하며, 물은 $22.4Sm^3$이 생성된다는 의미이다. 또한 중량비와 체적비를 표현할 때 분수식을 풀지 않도록 한다. 즉 $\frac{16}{2}H$는 그대로 $\frac{16}{2}H$로 기억하되 추후에 계산과정에서 필요시 8H를 사용하도록 한다.

3. 연료 중 S의 연소반응식

연료 중 S는 이론공기 중 산소와 연소 반응하여 이산화황을 만든다. 이에 대한 연소반응식은 다음과 같다.

Think Tip!	연소반응식				
(1) 연소반응식	S	+	O_2	=	SO_2
(2) 몰비	1		1		1
(3) 질량	$32kg_f$		32kg		64kg
(4) 체적			$22.4Sm^3$		$22.4Sm^3$
비 만들기					
(5) 중량 : $32kg_f$로 (3)번의 항을 나눔			$\frac{32kg}{32kg_f}$		$\frac{64kg}{32kg_f}$
(6) 체적 : $32kg_f$로 (4)번의 항을 나눔			$\frac{22.4Sm^3}{32kg_f}$		$\frac{22.4Sm^3}{32kg_f}$

S	O_2	SO_2
중량	$\frac{32}{32}S$	$\frac{64}{32}S$
체적	$\frac{22.4}{32}S$	$\frac{22.4}{32}S$

중량비에서 $\frac{32kg}{32kg_f}$가 의미하는 바는 $32kg_f$의 S를 연소하기 위해 필요로 하는 산소량이 32kg이라는 의미이며 $\frac{64kg}{32kg_f}$는 $32kg_f$의 S를 연소하면 64kg의 SO_2가 발생한다는 의미이다. 역시 분수식을 풀지 않도록 한다. 이와 동일하게 산소에서 $\frac{22.4Sm^3}{32kg_f}$는 $32kg_f$의 S를 연소하기 위해선 $22.4Sm^3$의 산소가 필요하며 SO_2는 $22.4Sm^3$이 생성된다는 의미이다. 또한 중량비와 체적비를 표현 시 분수식을 풀지 않도록 한다. 즉 $\frac{32}{32}S$는 그대로 $\frac{32}{32}S$로 기억하되 추후에 계산과정에서 필요시 S를 사용하도록 한다.

다음은 2번 동그라미인 기타성분의 생성물의 다이어그램을 그림 3.3에 나타내었다. 기타성분인 O, N, W는 연소반응 즉 공기 중 산소와 결합하지 않음으로 자체적으로 반응하여 반응 생성물을 7번 동그라미와 같이 만든다.

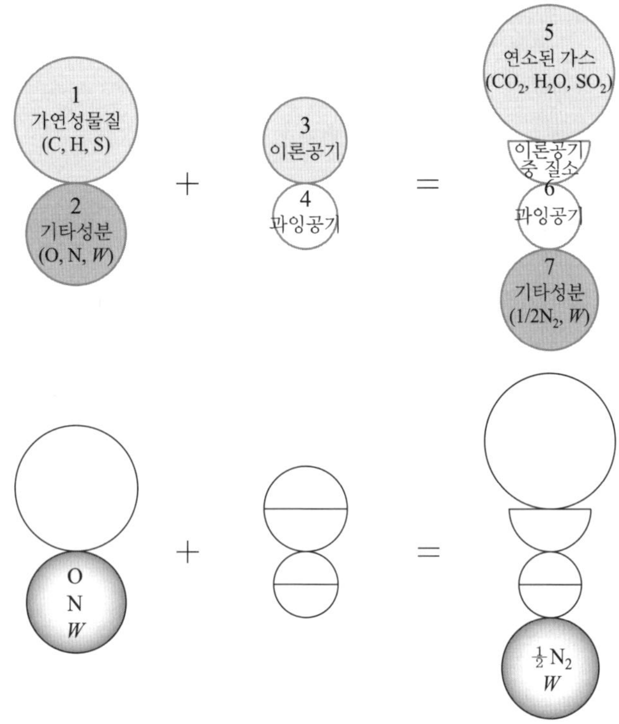

그림 3.3 고체·액체연료 중 기타성분의 다이어그램

4. 연료 중 O의 반응식

연료 중의 산소는 공기에서 제공하는 산소와는 별도로 고려해야 한다. 연소 시 사용되는 산소는 반드시 공기 중의 산소만 사용하므로 향후 이론산소량, 이론공기량 계산 시 연료 중의 산소는 반드시 전체 산소량에서 빼 주어야 한다. 따라서 연소반응식을 살펴보면 연소 중 산소 O에서 $\frac{1}{2}O_2$로 반응하며 연소 반응 후 연소가스량에는 포함되지 않고 생성량이 0이 된다는 점에 주의해야 한다.

Think Tip!	연료 중 산소의 반응식				
(1) 반응식	O	−	$\frac{1}{2}O_2$	=	0
(2) 몰비	1		1/2		
(3) 질량	$16kg_f$		16kg		
(4) 체적			$11.2Sm^3$		
비 만들기					
(5) 중량 : $16kg_f$로 (3)번의 항을 나눔			$\frac{16kg}{16kg_f}$		
(6) 체적 : $16kg_f$로 (4)번의 항을 나눔			$\frac{11.2Sm^3}{16kg_f}$		

O	$\frac{1}{2}O_2$
중량	$-\frac{16}{16}O$
체적	$-\frac{11.2}{16}O$

중량비와 체적비에서 − 기호는 향후 이론산소량 계산 시 빼주며 연소가스량에는 발생되지 않음을 의미한다.

5. 연료 중 N의 반응식

연료 중의 N은 연료 중 N과 결합하여 $\frac{1}{2}N_2$를 생성한다.

Think Tip!	연료 중 질소의 반응식		
(1) 반응식	N	=	$\frac{1}{2}N_2$
(2) 몰비	1		1/2
(3) 질량	$14kg_f$		14kg
(4) 체적			$11.2Sm^3$
비 만들기			
(5) 중량 : $14kg_f$로 (3)번의 항을 나눔			$\frac{14kg}{14kg_f}$
(6) 체적 : $14kg_f$로 (4)번의 항을 나눔			$\frac{11.2Sm^3}{14kg_f}$

N	$\frac{1}{2}N_2$
중량	$\frac{14}{14}N$
체적	$\frac{11.2}{14}N$

6. 연료 중 수분의 반응식

연료 중의 수분의 기호는 Water의 W를 사용한다. 연료 중의 수분에서 주의할 점은 반응 전에는 수분이 액체상태($H_2O_{(L)}$)이나 연소반응 후에는 연소로의 온도가 올라감으로 기체상 즉 수증기상태($H_2O_{(G)}$)로 변한다는 점에 주의해야 한다.

Think Tip!	연료 중 수분의 반응식		
(1) 반응식	$H_2O_{(L)}$	=	$H_2O_{(G)}$
(2) 몰비	1		1
(3) 질량	$18kg_f$		18kg
(4) 체적			$22.4Sm^3$
비 만들기			
(5) 중량 : $18kg_f$로 (3)번의 항을 나눔			$\frac{18kg}{18kg_f}$
(6) 체적 : $18kg_f$로 (4)번의 항을 나눔			$\frac{22.4Sm^3}{18kg_f}$

$H_2O_{(L)}$	$H_2O_{(G)}$
중량비	$\frac{18}{18}W$
체적비	$\frac{22.4}{18}W$

고체·액체연료의 성분은 C, H, S 즉, 발열반응을 하는 가연성물질과 기타성분인 O, N, W로 나누어지며 C, H, S의 연소반응을 통해 열에너지를 얻을 수 있다. 반드시 6개 성분의 연소반응식을 이해한 후 암기하기 바란다.

연소방정식 만들기 [1]

C가 연소 시 필요한 산소의 양을 중량식과 체적식으로 표현하시오.

1. C의 연소방정식을 생각한다.	( ) + ( ) = ( )
중량식	
2. 각 항의 질량을 쓴다.	( ) : ( )
3. 각 항을 C의 질량으로 나누어 준다.	( ) : ( )
체적식	
4. 각 항의 체적을 쓴다.	( ) : ( )
5. 각 항을 C의 질량으로 나누어 준다.	( ) : ( )

[풀이]

1. $(C) + (O_2) = (CO_2)$　　2. (32) : (44)　　3. $\left(\frac{32}{12}C\right) : \left(\frac{44}{12}C\right)$

4. (22.4) : (22.4)　　5. $\left(\frac{22.4}{12}C\right) : \left(\frac{22.4}{12}C\right)$

연소방정식 만들기 [2]

[1]과 방법으로 다음 질문의 식을 만들 수 있는지 스스로 평가한다.

1. H가 연소 시 필요한 산소의 양과 생성되는 물의 양을 중량식과 체적식으로 표현하시오.
2. S가 연소 시 필요한 산소의 양과 발생하는 SO_2의 양을 중량식과 체적식으로 쓰시오.
3. 만약 연료의 성분이 C, H, S만으로 구성되어 있다. 이때 필요한 산소량과 발생되는 CO_2, H_2O, SO_2의 양을 식으로 표현하시오.
4. 연료 중의 N과 수분의 생성량을 중량비와 체적비로 쓰시오.

※ 연소방정식은 식을 암기하기는 것이 아니고 이해과정을 거쳐 식을 도출해야 한다. Think Tip을 통해 위 4문항에 대해 스스로 생각하여 식을 쓸 수 있는지 확인 후 다음 장으로 넘어가야 한다.

다음 개념문제를 통해 스스로 식을 만들어 연소계산을 할 수 있는지 확인한다.

개념문제 3-1 연료 100kg을 연소하기 위해 필요한 산소량과 발생되는 이산화탄소량은 몇 kg이며 몇 Sm^3인가? (단, 연료는 탄소 100%로 이루어져 있다.)

풀이 1) 비례식을 이용한 방법

중량

C	+	O_2	=	CO_2
$12kg_f$		32kg		
$100kg_f$		X kg		

C	+	O_2	=	CO_2
$12kg_f$				44kg
$100kg_f$				X kg

체적

C	+	O_2	=	CO_2
$12kg_f$		$22.4Sm^3$		
$100kg_f$		$X\,Sm^3$		

C	+	O_2	=	CO_2
$12kg_f$				$22.4Sm^3$
$100kg_f$				$X\,Sm^3$

2) 연소반응식을 이용한 방법
즉 탄소가 100%이므로 C값은 1이 된다.

[중량 계산]

산소량 : $\frac{32}{12}C = \frac{32kg}{12kg_f} \times 100kg_f \times 1$

이산화탄소량 : $\frac{44}{12}C = \frac{44kg}{12kg_f} \times 100kg_f \times 1$

[체적 계산]

산소량 : $\frac{22.4}{12}C = \frac{22.4Sm^3}{12kg_f} \times 100kg_f \times 1$

이산화탄소량 : $\frac{22.4}{12}C = \frac{22.4Sm^3}{12kg_f} \times 100kg_f \times 1$

[개념문제 3-1]은 탄소 조성비가 100%인 경우이다. 만약 탄소 조성비가 90%, 85.4%라면 조성비에 대한 보정이 필요하다. 연료 구성 성분의 조성비가 변할 경우의 예를 [개념문제 3-2]에서 설명하였다.

개념문제 3-2 연료 100kg을 연소하기 위해 발생되는 이산화탄소량은 몇 kg인가? (단, 탄소는 50%이다.)

풀이 [개념문제 3-1]과의 차이점은 연료 중 탄소가 100%인 경우와 50%인 경우이다.

1) 비례식을 이용한 방법

연료 100kg 중 탄소의 함량을 구한 후 즉 $100kg \times 0.5 = 50kg$

$C + O_2 = CO_2$

$12kg_f \quad : \quad 44kg$

$50kg_f \quad : \quad X kg$

2) 연소방정식을 이용한 방법

C의 중량식을 이용하여 C는 조성비 0.5만을 대입하면 된다.

$\therefore \frac{44}{12}C = \frac{44kg}{12kg_f} \times 100kg_f \times 0.5$

[개념문제 3-1과 3-2]는 비례식을 이용한 계산법과 연소방정식을 이용한 풀이과정이 동일하다. 그러나 연소공학에서 $\frac{44}{12}$C의 의미를 알고 이를 계산에 응용하는 것이 중요하며 이 책에서는 연소방정식을 이용한 방법으로 연소계산을 해보자.

개념문제 3-3 S 8%로 구성된 연료에서 필요한 산소량과 발생되는 아황산가스의 식으로 중량비와 체적비로 표현하면?

풀이

S	O_2	SO_2
중량비	$\frac{32}{32}\times 0.08$	$\frac{64}{32}\times 0.08$
체적비	$\frac{22.4}{32}\times 0.08$	$\frac{22.4}{32}\times 0.08$

개념문제 3-4 C, H, S, O, N, W로 구성된 고체·액체연료에서 발생되는 물의 양을 중량비와 체적비 식으로 표현하면?

풀이 물을 발생하는 원소는 H와 W이므로

중량 : $\frac{18}{2}\text{H} + \frac{18}{18}W = 9\text{H} + W$

체적 : $\frac{22.4}{2}\text{H} + \frac{22.4}{18}W$

개념문제 3-5 만약 [개념문제 3-3]에서 조성성분이 C, H, S, N이라면 발생되는 물의 양을 중량비와 체적비 식으로 표현하면?

풀이 물을 발생하는 원소는 H뿐이므로 중량 : $\frac{18}{2}\text{H}$, 체적 : $\frac{22.4}{2}\text{H}$. 즉 발생되는 연소가스량은 구성조성비에 따라 달라짐을 알 수 있다.

3.2 고체·액체연료의 공기량 계산

연소를 위해서는 공기 중의 산소 공급이 매우 중요하다. 일반적으로 공기는 대기의 하층부분을 구성하는 수증기를 제외한 무색투명한 기체를 말한다. 공기의 조성성분을 표 3.2에 나타내었다. 공기의 주성분은 질소, 산소, 아르곤, 이산화탄소이며 미량의 다양한 성분들이 공기를 구성하고 있다.

표 3.2 공기의 조성성분

Substance	Volume(percent)	Concentration(ppm)[a]
Nitrogen	78.084 ± 0.004	780,900
Oxygen	20.946 ± 0.002	209,400
Argon	0.934 ± 0.001	9,300
Carbon dioxide	0.033 ± 0.001	315
Neon		18
Helium		5.2
Methane		1.2
Krypton		0.5
Hydrogen		0.5
Xenon		0.08
Nitrogen dioxide		0.02
Ozone		0.01 ~ 0.04

Source: *Handbook of Air Pollution*, PHS Publication AP-44(PB 190-247), 1968[40].
[a] ppm is an abbreviation of parts per million.

1. 공기의 분자량 및 중량분율 계산

연소공학에서는 공기의 조성성분을 산소와 질소로 한정하여 공기의 분자량과 중량분율을 구한다. 즉 표준상태의 공기 100m³을 분석하면 산소가 20.8m³, 질소가 78.9m³, 기타성분으로 구성되어 있다. 그러나 연소공학에서는 체적비로 산소 0.21, 질소 0.79를 사용한다. 고체·액체연료의 경우 체적비 이외에 중량비로도 계산하므로 공기 중 산소와 질소의 중량비를 계산해보자. 공기는 혼합기체이므로 중량비는 다음 식으로 표현할 수 있다.

공기의 분자량 및 중량분율 계산식

$$공기분자량 = \sum(V_i \times M_{wi})$$

$$중량비 = \frac{V_i \times M_{wi}}{공기분자량}$$

단, V_i는 각 성분의 체적비이며 M_{wi}는 각 성분의 분자량을 의미한다.

공기의 중량비를 구하기 위해선 공기의 분자량을 계산해야 한다.

$$\begin{aligned} \text{공기분자량} &= \sum(V_i \times M_{wi}) \\ &= (\text{질소의 체적비} \times \text{질소 분자량}) + (\text{산소의 체적비} \times \text{산소 분자량}) \\ &= \left(0.79 \times 28\frac{\text{kg}}{\text{kmol}}\right) + \left(0.21 \times 32\frac{\text{kg}}{\text{kmol}}\right) \\ &= 28.84\frac{\text{kg}}{\text{kmol}} \end{aligned}$$

따라서 질소와 산소의 중량비는 다음과 같다.

$$\text{질소의 중량비} = \frac{0.79 \times 28\text{kg/kmol}}{28.84\text{kg/kmol}} = 0.767$$

$$\text{산소의 중량비} = \frac{0.21 \times 32\text{kg/kmol}}{28.84\text{kg/kmol}} = 0.233$$

공기의 실제 중량비는 질소는 0.767, 산소는 0.233이나 연소 계산에는 질소는 0.768, 산소는 0.232를 쓰도록 하겠다.

따라서 공기의 중량비와 체적비는 다음과 같다.

조성	N_2	O_2
체적비	0.79	0.21
중량비	0.768	0.232

2. 고체·액체연료의 이론공기량 계산

고체·액체연료의 다이어그램 중 공기량과 관련된 동그라미는 3번과 4번으로 그림 3.4에 나타내었다. 즉 이론공기량(3번), 과잉공기량(4번), 실제공기량(3번+4번)으로 구분할 수 있다.

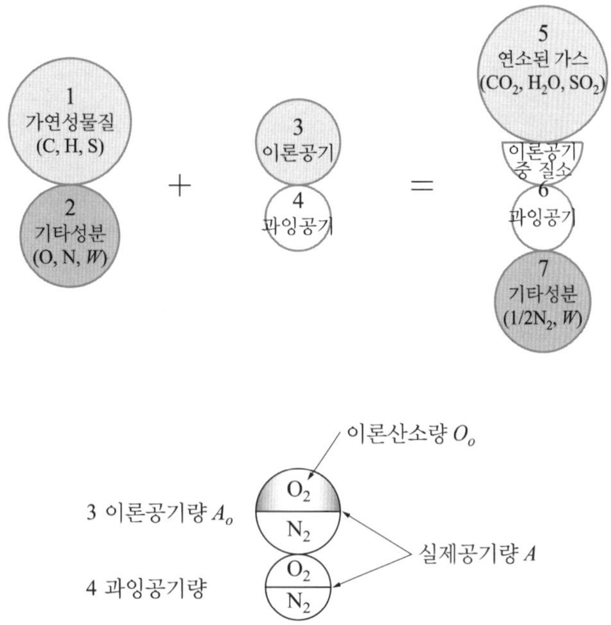

그림 3.4 연소용 공기량의 분류 다이어그램

이론공기량은 영어기호로는 A_o로 쓴다. 연소공학에서 어떤 기호에 아래첨자 o를 쓸 경우 이론량임을 명심해야 한다. 이론공기량의 다이어그램을 그림 3.5에 나타내었다.

A_o는 O_2와 N_2로 구성되며 이론공기량 중에 들어있는 O_2를 이론산소량이라고 하며 기호로는 O_o를 쓴다.

따라서 이론산소량 O_o과 이론공기량 A_o의 관계는 다음과 같다.

체적	중량
A_o : O_o	A_o : O_o
1 : 0.21	1 : 0.232
$\therefore\ O_o = 0.21A_o$	$\therefore\ O_o = 0.232A_o$

이론공기량(A_o)은 다음과 같다.

$$A_o(\text{체적}) = \frac{O_o}{0.21}$$

$$A_o(\text{중량}) = \frac{O_o}{0.232}$$

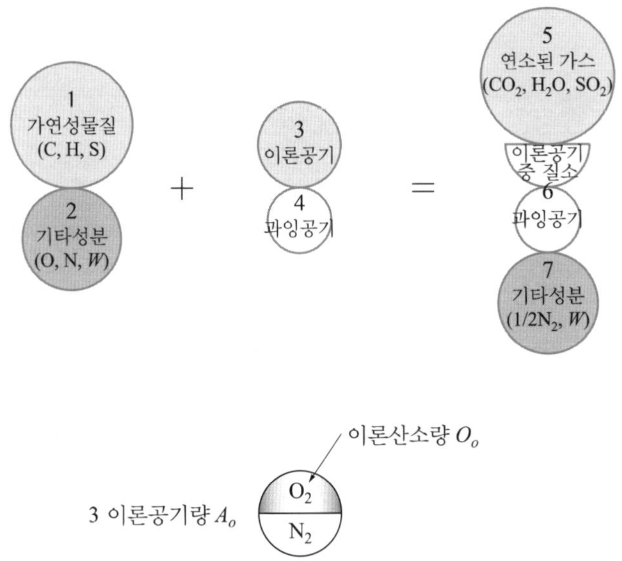

그림 3.5 고체·액체연료 중 이론공기량(A_o)의 다이어그램

이론산소량(O_o)은 1번 동그라미와 반응하는 산소량을 의미한다.

따라서 연소반응식을 통해 C, H, S와 반응하는 산소량을 구하고 더하여 주면 된다.

$$\text{체적비} = \frac{22.4}{12}\text{C} + \frac{11.2}{2}\text{H} + \frac{22.4}{32}\text{S}$$

$$\text{중량비} = \frac{32}{12}\text{C} + \frac{16}{2}\text{H} + \frac{32}{32}\text{S}$$

3. 유효수소의 개념

그림 3.6을 보면 연료 중의 수소는 두 가지 경로로 산소와 반응하는데 첫째, 공기 중의 산소와 반응하여 연소가스 중 물을 만들며, 둘째, 연료 중의 산소와 결합하여 결합수를 만든다. 연소 시 사용되는 이론공기 중의 산소량은 공기 중으로부터 제공되어야 하므로 전체 산소량에서 연료 중의 수소와 결합하는 산소량을 빼야 한다.

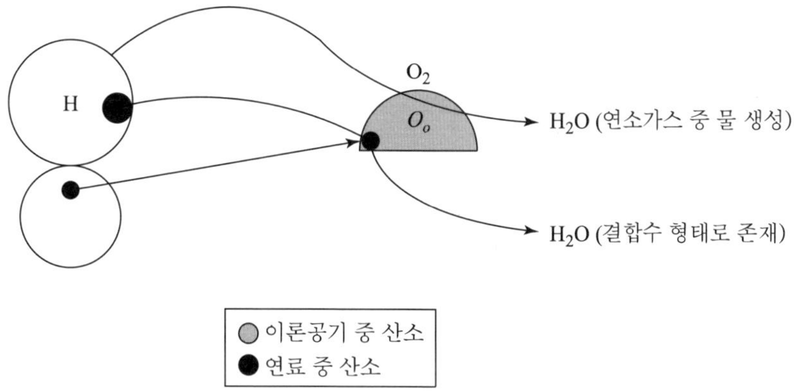

그림 3.6 고체·액체연료 중 연료 중 산소와 이론공기 중 산소와의 관계

즉 연소반응을 하는 산소량은 공기가 제공하는 이론산소량(O_o)과 연료 중의 산소로 구성되어 있다. 연료 중의 산소와 반응하는 수소량을 수식으로 표현하면 다음과 같다.

$$H_2 + \frac{1}{2}O_2 = H_2O$$

수소 2kg은 산소 16kg과 반응하므로

H : O

2 : 16

비례식을 통해 16H = 2O가 되며 $H = \frac{1}{8}O$가 된다. 즉 연료 중 전체 수소량에서 연료 중의 산소와 결합하는 수소의 양($H = \frac{1}{8}O$)을 빼야 한다. 이를 유효수소라고 부르며 식으로 나타내면 다음과 같다.

$$H - \frac{1}{8}O = 8H - O$$

유효수소량

유효수소량 = 연료 내 전체 수소량 − 연료 내 산소와 반응하는 수소량

$$= H - \frac{1}{8}O = 8H - O$$

즉 이론산소량 계산 시 주의할 점은 연료 중의 산소와 결합하는 수소량이다. 연료 중의 산소와 반응한 수소는 결합수 형태로 존재하며, 이 때 반응한 수소는 연료반응에 참여하지 않으므로 이론산소량에서 제외해야 한다.

따라서 이론산소량의 최종식은 다음과 같다.

고체·액체연료의 이론산소량(O_o)식

1. 체적비 : $O_o = \frac{22.4}{12}C + \frac{11.2}{2}H + \frac{22.4}{32}S - \frac{11.2}{16}O$

$$= \frac{22.4}{12}C + \frac{11.2}{2}\left(H - \frac{1}{8}O\right) + \frac{22.4}{32}S$$

2. 중량비 : $O_o = \frac{32}{12}C + \frac{16}{2}H + \frac{32}{32}S - \frac{16}{16}O = \frac{32}{12}C + \frac{16}{2}\left(H - \frac{1}{8}O\right) + \frac{32}{32}S$

따라서 이론공기량(A_o)의 최종식은 다음과 같다.

고체·액체연료의 이론공기량(A_o) 식

1. 체적$\left[\frac{Sm^3}{kg_f}\right]$: $A_o = \frac{O_o}{0.21} = \frac{1}{0.21} \times \left(\frac{22.4}{12}C + \frac{11.2}{2}H + \frac{22.4}{32}S - \frac{11.2}{16}O\right)$

2. 중량$\left[\frac{kg}{kg_f}\right]$: $A_o = \frac{O_o}{0.232} = \frac{1}{0.232} \times \left(\frac{32}{12}C + \frac{16}{2}H + \frac{32}{32}S - \frac{16}{16}O\right)$

다음 표 3.3은 고체·액체연료의 개략적인 이론공기량 값이다.

표 3.3 고체·액체연료의 이론공기량 값

연료명	이론공기량 A_o (Sm^3/kg_f)
연료유	10 ~ 13
역청탄	7.5 ~ 8.5
무연탄	9.0 ~ 10.0
코크스	8.0 ~ 8.7
탄 소	8.9

4. 고체·액체연료의 실제공기량 계산

고체·액체연료의 실제공기량은 영어기호로는 A라고 쓴다.

실제공기량(A)와 이론공기량(A_o)의 비를 공기비(m)라고 하며 식으로 쓰면 다음과 같다.

실제공기량(A)과 공기비(m)

$$m = \frac{A}{A_o} \Rightarrow A = mA_o$$

즉 실제공기량과 이론공기량의 차이는 과잉공기량의 유무이다. 과잉공기량을 식으로 표현해보면 그림 3.7과 같다.

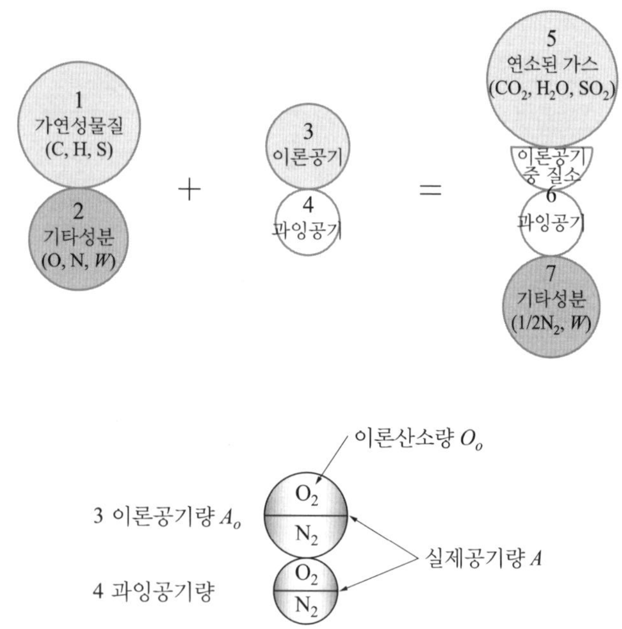

그림 3.7 이론공기량과 과잉공기량 및 실제공기량의 다이어그램

실제공기량 = 이론공기량 + 과잉공기량

즉 과잉공기량 = 실제공기량 − 이론공기량

과잉공기량 식

과잉공기량 $= A - A_o = mA_o - A_o = (m-1)A_o$

3.3 고체·액체연료의 연소가스량 계산

고체·액체연료의 연소가스량을 도식화 하여 설명하면 다음 그림 3.8과 같다.

1번 동그라미(가연성물질)는 3번 동그라미(이론공기 중 산소)와 연소하여 5번 동그라미를 만든다. 즉 C, H, S는 O_2와 연소반응을 하여 CO_2, H_2O, SO_2를 생성한다.

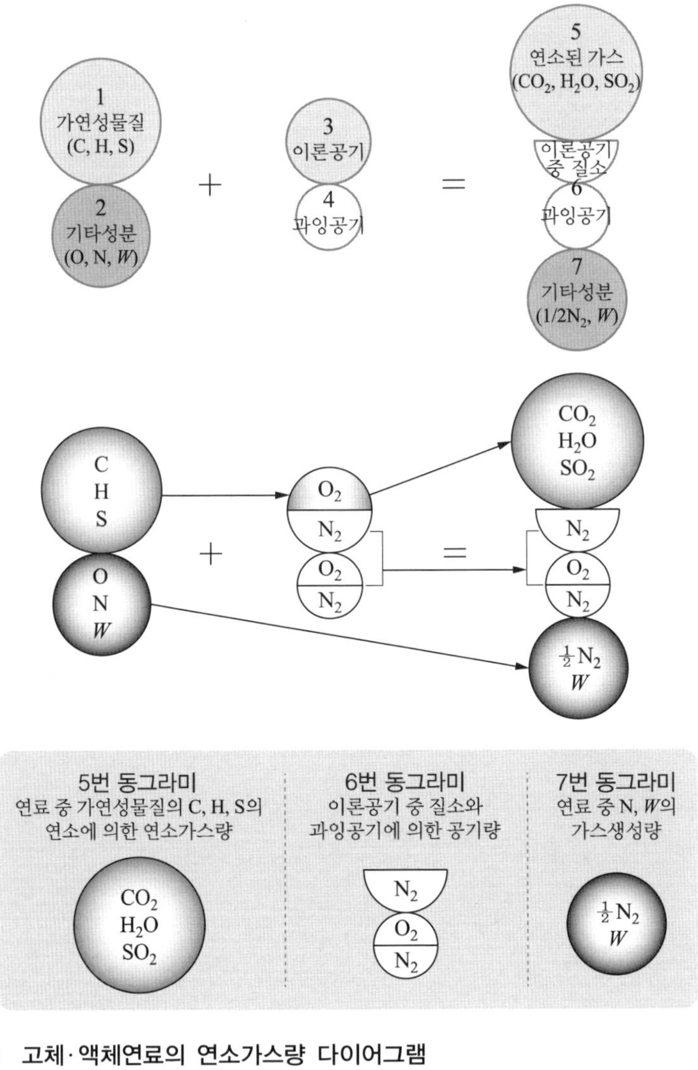

그림 3.8 고체·액체연료의 연소가스량 다이어그램

3번 동그라미 중 이론공기 중의 질소와 4번 동그라미(과잉공기)는 연소가스 중 6번 동그라미를 생성하게 된다. 즉 6번 동그라미는 이론공기 중 질소와 과잉공기의 합으로 표현된다.

2번 동그라미 중 연소 중 산소는 수소와 반응하여 없어지며 7번 동그라미의 질소와 물을 생성하게 된다.

즉 연소가스량은 5번 동그라미, 6번 동그라미, 7번 동그라미의 합이 된다.

연소가스량을 구성하는 각 다이어그램에 대한 연소식을 표현하면 각각 다음과 같다.

5번 동그라미의 연소가스량을 식으로 나타내면

$$C + O_2 = CO_2$$

$$H_2 + \frac{1}{2}O_2 = H_2O$$

$$S + O_2 = SO_2$$

C가 연소해서 발생되는 이산화탄소량은 중량 $\frac{44}{12}C$, 체적 $\frac{22.4}{12}C$이 된다. H가 연소해서 발생되는 물의 양은 중량 $\frac{18}{2}H$, 체적 $\frac{22.4}{2}H$이 된다. S가 연소해서 발생되는 이산화황은 중량 $\frac{64}{32}S$, 체적 $\frac{22.4}{32}S$이 된다. 따라서 5번 동그라미의 연소가스량은

$$\text{중량} : \frac{44}{12}C + \frac{18}{2}H + \frac{64}{32}S$$

$$\text{체적} : \frac{22.4}{12}C + \frac{22.4}{2}H + \frac{22.4}{32}S$$

6번 동그라미 중 반쪽동그라미는 이론공기 중 질소의 양으로 이론공기량의 식으로 나타내면

$$\text{중량} : N_2 = 0.768A_o$$

$$\text{체적} : N_2 = 0.79A_o$$

아래 동그라미는 과잉공기로 과잉공기량은 실제공기량에서 이론공기량을 빼준 값으로 $(m-1)A_o$ 표현할 수 있다.

따라서 6번 동그라미는

$$\text{중량} : 0.768A_o + (m-1)A_o = 0.768A_o + mA_o - A_o = mA_o - 0.232A_o$$
$$= (m-0.232)A_o$$

$$체적 : 0.79A_o + (m-1)A_o = 0.79A_o + mA_o - A_o = mA_o - 0.21A_o = (m-0.21)A_o$$

7번 동그라미의 연소식은

$$N = 1/2N_2$$

$$H_2O_{(L)} = H_2O_{(G)} \rightarrow W_{(L)} = W_{(G)}$$

연료 중의 질소 $\frac{1}{2}N_2$로 생성되며 연료 중의 수분은 액체에서 수증기로 바뀐 상태로 생성된다. 이는 가연성물질의 연소과정에서 생성된 열에너지 때문이다.

따라서 7번 동그라미는

$$중량 : \frac{14}{14}N + \frac{18}{18}W$$

$$체적 : \frac{11.2}{14}N + \frac{22.4}{18}W$$

마지막으로 연소가스량(G)을 식으로 표현하면

$$연소가스량(G) = 5번 + 6번 + 7번$$

$$G\ (중량) : \frac{44}{12}C + \frac{18}{2}H + \frac{64}{32}S + (m-0.232)A_o + \frac{14}{14}N + \frac{18}{18}W$$

$$G\ (체적) : \frac{22.4}{12}C + \frac{22.4}{2}H + \frac{22.4}{32}S + (m-0.21)A_o + \frac{11.2}{14}N + \frac{22.4}{18}W$$

연소가스량은 다음 그림 3.9와 같이 4가지로 구분된다.

따라서 각 연소가스량을 중량과 체적으로 나타내면 다음과 같다.

특히 G_{ow}, G_{od}는 과잉공기량이 존재하지 않으므로 $m = A/A_o = 1$이 된다. 따라서 $A = A_o$로 이론공기량이 곧 실제공기량이 된다. 반면에 G_w, G_d는 과잉공기가 존재하므로 m은 1보다 크게 된다. 따라서 연소가스량 중 체적이 가장 큰 가스는 G_w 즉 습연소가스량이 되며 가장 작은 가스는 G_{od}가 된다.

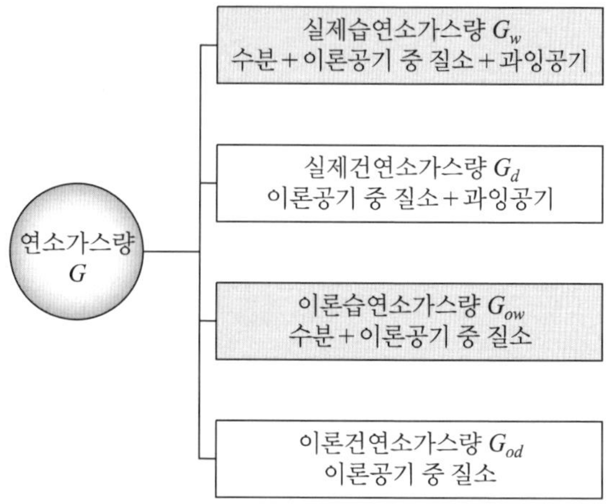

그림 3.9 연소가스량의 분류(아래첨자는 *w*: wet, *d*: dry)

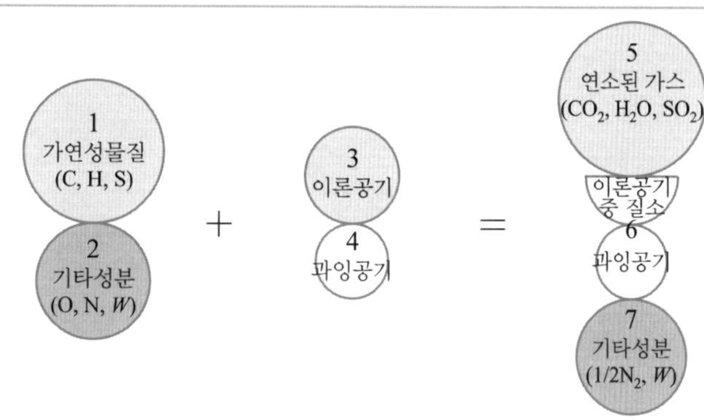

연소가스량		5번	6번	7번	비고
G_w	중량	$\frac{44}{12}C+\frac{18}{2}H+\frac{64}{32}S$	$(m-0.232)A_o$	$\frac{14}{14}N+\frac{18}{18}W$	물 : ○ $m>1$
	체적	$\frac{22.4}{12}C+\frac{22.4}{2}H+\frac{22.4}{32}S$	$(m-0.21)A_o$	$\frac{11.2}{14}N+\frac{22.4}{18}W$	물 : ○ $m>1$
G_d	중량	$\frac{44}{12}C+\frac{64}{32}S$	$(m-0.232)A_o$	$\frac{14}{14}N$	물 : × $m>1$
	체적	$\frac{22.4}{12}C+\frac{22.4}{32}S$	$(m-0.21)A_o$	$\frac{11.2}{14}N$	물 : × $m>1$
G_{ow}	중량	$\frac{44}{12}C+\frac{18}{2}H+\frac{64}{32}S$	$(1-0.232)A_o$	$\frac{14}{14}N+\frac{18}{18}W$	물 : ○ $m=1$
	체적	$\frac{22.4}{12}C+\frac{22.4}{2}H+\frac{22.4}{32}S$	$(1-0.21)A_o$	$\frac{11.2}{14}N+\frac{22.4}{18}W$	물 : ○ $m=1$
G_{od}	중량	$\frac{44}{12}C+\frac{64}{32}S$	$(1-0.232)A_o$	$\frac{14}{14}N$	물 : × $m=1$
	체적	$\frac{22.4}{12}C+\frac{22.4}{32}S$	$(1-0.232)A_o$	$\frac{11.2}{14}N$	물 : × $m=1$

3.4 고체·액체연료의 연소가스량의 관계

각 연소가스량을 도식화 하면 다음 그림 3.10과 같다. G_w는 수분과 과잉공기를 포함하며, G_d에서는 수분이 제외되고, G_{ow}에서는 과잉공기가 제외되며 G_{od}에서는 수분과 과잉공기가 제외된다.

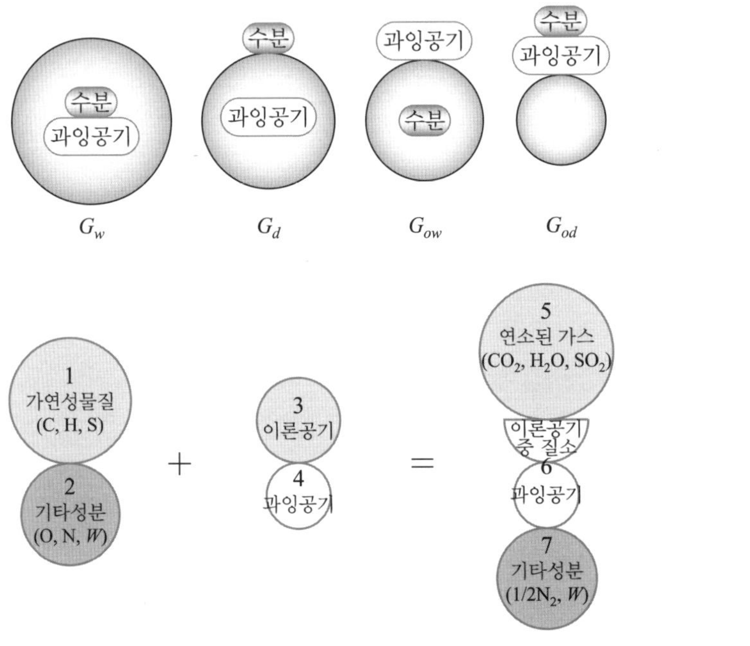

그림 3.10 고체·액체연료의 연소가스량간 관계 다이어그램

따라서 고체·액체연료의 연소가스량은 다음과 같은 관계를 가진다.

$$G_w = G_d + (\text{물의 양})$$
$$G_w = G_{ow} + (\text{과잉공기량})$$
$$G_w = G_{od} + (\text{물의 양}) + (\text{과잉공기량})$$

따라서 위의 식에서 도출하였듯이

H_2	$\frac{1}{2}O_2$	H_2O
중량비	$\frac{16}{2}$H	$\frac{18}{2}$H
체적비	$\frac{11.2}{2}$H	$\frac{22.4}{2}$H

$H_2O_{(L)}$	$H_2O_{(G)}$
중량비	$\frac{18}{18}W$
체적비	$\frac{22.4}{18}W$

물의 양 : [중량] $\frac{18}{2}\mathrm{H} + \frac{18}{18}W$

[체적] $\frac{22.4}{2}\mathrm{H} + \frac{22.4}{18}W$

과잉공기량 : $A - A_o = mA_o - A_o = (m-1)A_o$

따라서

$$G_w = G_d + (\text{물의 양})$$

[중량] $G_w = G_d + \left(\frac{18}{2}\mathrm{H} + \frac{18}{18}W\right)$

[체적] $G_w = G_d + \left(\frac{22.4}{2}\mathrm{H} + \frac{22.4}{18}W\right)$

$$G_w = G_{ow} + (\text{과잉공기량})$$

[중량] $G_w = G_{ow} + (m-1)A_o$

[체적] $G_w = G_{ow} + (m-1)A_o$

과잉공기량의 중량과 체적식은 동일하나 이론공기량 계산 시 공기의 중량비와 체적비를 고려해야 한다.

$$G_w = G_{od} + (\text{물의 양}) + (\text{과잉공기량})$$

[중량] $G_w = G_d + \left(\frac{18}{2}\mathrm{H} + \frac{18}{18}W\right) + (m-1)A_o$

[체적] $G_w = G_d + \left(\frac{22.4}{2}\mathrm{H} + \frac{22.4}{18}W\right) + (m-1)A_o$

과년도 기출문제

3.1 고체·액체연료의 공기량 관련 과년도 기출문제

이론공기량과 관련된 문제는 두 가지 유형으로 원소구성비 있는 경우와 고체·액체연료의 중량이 주어지는 두 가지 경우가 있다.

유형 1: 원소구성비(C, H, S, O, N, W의 함량)만 있는 문제

[풀이법] 고체·액체연료의 이론공기량(A_o) 식 그대로 활용한다.

체적(Sm³/kgf) : $A_o = \frac{O_o}{0.21} = \frac{1}{0.21}\times\left(\frac{22.4}{12}C+\frac{11.2}{2}H+\frac{22.4}{32}S-\frac{11.2}{16}O\right)$

중량(kg/kgf) : $A_o = \frac{O_o}{0.232} = \frac{1}{0.232}\times\left(\frac{32}{12}C+\frac{16}{2}H+\frac{32}{32}S-\frac{16}{16}O\right)$

※ C, H, S, O는 성분비이다. 예를 들어 C가 80%라면 C는 0.8을 대입하면 된다.

※ 단위의 의미 : 연료 1kgf당 필요한 이론공기량(Sm³ 또는 kg)을 의미한다.

※ 연료의 양에는 kgf 즉 kg에 f 아래첨자를 붙이는데 이는 fuel을 의미한다. 중량의 표시단위는 kgf(kg중, 여기서 f는 force를 의미함)와는 구별해야 한다.

01 탄소, 수소, 산소, 황의 중량 %가 86%, 4%, 8%, 2%인 중유의 연소에 필요한 이론공기량은 Sm³/kgf이며 몇 kg/kgf인가?

풀이 기본식 : $A_o = \frac{O_o}{0.21}\left[\frac{Sm^3}{kg_f}\right],\quad A_o = \frac{O_o}{0.232}\left[\frac{kg}{kg_f}\right]$

체적 $A_o = \frac{1}{0.21}\times\left(\frac{22.4}{12}\times0.86+\frac{11.2}{2}\times0.04+\frac{22.4}{32}\times0.02-\frac{11.2}{16}\times0.08\right)$

$= 8.51\frac{Sm^3}{kg_f}$

중량 $A_o = \frac{1}{0.232}\times\left(\frac{32}{12}\times0.86+\frac{16}{2}\times0.04+\frac{32}{32}\times0.02-\frac{16}{16}\times0.08\right)$

$$= 11.01\frac{kg}{kg_f}$$

유형 2: 원소구성비와 고체·액체연료의 중량이 주어지는 문제

[풀이법]

1) 원소구성비를 통해 연료 1kg$_f$당 필요한 이론공기량을 구한다.
2) 1)번 항에 주어진 고체·액체연료의 중량을 곱한다. 즉 다음 식을 이용한다.

$$A_o[Sm^3] = \frac{O_o}{0.21}\left[\frac{Sm^3}{kg_f}\right] \times \text{주어진 연료량}[kg_f]$$

$$A_o[kg] = \frac{O_o}{0.232}\left[\frac{kg}{kg_f}\right] \times \text{주어진 연료량}[kg_f]$$

※ 이론공기량 기본식의 단위와 단위가 다르므로 주의 바람

02 A중유의 원소조성이 C: 85%, H: 10%, S: 2%, O: 3%이었다. 이 중유 100kg을 완전연소 시키는데 필요한 이론공기량(Sm^3)은?

풀이 기본식 : $A_o = \frac{1}{0.21}\times\left(\frac{22.4}{12}C + \frac{11.2}{2}H + \frac{22.4}{32}S - \frac{11.2}{16}O\right)$

1) 먼저 중유 1kg$_f$를 연소할 때 필요한 이론공기량을 구하면

$$A_o = \frac{1}{0.21}\times\left(\frac{22.4}{12}\times 0.85 + \frac{11.2}{2}\times 0.1 + \frac{22.4}{32}\times 0.02 - \frac{11.2}{16}\times 0.03\right)$$

$$= 10.19\frac{Sm^3}{kg_f}$$

2) 중유 100kg을 완전연소 시키는데 필요한 이론공기량은?

$$\therefore\ A_o' = 10.19\frac{Sm^3}{kg_f}\times 100kg_f = 1{,}019Sm^3$$

[해석]

1) 체적과 관련하여 이론공기량(A_o) 10.19Sm^3/kg$_f$이다. 이 양의 의미는 중유 1kg$_f$를 연소하기 위해 10.19Sm^{3}의 공기가 필요하다는 뜻이다.
2) 따라서 100kg의 중유를 연소하기 위해서 필요한 이론공기량(A_o')은 1,019m^{3}이란 의미이다.

※ 1)과 2)번의 이론공기량 단위가 다름에 주의하라. 기호도 A_o와 A_o'로 표기하였다.

유형 3: 고체 · 액체연료의 중량(체적)만이 주어지는 문제

1) 고체 · 액체연료의 구성성분이 하나인 경우
   예; 탄소로만 구성된 연료 : 연료가 100% 탄소라는 의미임. 따라서 C는 1이 됨.
2) 고체 · 액체연료의 구성성분이 둘 이상인 경우
   예; 탄소와 수소 구성된 연료 : 탄소와 수소의 조성분율을 고려해야 함.

유형 3-1: 고체 · 액체연료의 구성성분이 하나이며 중량이 주어진 경우

03 석탄이 모두 탄소로 구성되었다고 가정하면 3,000kg의 석탄이 완전연소 하는데 소요되는 공기량을 몇 Sm^3이며 몇 kg인가?

풀이 이론공기량을 구하기 위한 식은

체적 $A_o = \frac{1}{0.21} \times \left(\frac{22.4}{12} \times C\right)$, 중량 $A_o = \frac{1}{0.232} \times \left(\frac{32}{12} \times C\right)$이다.

여기서 주의할 점은 석탄이 모두 탄소로 구성되어 있으므로 탄소 100%를 의미하며 탄소분율 C = 1이 된다.

몇 kg인가?

$A_o = \frac{1}{0.232} \times \left(\frac{32}{12} \times 1\right) = 11.49 \frac{kg}{kg_f}$이므로 3,000kg을 연소하기 위한 이론공기량을 계산하면 $11.49 \frac{kg}{kg_f} \times 3{,}000kg_f = 34{,}482.8kg$이 된다.

몇 Sm^3인가?

$A_o = \frac{1}{0.21} \times \left(\frac{22.4}{12} \times 1\right) = 8.89 \frac{Sm^3}{kg_f}$이므로 3,000kg을 연소하기 위한 이론공기량을 계산하면 $8.89 \frac{Sm^3}{kg_f} \times 3{,}000kg_f = 26{,}666.7Sm^3$이 된다.

04 탄소로만 구성된 석탄 10,000kg을 완전연소 하기 위한 이론공기량은 몇 kg인가? (단, 공기 중의 질소 및 산소의 용적 백분율은 각각 79%, 21%이다.)

풀이 이 문제는 공기 중 조성비가 주어져 있으므로 공기의 중량비 산소 0.232를 쓰면 안 되며 재계산하여 풀어야 한다.

원래 식은 $A_o = \frac{1}{0.232} \times \left(\frac{32}{12} \times C\right)$이나 산소의 중량분율을 재계산 (공기분자량 및 중량분율 계산법 참고)

먼저 용적백분율로부터 공기의 분자량을 계산한다.

$$M_{wair} = (28 \times 0.79) + (32 \times 0.21) = 28.84kg/kmol$$

이로부터 산소의 중량분율을 계산하면 $\frac{32 \times 0.21}{28.84} = 0.233$이 된다.

따라서 $A_o = \frac{1}{0.233} \times \left(\frac{32}{12} \times C\right)$이 된다. 이 식을 이용하여 이론공기량을 구하면 $A_o = \frac{1}{0.233} \times \left(\frac{32}{12} \times 1\right) = 11.4449 \frac{kg}{kg_f}$가 된다. 따라서 10,000kg의 석탄을 연소하기 위해서 필요한 이론공기량은 $11.4449 \frac{kg}{kg_f} \times 10{,}000kg_f = 114{,}449kg$이 된다.

원래 식 $A_o = \frac{1}{0.232} \times \left(\frac{32}{12} \times 1\right) = 11.4943 \frac{kg}{kg_f}$가 되며 10,000kg의 석탄을 연소하기 위해서 필요한 이론공기량은 $11.4943 \frac{kg}{kg_f} \times 10{,}000kg_f = 114{,}943kg$이 된다.

※ 문제 중 공기의 조성비가 주어진 경우에는 중량분율을 재계산한다.

05 3,915kg의 석탄이 완전연소 하는데 이론적으로 소요되는 공기량 몇 kg인가? (단, 석탄은 모두 탄소로 구성되어 있다고 가정한다.)

풀이 고체·액체연료에 공비량 또는 연소가스량을 구할 때 중량인지 체적인지 먼저 고려하여 식을 선정해야 한다. 본 문제는 중량이므로

식 : $A_o = \frac{O_o}{0.232}$

1) $A_o = \frac{O_o}{0.232} = \frac{1}{0.232}\left(\frac{32}{12}C\right) = \frac{1}{0.232} \times \frac{32}{12} \times 1 = 11.49 \frac{kg}{kg_f}$

위 식에서 C는 석탄이 탄소 100%이므로 C값은 1이 되며, 11.49kg의 의미는 석탄 $1kg_f$를 연소 시 필요한 이론공기량이다.

2) 따라서 $3{,}915kg_f$의 석탄을 연소 시 필요한 이론공기량은

$$A_o' = 11.49 \frac{kg}{kg_f} \times 3{,}915kg_f = 45{,}000kg$$

위와 같은 문제는 다음과 같이 풀어도 된다.

$$A_o' = \frac{O_o}{0.232} \times \text{석탄사용량}(kg_f) = \frac{1}{0.232}\left(\frac{32}{12}C\right) \times \text{석탄사용량}(kg_f)$$

$$= \frac{1}{0.232} \times \left(\frac{32}{12} \times 1\right) \times 3{,}915 = 45{,}000kg$$

※ 단, 주의할 점은 석탄사용량 또는 연료사용량을 곱할 경우 단위가 바뀐다는 점에 주의한다. 일반 이론공기량의 단위는 kg/kg_f이지만 연료사용량을 곱할 경우 이론공기량의 단위는 kg이 된다.

유형 3-2: 고체·액체연료의 구성성분이 둘 이상이면서 중량이 주어진 경우

06 탄소 70kg과 수소 20kg을 완전연소 시키는데 필요한 이론적 산소의 양(kg)은?

풀이 C와 H가 연소하므로 이론산소량 식은 $O_o = \frac{32}{12}C + \frac{16}{2}H$

C, H는 분율이므로 탄소분율은 $\frac{70}{90} ≒ 0.78$, 수소분율은 $\frac{20}{90} ≒ 0.22$이다.

$\therefore\ O_o = \frac{32}{12} \times 0.78 + \frac{16}{2} \times 0.22 = 3.84\frac{kg}{kg_f}$

이론산소량 3.84의 의미는 탄소와 수소로 구성된 연료 $1kg_f$를 연소하기 위해 필요한 산소량이 3.84kg이라는 뜻이다. 따라서 총 연료량 $90kg_f$을 완전연소 하기 위해 필요한 산소량은

$\therefore\ O_o = 3.84\frac{kg}{kg_f} \times 90kg_f = 345.6kg$

3.2 고체·액체연료의 연소가스량 관련 과년도 기출문제

유형 1: SO_2 연소량과 관련된 문제

07 2%(무게기준)의 황 성분을 포함한 석탄 1톤을 표준대기 상태에서 이론적으로 완전연소 시키면 SO_2가 몇 Sm^3 발생되는가? (단, 황 성분은 모두 SO_2로 전환됨)

풀이 1) $SO_2 = \frac{22.4}{32}S = \frac{22.4}{32} \times 0.02 = 0.014\frac{Sm^3}{kg_f}$

2) 석탄 1ton 연소 시

$SO_2' = 0.014\frac{Sm^3}{kg_f} \times \frac{1{,}000kg_f}{ton} = 14\frac{Sm^3}{ton}$

08 2% 황 성분을 함유한 석탄 2.3ton을 완전연소 시 발생하는 아황산가스의 이론 부피는 약 몇 Sm^3인가? (단, 표준상태를 기준으로 하며, 모든 황 성분은 아황산가스로 산화된다.)

풀이 1) $SO_2 = \frac{22.4}{32}S = \frac{22.4}{32} \times 0.02 = 0.014\frac{Sm^3}{kg_f}$

2) 2.3ton을 연소 시 발생하는 SO_2량은?

$SO_2 = 0.014\frac{Sm^3}{kg_f} \times \frac{1{,}000kg_f}{ton} \times 2.3ton = 32.2Sm^3$

09 시간당 1ton의 석탄을 연소시킬 때 발생하는 SO_2는 $0.31Sm^3/min$이었다. 이 석탄의 황 함유량(%)은? (단, 표준상태를 기준으로 하고, 석탄 중의 황 성분은 연소하여 전량 SO_2가 된다.)

풀이 기본식 : $SO_2 = \frac{22.4}{12}S$

기본식을 변형하여 다음과 같은 식을 만들 수 있다.

$$SO_2\left(\frac{Sm^3}{min}\right) = \frac{22.4}{32}S\left(\frac{Sm^3}{kg_f}\right) \times 석탄사용량\left(\frac{1{,}000kg_f}{hr}\right) \times \frac{hr}{60min}$$

$$0.31\left(\frac{Sm^3}{min}\right) = \frac{22.4}{32} \times S\left(\frac{Sm^3}{kg_f}\right) \times \frac{1{,}000kg_f}{hr} \times \frac{hr}{60min}$$

$S = 0.0266$

$\therefore\ S = 0.0266 \times 100 = 2.66\%$

10 중유 중의 황분이 중량비로 S(%), 중유를 매시간 W(L) 사용하는 연소로에서 배출되는 황산화물의 배출량(Sm^3/hr)은? (단, 표준상태를 기준, 중유의 비중은 0.9, 황산화물은 전량 SO_2로 계산한다.)

풀이 중유 중의 황분의 중량비가 %라는 점에 주의해야 한다.

$$SO_2 = \frac{64}{32}S\left(\frac{kg}{kg_f}\right) \times \frac{1}{100} \times \frac{22.4Sm^3}{64kg} \times \frac{900kg_f}{Sm^3} \times \left[\frac{W(L)}{hr} \times \frac{Sm^3}{1{,}000L}\right]$$

$$= 0.0063S\,W$$

11 황(S)함량 1.6%인 중유를 500kg/hr로 연소할 때 30분 동안 생성되는 황산화물의 양(Sm^3)은? (단, 중유 중 황은 모두 SO_2로 되며, 표준상태 기준)

풀이 $SO_2 = \frac{22.4Sm^3}{32kg_f} \times 0.016 \times \frac{500kg_f}{hr} \times \frac{hr}{60min} \times 30min = 2.8Sm^3$

유형 2: 고체·액체연료의 이론연소가스량

12 중유조성이 탄소 87%, 수소 11%, 황 2%이었다면 이 중유연소에 필요한 이론습연소가스량(Sm^3/kg)은?

풀이 $G_{ow} = \frac{22.4}{12}C + \frac{22.4}{2}H + \frac{22.4}{32}S + 0.79A_o$

$A_o = \frac{1}{0.21} \times \left(\frac{22.4}{12}C + \frac{11.2}{2}H + \frac{22.4}{32}S\right)$

1) A_o를 계산하면

$$A_o = \frac{1}{0.21} \times \left(\frac{22.4}{12} \times 0.87 + \frac{11.2}{2} \times 0.11 + \frac{22.4}{32} \times 0.02\right) = 10.7\frac{Sm^3}{kg_f}$$

2) G_{ow}를 계산하면

$$G_{ow} = \frac{22.4}{12}\times0.87+\frac{22.4}{2}\times0.11+\frac{22.4}{32}\times0.02+0.79\times10.7 = 11.3\frac{Sm^3}{kg_f}$$

13 중유를 원소분석 하였더니 C: 85%, H: 7%, S: 3.2%, N: 3.1%, H_2O: 1.7%이었다면 이론습연소가스량(G_{ow})은 몇 Sm^3/kg_f인가?

풀이 먼저 주어진 조건을 고려하며 식을 만든다.

$$G_{ow} = \frac{22.4}{12}C+\frac{22.4}{2}H+\frac{22.4}{32}S+0.79A_o+\frac{11.2}{14}N+\frac{22.4}{18}W$$

$$A_o = \frac{O_o}{0.21} = \frac{1}{0.21}\times\left(\frac{22.4}{12}C+\frac{11.2}{2}H+\frac{22.4}{32}S\right)$$

먼저 이론공기량을 구하면

$$A_o = \frac{1}{0.21}\times\left(\frac{22.4}{12}\times0.85+\frac{11.2}{2}\times0.07+\frac{22.4}{32}\times0.032\right) = 9.53\frac{Sm^3}{kg_f}$$

이론공기량을 G_{ow}식에 넣고 계산하면

$$\begin{aligned}G_{ow} &= \frac{22.4}{12}\times0.85+\frac{22.4}{2}\times0.07+\frac{22.4}{32}\times0.032\\&\quad+0.79\times9.53+\frac{11.2}{14}\times0.031+\frac{22.4}{18}\times0.017\\&= 9.97\frac{Sm^3}{kg_f}\end{aligned}$$

유형 3: 고체·액체연료의 실제연소가스량

14 어떤 액체연료 1kg 중 C: 85%, H: 10%, O: 2%, N: 1%, S: 2%가 포함되어 있다. 이 연료를 공기비 1.3으로 완전연소 시킬 때 발생하는 실제 습배출가스량(Sm^3/kg_f)은?

풀이

$$G_w = \frac{22.4}{12}C+\frac{22.4}{2}H+\frac{11.2}{14}N+\frac{22.4}{32}S+(m-0.21)A_o$$

단, $A_o = \frac{1}{0.21}\left(\frac{22.4}{12}C+\frac{22.4}{2}H+\frac{22.4}{32}S-\frac{11.2}{16}O\right)$

$$A_o = \frac{1}{0.21}\left(\frac{22.4}{12}\times0.85+\frac{11.2}{2}\times0.1+\frac{22.4}{32}\times0.02-\frac{11.2}{16}\times0.02\right) = 10.2\frac{Sm^3}{kg_f}$$

$$\begin{aligned}G_w &= \frac{22.4}{12}\times0.85+\frac{22.4}{2}\times0.1+\frac{11.2}{14}\times0.01+\frac{22.4}{32}\times0.02\\&\quad+(1.3-0.21)\times10.2\\&= 13.85\frac{Sm^3}{kg_f}\end{aligned}$$

15 어떤 액체연료 1kg 중 C 85%, H 10%, O 2%, N 1%, S 2%가 포함되어 있다. 이 연료를 공기비 1.3으로 완전연소 시킬 때 발생하는 실제습배출가스량은 몇 Sm^3/kg_f인가? 실제건연소가스량(G_d)은 몇 Sm^3/kg_f이며? 또한 과잉공기가 없는 경우($m=1$) 이론습연소가스량(G_{ow}), 이론건연소가스량(G_{od})는 각 몇 Sm^3/kg_f인가?

풀이 주어진 조건: 조성비, $m=1.3$

$$G_w = \frac{22.4}{12}C + \frac{22.4}{2}H + \frac{22.4}{32}S + (m-0.21)A_o + \frac{11.2}{14}N$$

$$A_o = \frac{O_o}{0.21} = \frac{1}{0.21}\times\left(\frac{22.4}{12}C + \frac{11.2}{2}H + \frac{22.4}{32}S - \frac{11.2}{16}O\right)$$

먼저 이론공기량을 계산하면

$$A_o = \frac{1}{0.21}\times\left(\frac{22.4}{12}\times0.85 + \frac{11.2}{2}\times0.1 + \frac{22.4}{32}\times0.02 - \frac{11.2}{16}\times0.02\right) = 10.22\frac{Sm^3}{kg_f}$$

이론공기량을 G_w식에 넣고 계산하면

$$G_w = \frac{22.4}{12}\times0.85 + \frac{22.4}{2}\times0.1 + \frac{22.4}{32}\times0.02 + (1.3-0.21)\times10.22 + \frac{11.2}{14}\times0.01 = 13.88\frac{Sm^3}{kg_f}$$

주어진 조건이 동일하므로 G_d, G_{ow}, G_{od}식을 먼저 만든다.
G_d는 연소가스 중 수분이 없는 경우이므로

$$G_d = \frac{22.4}{12}C + \frac{22.4}{32}S + (m-0.21)A_o + \frac{11.2}{14}N$$

G_{ow}는 연소가스 중 수분이 없고 과잉공기가 존재하지 않는 경우 즉 $m=1$이므로

$$G_{ow} = \frac{22.4}{12}C + \frac{22.4}{2}H + \frac{22.4}{32}S + (1-0.21)A_o + \frac{11.2}{14}N$$

G_{od}는 연소가스 중 수분과 과잉공기가 존재하지 않는 경우로

$$G_{od} = \frac{22.4}{12}C + \frac{22.4}{32}S + (1-0.21)A_o + \frac{11.2}{14}N$$

위 식을 이용해서 G_d, G_{ow}, G_{od}를 구하면

$$G_d = \frac{22.4}{12}\times0.85 + \frac{22.4}{32}\times0.02 + (1.3-0.21)\times10.22 + \frac{11.2}{14}\times0.01$$

$$= 12.75\frac{\mathrm{Sm}^3}{\mathrm{kg_f}}$$

$$G_{ow} = \frac{22.4}{12}\times 0.85 + \frac{22.4}{2}\times 0.1 + \frac{22.4}{32}\times 0.02 + (1-0.21)\times 10.22 + \frac{11.2}{14}\times 0.01$$

$$= 10.80\frac{\mathrm{Sm}^3}{\mathrm{kg_f}}$$

$$G_{od} = \frac{22.4}{12}\times 0.85 + \frac{22.4}{32}\times 0.02 + (1-0.21)\times 10.22 + \frac{11.2}{14}\times 0.01$$

$$= 9.68\frac{\mathrm{Sm}^3}{\mathrm{kg_f}}$$

※ 연소가스량을 비교해보면 G_w는 13.88Sm^3, G_d는 12.75Sm^3, G_{ow}는 10.80Sm^3, G_{od}는 9.68Sm^{3}으로 공기비와 수분함량에 의해 발생되는 연소가스량은 차이가 날 수 있으나 $G_w > G_d > G_{ow} > G_{od}$순을 가진다.

3.3 고체·액체연료의 연소가스간 관련식 과년도 기출문제

고체·액체연료의 연소가스간의 관계식

1) $G_w = G_d +$(물의 양)

중량 : $G_w = G_d + \left(\frac{18}{2}\mathrm{H} + \frac{18}{18}W\right)$

체적 : $G_w = G_d + \left(\frac{22.4}{2}\mathrm{H} + \frac{22.4}{18}W\right)$

2) $G_w = G_{ow} +$(과잉공기량)

중량 : $G_w = G_{ow} + (m-1)A_o$

체적 : $G_w = G_{ow} + (m-1)A_o$

3) $G_w = G_{od} +$(물의 양)+(과잉공기량)

중량 : $G_w = G_d + \left(\frac{18}{2}\mathrm{H} + \frac{18}{18}W\right) + (m-1)A_o$

체적 : $G_w = G_d + \left(\frac{22.4}{2}\mathrm{H} + \frac{22.4}{18}W\right) + (m-1)A_o$

16 질소 및 산소를 포함하지 않는 액체연료의 이론건조가스량 G_{od}(Sm³/kg$_f$)와 이론공기량의 관계는? (단, H는 연료 중의 수소의 중량분율이다.)

풀이 고체·액체연료의 일반적인 구성성분은 C, H, S, O, N, W이다. 주어진 조건에서 N, O를 포함하지 않으므로 이에 관련된 식을 세우면 된다. 즉 C, H, S, W로 구성된 연료의 G_{od}식을 만들면 된다.

$$G_{od} = \frac{22.4}{12}\mathrm{C} + \frac{22.4}{32}\mathrm{S} + 0.79A_o$$

$$A_o = \frac{1}{0.21} \times \left(\frac{22.4}{12}\mathrm{C} + \frac{11.2}{2}\mathrm{H} + \frac{22.4}{32}\mathrm{S}\right)$$

$$\left(\frac{22.4}{12}\mathrm{C} + \frac{11.2}{2}\mathrm{H} + \frac{22.4}{32}\mathrm{S}\right) = O_o = 0.21A_o$$

$$G_{od} = \frac{22.4}{12}\mathrm{C} + \frac{11.2}{2}\mathrm{H} + \frac{22.4}{32}\mathrm{S} + 0.79A_o - \frac{11.2}{2}\mathrm{H}$$

$$= 0.21A_o + 0.79A_o - \frac{11.2}{2}\mathrm{H}$$

$$= A_o - \frac{11.2}{2}\mathrm{H} = A_o - 5.6\mathrm{H}$$

17 중유를 완전연소 한 결과 실제습연소가스량은 15.4Sm³/kg$_f$이었다. 이때 이론공기량이 11.5 Sm³/kg$_f$이고, 이론습연소가스량이 13.1Sm³/kg$_f$이었다면 공기비는?

풀이 주어진 조건은 G_w, A_o, G_{ow}이다.

G_w와 G_{ow}는 과잉공기량의 차이이므로

$$G_w = G_{ow} + \text{과잉공기}$$

$G_w = G_{ow} + (m-1)A_o$의 관계를 가진다.

$$15.4 = 13.1 + (m-1) \times 11.5$$

$$\therefore \ m = 1.2$$

18 연료 1kg을 연소하여 발생되는 건조연소가스량이 12.50Sm³/kg$_f$이다. 이때 연료 1kg 중에 포함된 수소의 중량비가 20%라면 습연소가스량(Sm³/kg$_f$)은 얼마인가?

풀이 주어진 조건은 G_d, 수분함량이다.

$G_w = G_d +$(수분량)을 이용하면 된다.

연료 중에 수분이 없으므로 연소가스 중 수분은 연료 중 수소가 연소하여 발생한다. 따라서 연소가스 중 수분량은 $\frac{22.4}{2}\mathrm{H}$가 된다.

$$G_w = G_d + \left(\frac{22.4}{2}\mathrm{H}\right)$$
$$= 12.5 + \left(\frac{22.4}{2} \times 0.2\right) = 14.74\frac{\mathrm{Sm}^3}{\mathrm{kg_f}}$$

19 연료 중 질소와 산소를 포함하지 않는 액체 및 고체연료의 이론건조 배출가스량 G_{od}와 이론 공기량 A_o의 관계식으로 옳은 것은?

가. $G_{od} = A_o + 5.6\mathrm{H}$　　나. $G_{od} = A_o - 5.6\mathrm{H}$

다. $G_{od} = A_o + 11.2\mathrm{H}$　　라. $G_{od} = A_o - 11.2\mathrm{H}$

풀이 나

$$A_o = \frac{1}{0.21}\left(\frac{22.4}{12}\mathrm{C} + \frac{11.2}{2}\mathrm{H} + \frac{22.4}{32}\mathrm{S}\right)$$
$$G_{od} = \frac{22.4}{12}\mathrm{C} + \frac{22.4}{32}\mathrm{S} + 0.79A_o$$
$$= \frac{22.4}{12}\mathrm{C} + \frac{22.4}{32}\mathrm{S} + \frac{11.2}{2}\mathrm{H} + 0.79A_o - \frac{11.2}{2}\mathrm{H}$$
$$= 0.21A_o + 0.79A_o - \frac{11.2}{2}\mathrm{H}$$
$$= A_o - 5.6\mathrm{H}$$

Combustion
Engineering

CHAPTER **4**

기체연료의 연소가스량 계산

고체·액체연료에서는 중량(kg/kg_f), 체적(Sm^3/kg_f)로 나누어 공기량, 연소가스량의 식을 구하였으나 기체연료에서는 중량비 없이 체적(Sm^3/Sm_f^3)만 고려하면 된다. Sm_f^3는 기체연료 $1Sm^3$의 의미로 아래첨자 f는 기체연료의 fuel을 의미한다. 일반적으로 기체연료에는 황성분이 미량 존재할 수 있음으로 본 장에서는 황성분은 H_2S로 고려하여 기체연료의 가연성물질에 포함시키도록 하겠다. 표 4.1에는 기체연료의 연소계산을 위한 성분별 분자량을 나타내었다.

표 4.1 기체연료 연소계산에 필요한 성분별 분자량

물질	분자량(kg/kmol)	탄화수소류(C_mH_n)	분자량(kg/kmol)
H_2(수소)	2	CH_4(메탄)	16
CO(일산화탄소)	28	C_2H_6(에탄)	30
H_2S(황화수소)	34	C_3H_8(프로판)	44
O_2(산소)	32	C_4H_{10}(부탄)	58
N_2(질소)	28	C_2H_2(아세틸렌)	26
H_2O(수분)	18	C_2H_4(에틸렌)	28
		⋮	⋮

4.1 기체연료의 연소방정식 만들기

고체·액체연료와 마찬가지로 기체연료 역시 7개의 동그라미로 연소방정식이 구성된다. 기체연료의 연소방정식을 다이어그램으로 그림 4.1에 나타내었다. 1번 동그라미는 H_2, CO, H_2S, C_mH_n이 주요 구성성분으로 기체연료 중 연소하는 물질이고 2번 동그라미는 O_2, N_2, CO_2로 기타 성분을 의미한다. 3번은 이론공기량을 의미하여 4번은 과잉공기량, 5번은 연료 중 가연성성분의 연소가스량, 6번은 이론공기 중의 질소와 과잉공기량 7번은 연료 중 기타성분의 연소가스량을 의미한다. 따라서 연소반응식은 다음과 같이 7개의 동그라미로 구성된다고 생각하면 된다.

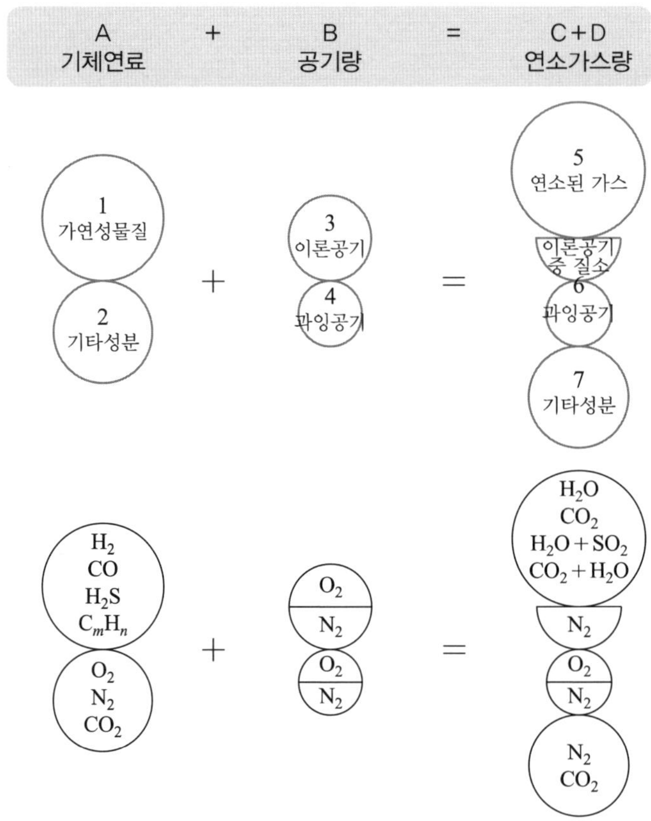

그림 4.1 기체연료의 연소방정식 다이어그램

기체연료의 연료 $1Sm_f^3$당 반응하는 공기량(Sm^3), 생성되는 연소가스량(Sm^3)으로 체적비만 고려한다. 반면에 고체·액체연료는 연료 $1kg_f$당 중량, 체적으로 표현한다.

기체연료의 단위

체적비 : Sm^3/Sm_f^3

※ 분모의 Sm_f^3 : 기체연료의 체적을 의미하며 아래첨자 f는 fuel 약어임.
※ Sm^3, Nm^3 : S는 standard, N은 normal로 표준상태인 0℃, 1atm을 의미한다.

기체연료의 연소반응식을 만들 때는 다음과 같은 과정으로 생각한다.

Think Tip!

1단계

(1) 각 구성성분의 연소반응식을 기억한다.

(2) 각 구성성분의 몰비를 기입한다.

(3) 각 구성성분의 부피를 기입한다. (1kmol = 22.4Sm^3)

※ (1)번과 (3)번 과정을 거치면 연소식을 만들기 위한 1단계 과정이 끝난다.

2단계

(4) 체적비 연소식 만들기 : (3)번 항에서 가연성물질의 질량으로 각 항을 나눈다.

기체연료 중 가연성물질의 연소과정을 그림 4.2에 나타내었다.

1번 동그라미에서 H_2, CO, H_2S, C_mH_n는 3번 동그라미 중 이론공기 중 산소와 연소하여 5번 동그라미의 연소가스를 만든다.

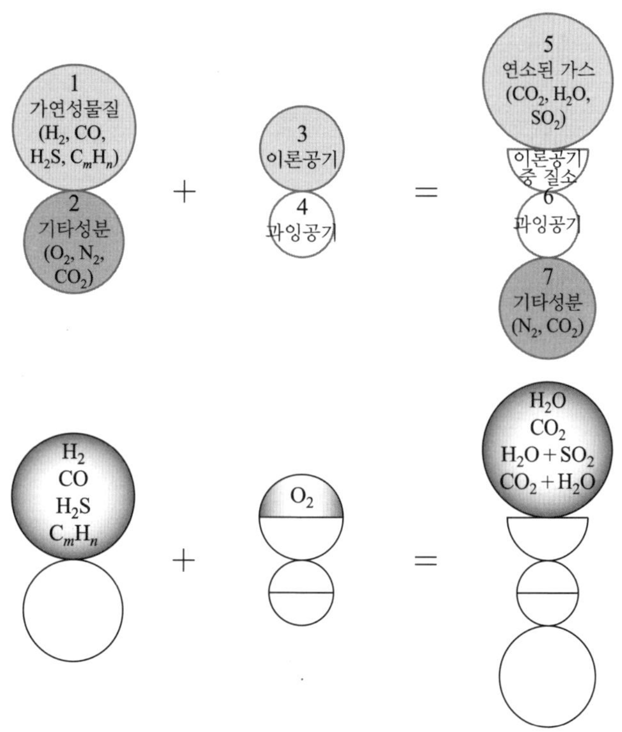

그림 4.2 기체연료 중 가연성물질의 연소반응 다이어그램

1. 연료 중 H_2의 연소반응식

먼저 기체연료의 가연성물질 중 수소의 연소반응식은 다음과 같다.

Think Tip!	연소반응식				
(1) 연소반응식	H_2	+	$\frac{1}{2}O_2$	=	H_2O
(2) 몰비	1		1/2		1
(3) 체적	$22.4Sm_f^3$		$11.2Sm^3$		$22.4Sm^3$
체적비 만들기(Sm^3/Sm_f^3)					
(4) $22.4Sm^3$로 (3)번의 항을 나눔			$\frac{11.2Sm^3}{22.4Sm_f^3}$		$\frac{22.4Sm^3}{22.4Sm_f^3}$

산소의 체적비 $\frac{11.2Sm^3}{22.4Sm_f^3}$가 의미하는 바는 $22.4Sm_f^3$의 수소를 태우기 위해서는 $11.2Sm^3$의 산소가 필요하다는 의미이며 수분의 체적비 $\frac{22.4Sm^3}{22.4Sm_f^3}$는 $22.4Sm_f^3$의 수소를 연소하면 $22.4Sm^3$의 물이 생성된다는 의미이다. 체적비를 일반식으로 표현하면

H_2	$\frac{1}{2}O_2$	H_2O
체적비	$\frac{11.2Sm^3}{22.4Sm_f^3} = \frac{1}{2}$	$\frac{22.4Sm^3}{22.4Sm_f^3} = 1$
체적비 일반화 식	$\frac{1}{2}H_2$	H_2

즉 기체연료에서는 고체·액체연료와는 다르게 부피비를 사용하므로 몰비를 그대로 사용하면 된다. 산소의 몰비가 $\frac{1}{2}$이므로 수소 $1Sm^3$을 연소하기 위해선 $\frac{1}{2}Sm^3$의 산소가 필요하다는 뜻이며 수분 1몰은 수소 $1Sm^3$을 연소하며 물 $1Sm^3$이 발생한다는 뜻이다. 따라서 기체연료의 연소방정식을 만들 때에는 몰비만 고려하면 된다.

2. 연료 중 CO의 연소반응식

동일한 방법으로 CO는 산소 $\frac{1}{2}$몰과 반응하여 1몰의 이산화탄소를 생성한다.

Think Tip!	연소반응식				
(1) 연소반응식	CO	+	$\frac{1}{2}O_2$	=	CO_2
(2) 몰비	1		$\frac{1}{2}$		1
(3) 체적	$22.4Sm_f^3$		$11.2Sm^3$		$22.4Sm^3$
체적비 만들기(Sm^3/Sm_f^3)					
(4) $22.4Sm^3$로 (3)번의 항을 나눔			$\frac{11.2Sm^3}{22.4Sm_f^3}$		$\frac{22.4Sm^3}{22.4Sm_f^3}$
체적비 일반화 식			$\frac{1}{2}CO$		CO

3. 연료 중 H_2S의 연소반응식

기체연료의 가연성물질 중에는 H_2S가 거의 존재하지는 않으나 연소공학에서 활용될 수 있는 물질이므로 연소식은 다음과 같다.

Think Tip!	연소반응식						
(1) 연소반응식	H_2S	+	$\frac{3}{2}O_2$	=	H_2O	+	SO_2
(2) 몰비	1		3/2		1		1
(3) 체적	$22.4Sm_f^3$		$33.6Sm^3$		$22.4Sm^3$		$22.4Sm^3$
체적비 만들기(Sm^3/Sm_f^3)							
(4) $22.4Sm^3$로 (3)번의 항을 나눔			$\frac{33.6Sm^3}{22.4Sm_f^3}$		$\frac{22.4Sm^3}{22.4Sm_f^3}$		$\frac{22.4Sm^3}{22.4Sm_f^3}$
체적비 일반화 식			$\frac{3}{2}H_2S$		H_2S		H_2S

4. 연료 중 C_mH_n의 연소반응식

C_mH_n은 식은 다음과 같은 과정을 통해 몰비를 계산할 수 있다. C_mH_n이 산소와 반응하여 완전연소 되면 C는 CO_2로 H는 H_2O를 생성한다.

$$C_mH_n + aO_2 = bCO_2 + cH_2O$$

여기서, C : $m = b$

H : $n = 2c$

O : $2a = 2b + c$

따라서 $b=m$, $c=\frac{n}{2}$, $a=m+\frac{n}{4}$ 이다.

a, b, c계수를 식에 넣으면

$$C_mH_n+\left(m+\frac{n}{4}\right)O_2 = mCO_2+\frac{n}{2}H_2O$$

Think Tip!	연소반응식						
(1) 연소반응식	C_mH_n	+	$\left(m+\frac{n}{4}\right)O_2$	=	mCO_2	+	$\frac{n}{2}H_2O$
(2) 몰비	1		$\left(m+\frac{n}{4}\right)$		m		$\frac{n}{2}$
(3) 체적	$22.4Sm_f^3$		$\left(m+\frac{n}{4}\right)22.4Sm^3$		$(m)22.4Sm^3$		$\left(\frac{n}{2}\right)22.4Sm^3$
체적비 만들기(Sm^3/Sm_f^3)							
(4) $22.4Sm^3$로 (3)번의 항을 나눔			$\frac{\left(m+\frac{n}{4}\right)22.4Sm^3}{22.4Sm_f^3}$		$\frac{(m)22.4Sm^3}{22.4Sm_f^3}$		$\frac{\left(\frac{n}{2}\right)22.4Sm^3}{22.4Sm_f^3}$
체적비 일반화 식			$\left(m+\frac{n}{4}\right)C_mH_n$		$(m)C_mH_n$		$\left(\frac{n}{2}\right)C_mH_n$

N_2 : O_2

0.79 : 0.21

X : $\left(m+\frac{n}{4}\right)$

$$X=\frac{0.79}{0.21}\times\left(m+\frac{n}{4}\right)C_mH_n$$

여기서, X는 질소의 몰비이다.

따라서 C_mH_n의 최종식은

$$C_mH_n+\left(m+\frac{n}{4}\right)O_2+\frac{0.79}{0.21}\left(m+\frac{n}{4}\right)N_2=mCO_2+\frac{n}{2}H_2O+\frac{0.79}{0.21}\left(m+\frac{n}{4}\right)N_2$$

기체연료 중 기타성분의 반응물과 생성물을 그림 4.3에 나타내었다.

다음 2번 동그라미 중 O_2는 2번 동그라미 H_2와 반응하므로 연소반응식에서는 제외시키며 2번 동그라미의 연료 중 N_2와 CO_2는 7번 동그라미의 연소가스 중 N_2, CO_2로 이동하게 된다.

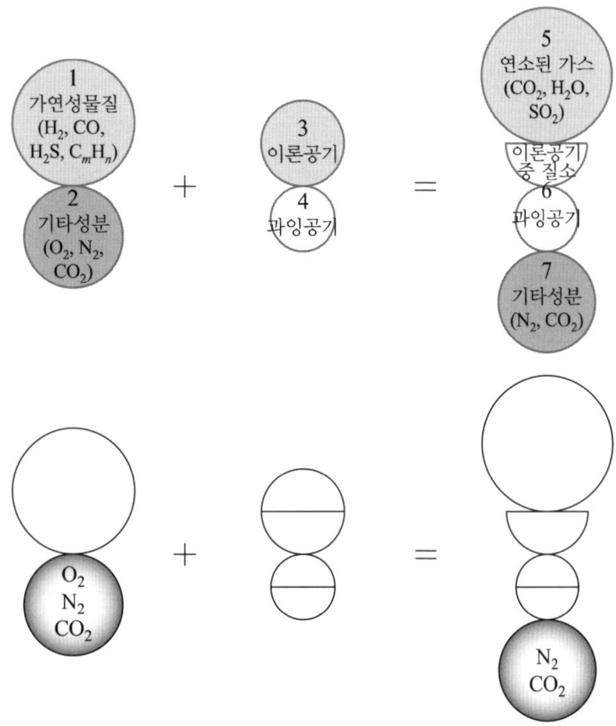

그림 4.3 기체연료 중 기타성분의 다이어그램

5. 연료 중 O_2의 반응식

연료 중의 산소는 연료 중의 수소와 결합하며 이론산소량 계산에서는 연료 중 수소와 결합한 연료 중의 산소량은 빼 주어야 한다.

Think Tip!	연료 중 산소의 반응식			
(1) 반응식	O_2	− O_2	=	0
(2) 몰비	1	1		
(3) 체적	$22.4Sm_f^3$	$22.4Sm^3$		
체적비 만들기(Sm^3/Sm_f^3)				
(4) $22.4Sm^3$로 (3)번의 항을 나눔		$\frac{22.4Sm^3}{22.4Sm_f^3}$		
체적비 일반화 식		O_2		

6. 연료 중 N_2의 반응식

연료 중의 질소는 그대로 연소가스 중 질소로 이동한다.

Think Tip!	연료 중 질소의 반응식		
(1) 반응식	N_2	=	N_2
(2) 몰비	1		1
(3) 체적	$22.4Sm_f^3$		$22.4Sm^3$
체적비 만들기(Sm^3/Sm_f^3)			
(4) $22.4Sm^3$로 (3)번의 항을 나눔			$\frac{22.4Sm^3}{22.4Sm_f^3}$
체적비 일반화 식			N_2

7. 연료 중 CO_2의 연소반응식

연료 중 이산화탄소를 연소가스 중 이산화탄소로 이동한다.

Think Tip!	연소반응식		
(1) 연소반응식	CO_2	=	CO_2
(2) 몰비	1		1
(3) 체적	$22.4Sm_f^3$		$22.4Sm^3$
체적비 만들기(Sm^3/Sm_f^3)			
(4) $22.4Sm^3$로 (3)번의 항을 나눔			$\frac{22.4Sm^3}{22.4Sm_f^3}$
체적비 일반화 식			CO_2

마지막은 3번 동그라미의 이론공기 중 질소와 과잉공기(4번)는 연소가스 중 6번 동그라미로 그대로 발생하게 된다.

6번 동그라미는 이론공기 중 질소와 과잉공기의 합이 된다. 따라서 이론공기 중의 질소$=0.79A_o$, 과잉공기$=A-A_o=(m-1)A_o$. 즉 6번 동그라미의 연소가스량$=0.79A_o+(m-1)A_o=mA_o-0.21A_o=(m-0.21)A_o$가 된다.

기체연료의 연소반응식을 기초로 체적비의 일반화된 식을 정리하면

동그라미	구성성분	연소 반응 시 필요한 산소량 (O_o)	연소반응 시 생성되는 연소가스량 (생성되는 물질)
1	H_2	$\frac{1}{2}H_2$	$H_2(H_2O)$
	CO	$\frac{1}{2}CO$	$CO(CO_2)$
	H_2S	$\frac{3}{2}H_2S$	$H_2S(H_2O)$, $H_2S(SO_2)$
	C_mH_n	$\left(m+\frac{n}{4}\right)C_mH_n$	$(m)C_mH_n(CO_2)$, $\left(\frac{n}{2}\right)C_mH_n(H_2O)$
2	O_2	연소반응에 참여하지 않음	
	N_2		N_2
	CO_2		CO_2
3+4	이론공기 중 산소+과잉산소량		$(m-0.21)A_o$

4.2 기체연료의 공기량 계산

기체연료의 공기량은 고체·액체연료와 마찬가지로 이론공기량과 실제공기량이 있으며 이를 도식화하여 그림 4.4에 나타내었다. 이론공기량은 3번 동그라미를 의미하며 실제공기량은 3번과 4번(과잉공기)의 합이 된다.

먼저 3번 동그라미의 이론공기량을 구하기 위해선 $A_o = \frac{O_o}{0.21}$ 이므로 이론산소량(O_o)를 먼저 구해야 한다. 이론산소량은 3번 동그라미 중 산소량을 의미한다.

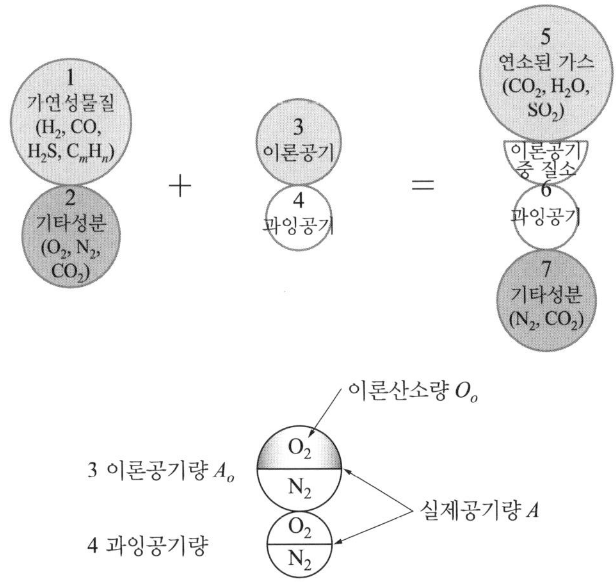

그림 4.4 연소용 공기량의 분류 다이어그램

1. 기체연료의 이론산소량 계산

이론산소량을 구하기 위해선 연소방정식을 통해 기체연료의 구성성분인 H_2, CO, H_2S, C_mH_n을 연소하기 위해 필요한 산소량을 구하고 연료 중의 산소량을 빼주어야 한다. 그림 4.5에서 별표 안의 산소는 연료 중의 산소를 의미한다.

따라서 $O_o = \left[\frac{1}{2}H_2 + \frac{1}{2}CO + \frac{3}{2}H_2S + \sum\left(m + \frac{n}{4}\right)C_mH_n - O_2\right]$

기체연료의 이론공기량의 식은 다음과 같다.

$$A_o = \frac{O_o}{0.21} = \frac{1}{0.21} \times \left[\frac{1}{2}H_2 + \frac{1}{2}CO + \frac{3}{2}H_2S + \sum\left(m + \frac{n}{4}\right)C_mH_n - O_2\right]$$

또한 기체연료에 필요한 실제공기량은 $A = mA_o$을 통해 구할 수 있다.

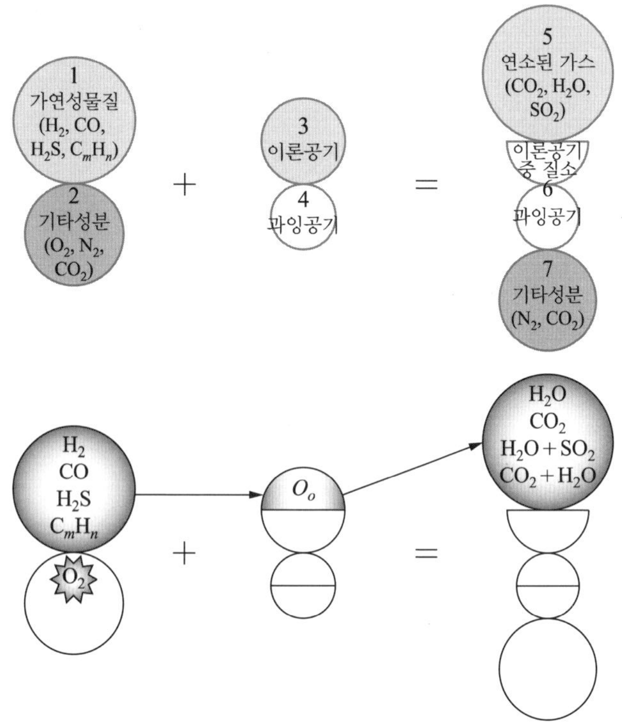

그림 4.5 기체연료 중 연료 중 산소와 이론공기 중 산소와의 관계

다음 표 4.2는 기체연료의 개략적인 이론공기량 값이다.

표 4.2 기체연료의 이론공기량 값

연료명	이론공기량 A_o (Sm^3/Sm_f^3)
천연가스	8.0 ~ 9.5
오일가스	4.5 ~ 11.0
석탄가스	4.5 ~ 5.5
고로가스	0.6 ~ 8.0
발생로가스	0.9 ~ 1.2

4.3 기체연료의 연소가스량 계산

기체연료의 연소가스량을 도식화 하여 설명하면 다음 그림 4.6과 같다. 1번 동그라미(가연성물질)는 3번 동그라미(이론공기 중 산소)와 연소하여 5번 동그라미(연소가스)를 만든다. 즉 H_2, CO, H_2S, C_mH_n이 O_2와 연소반응을 하여 H_2O, CO_2, H_2O+SO_2, CO_2+H_2O를 생성한다.

3번 동그라미 중 이론공기 중의 질소와 4번 동그라미(과잉공기)는 연소가스 중 6번 동그라미를 생성하게 된다. 즉 6번 동그라미는 이론공기 중 질소와 과잉공기의 합으로 표현된다.

2번 동그라미 중 연료 중 산소는 수소와 반응하여 없어지며 7번 동그라미의 질소와 이산화탄소를 생성하게 된다.

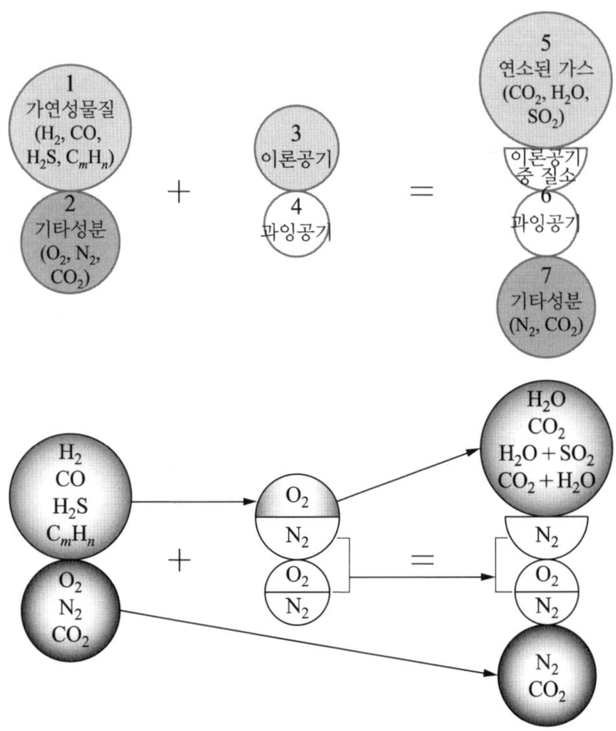

그림 4.6 기체연료의 연소가스량 다이어그램

기체연료의 연소가스량은 5번, 6번, 7번 동그라미의 합이다.

5번 동그라미의 연소가스량

$$= H_2 + CO + H_2S + H_2S + (m)C_mH_n + \left(\frac{n}{2}\right)C_mH_n$$

6번 동그라미의 연소가스량 $= (m - 0.21)A_o$

7번 동그라미의 연소가스량 $= N_2 + CO_2$

따라서 기체연료의 연소가스량 G는

$$G = \left[H_2 + CO + H_2S + H_2S + \sum mC_mH_n + \sum \frac{n}{2}C_mH_n\right] + [(m - 0.21)A_o] + [N_2 + CO_2]$$

여기서 G는 수분과 과잉공기를 포함하므로 실제습연소가스량인 G_w가 된다. 연소가스 종류별 연소가스량을 계산하면 다음과 같다.

연소가스량		5번	6번	7번	비고
G_w	체적	$H_2+CO+H_2S+H_2S+\sum mC_mH_n+\sum \frac{n}{2}C_mH_n$	$(m-0.21)A_o$	N_2+CO_2	수분 : ○ $m>1$
G_d	체적	$CO+H_2S+\sum mC_mH_n$	$(m-0.21)A_o$	N_2+CO_2	수분 : × $m>1$
G_{ow}	체적	$H_2+CO+H_2S+H_2S+\sum mC_mH_n+\sum \frac{n}{2}C_mH_n$	$(1-0.21)A_o$	N_2+CO_2	수분 : ○ $m=1$
G_{od}	체적	$CO+H_2S+\sum mC_mH_n$	$(1-0.21)A_o$	N_2+CO_2	수분 : × $m=1$

C_mH_n의 앞에는 $\sum$ 붙여 탄화수소류가 여러 종류인 경우에는 합산하여 계산한다.

4.4 기체연료의 연소가스량간의 관계

고체·액체연료와 마찬가지로 G_w와 G_d, G_{ow}, G_{od}는 다음과 그림 4.7과 같은 관계를 가진다.

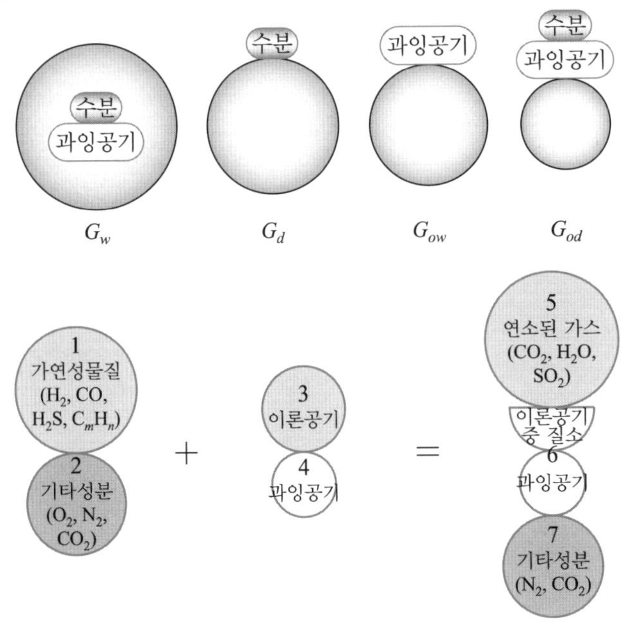

그림 4.7 기체연료의 연소가스량 간 관계 다이어그램

$$G_w = G_d + (\text{수분의 양})$$

$$G_w = G_{ow} + (\text{과잉공기량})$$

$$G_w = G_{od} + (\text{수분의 양}) + (\text{과잉공기량})$$

기체연료에서 수분의 양은 H_2, H_2S, C_mH_n에 의해 발생됨으로 이를 식으로 표현하면

$$\text{기체연료의 수분의 양} = H_2 + H_2S + \sum \frac{n}{2} C_m H_n$$

$$\text{기체연료의 과잉공기량} = (m-1)A_o$$

따라서

$$G_w = G_d + H_2 + H_2S + \sum \frac{n}{2} C_m H_n$$

또한 $G_{ow} = G_{od} + \left[H_2 + H_2S + \sum \frac{n}{2} C_m H_n \right]$

$$G_w = G_{ow} + [(m-0.21)A_o]$$

또한 $G_d = G_{od} + [(m-0.21)A_o]$

$$G_w = G_{od} + \left[H_2 + H_2S + \sum \frac{n}{2} C_m H_n\right] + [(m-0.21)A_o]$$

과년도 기출문제

4.1 기체연료의 공기량 관련 과년도 기출문제

유형 1: 기체연료별 이론산소량과 이론공기량 비교문제

01 다음 기체연료 중 완전연소에 필요한 이론공기량(Sm^3/Sm^3)이 가장 많이 필요한 것은?

가. 수소　　나. 액화석유가스
다. 메탄　　라. 에탄

풀이 나

$$A_o = \frac{1}{0.21}\left[H_2 + CO + H_2S + \left(m + \frac{n}{4}\right)C_mH_n\right]$$

탄화수소류 중 탄소수가 많을수록 이론공기량이 커진다.

액화석유가스 > 에탄 > 메탄 > 수소 순

02 주어진 기체연료 $1Sm^3$를 이론적으로 완전연소 시키는데 가장 적은 이론산소량(Sm^3)을 필요로 하는 것은? (단, 연소 시 모든 조건은 동일하다.)

가. Methane　　나. Hydrogen
다. Ethane　　라. Acetylene

풀이 나

03 다음 각종 가스의 완전연소 시 단위부피당 이론공기량(Sm^3/Sm^3)이 가장 큰 가스는?

가. ethylene　　나. methane
다. acetylene　　라. propylene

풀이 라

유형 2: 기체연료의 구성성분이 주어진 경우 (주어진 조건: 연료 Sm_f^3 - 이론공기량 Sm^3)

04 CH_4 80%, O_2 3%, CO 7%, H_2 10%의 조성으로 된 가스 $1Sm^3$ 완전연소 하는데 필요한 이론공기량(Sm^3/Sm^3)은?

풀이

1) $A_o = \dfrac{O_o}{0.21}$

2) 이론산소량을 구하기 위해선 메탄, 일산화탄소, 수소와 반응하는 산소량을 구하고 기체연료 중의 산소량을 빼 주면 된다. 연소방정식에서 C_mH_n, CO, H_2, O_2의 값은 %가 아닌 분율값을 넣어야 한다.

$$O_o = \left(m+\frac{n}{4}\right)C_mH_n + \frac{1}{2}CO + \frac{1}{2}H_2 - O_2$$

$$= 2\times0.8 + \frac{1}{2}\times0.07 + \frac{1}{2}\times0.1 - 0.03 = 1.655Sm^3/Sm_f^3$$

이론산소량 1.655의 의미는 위의 혼합연료 $1Sm_f^3$을 연소시킬 때 필요한 산소량이 $1.655Sm^3$이라는 뜻이다.

3) 2)의 값을 1)식에 넣으면

$$A_o = \frac{O_o}{0.21} = \frac{1.655}{0.21} = 7.88Sm^3/Sm_f^3$$

유형 3: 단일기체연료에 대한 공기량 계산문제

유형 3-1: 단일기체연료에 대한 공기량 계산문제 (주어진 조건: 연료 Sm_f^3 - 이론공기량 Sm^3)

05 분자식이 C_mH_n인 탄화수소 $1Sm^3$를 완전연소 시 이론공기량이 $19Sm^3$인 것은?

가. C_2H_4　　나. C_2H_2　　다. C_3H_8　　라. C_3H_4

풀이 라

$$C_mH_n + \left(m+\frac{n}{4}\right)O_2 = mCO_2 + \frac{n}{2}H_2O$$

이론공기량 식은 $A_o = \dfrac{O_o}{0.21} = \dfrac{1}{0.21}\times\left(m+\dfrac{n}{4}\right)C_mH_n$

주어진 조건에서 이론공기량이 $19Sm^3$이므로

$$19Sm^2 = \frac{1}{0.21}\times\left(m+\frac{n}{4}\right)C_mH_n$$

가. $C_2H_4 = \dfrac{1}{0.21}\times\left(2+\dfrac{4}{4}\right)\times1 = 14.3\dfrac{Sm^3}{Sm_f^3}$

나. $C_2H_2 = \dfrac{1}{0.21}\times\left(2+\dfrac{2}{4}\right)\times1 = 11.9\dfrac{Sm^3}{Sm_f^3}$

다. $C_3H_8 = \dfrac{1}{0.21}\times\left(3+\dfrac{8}{4}\right)\times1 = 23.8\dfrac{Sm^3}{Sm_f^3}$

라. $C_3H_4 = \frac{1}{0.21}\times\left(3+\frac{4}{4}\right)\times 1 = 19.1\frac{Sm^3}{Sm_f^3}$

∴ 답은 라이다.

06 분자식이 C_mH_n인 탄화수소가스 $1Sm^3$당 완전연소 시 필요한 이론공기량(Sm^3)은?

풀이 기체연료이므로 체적을 고려한 이론공기량식은 $A_o = \frac{1}{0.21}\times O_o$

따라서 O_o를 구하면 된다. C_mH_n의 연소방정식을 통해 1kmol과 반응하는 O_2는 $\left(m+\frac{n}{4}\right)$kmol이라는 것을 알 수 있다. 따라서 C_mH_n이 완전연소 하기 위해 필요한 산소량은 $O_2 = O_o = \left(m+\frac{n}{4}\right)C_mH_n$이 된다. 문제에서 탄화수소류가 100%이므로 $C_mH_n=1$이 된다.

$O_o = \left(m+\frac{n}{4}\right)\times 1$

∴ $A_o = \frac{1}{0.21}\times O_o = \frac{1}{0.21}\times\left(m+\frac{n}{4}\right) = 4.76m+1.19n$

07 위의 식에서 C_mH_n이 80%라면 이 탄화수소가스 $1Sm^3$당 완전연소 시 필요한 이론공기량(Sm^3)은?

풀이 탄화수소류가 80%이므로 $C_mH_n=0.8$이 된다.

$O_o = \left(m+\frac{n}{4}\right)\times 0.8$

∴ $A_o = \frac{1}{0.21}\times O_o = \frac{0.8}{0.21}\times\left(m+\frac{n}{4}\right) = 3.81m+0.95n$이 된다.

08 황화수소의 연소반응($2H_2S+3O_2 \rightarrow 2SO_2+2H_2O$)에서 황화수소 $1Sm^3$의 이론 연소공기량(Sm^3)은?

풀이 ($2H_2S+3O_2 \rightarrow 2SO_2+2H_2O$)식에서 황화수소 $1Sm^3$을 연소하기 위해 필요한 공기량을 구하라는 문제이므로 연소식을 $H_2S+\frac{3}{2}O_2 \rightarrow SO_2+H_2O$로 고치면 된다.

따라서

1) $A_o = \frac{O_o}{0.21}$

2) H_2S와 연소하는 산소량은 $O_o = \frac{3}{2}H_2S$이고 H_2S가 100%이므로 $H_2S=1$이 된다.

$O_o = \frac{3}{2}\times 1 = 1.5$

3) 2)를 1)에 대입하면

$$\therefore\ A_o = \frac{O_o}{0.21} = \frac{1.5}{0.21} = 7.14\frac{Sm^3}{Sm_f^3}$$

09 혼합가스에 포함된 기체의 조성이 부피기준으로 메탄이 10%, 프로판이 30%, 부탄이 60%인 기체연료가 있다. 이 기체연료 0.67L를 완전연소 하는데 필요한 이론공기량 몇 L인가? (단, 연료와 공기는 동일 조건의 기체이다.)

풀이 기본식 : $A_o = \frac{1}{0.21}\left[\sum\left(m+\frac{n}{4}\right)C_mH_n\right]$

1) $A_o = \frac{1}{0.21}\left[\left(1+\frac{4}{4}\right)CH_4+\left(3+\frac{8}{4}\right)C_3H_8+\left(4+\frac{10}{4}\right)C_4H_{10}\right]$

$= \frac{1}{0.21}[(2)\times0.1+(5)\times0.3+(6.5)\times0.6] = 26.67\frac{Sm^3}{Sm_f^3}$

2) 이 연료 0.67L를 완전연소 하는데 필요한 이론공기량은 몇 L인가?

$A_o' = 26.67\frac{SL}{SL_f}\times0.67SL_f^3 = 17.9SL$

유형 3-2: 단일기체연료에 대한 공기량 계산문제 (주어진 조건: 연료 kg_f - 이론공기량 Sm^3)

10 프로필렌(C_3H_6) 20kg을 완전연소 하기 위해 필요한 공기량은 몇 Sm^3인가?

풀이 1) 프로필렌관련 연소방정식을 세우면

기본식으로부터 $C_mH_n+\left(m+\frac{n}{4}\right)O_2 = mCO_2+\frac{n}{2}H_2O$ (※ 암기 필요)

$m=3$이고 $n=6$이므로

$C_3H_6+\left(3+\frac{6}{4}\right)O_2 = 3CO_2+\frac{6}{2}H_2O$

$C_3H_6+\frac{9}{2}O_2 = 3CO_2+3H_2O$

2) 필요한 공기량식은 과잉공기가 조건에 없으므로 이론공기량식을 이용하면 된다.

$\therefore\ A_o = \frac{1}{0.21}\times O_o = \frac{1}{0.21}\times\frac{9}{2} = 21.4\frac{Sm^3}{Sm_f^3}$ 이 공기량의 의미는 프로필렌 $1Sm_f^3$를 연소하기 위해 필요한 이론공기량이 $21.4Sm^3$이라는 의미이다.

3) 따라서 프로필렌 20kg을 완전연소 시키기 위해서는 단위 변화를 통해 다음과 같이 구할 수 있다.

$$\therefore\ A_o = 21.4\frac{Sm^3}{Sm_f^3}\times\frac{22.4Sm_f^3}{42kg_f}\times20kg_f = 217.89Sm^3$$

여기에서 $\frac{22.4Sm_f^3}{42kg_f}$는 단위환산계수로 (1kmol = 분자량(kg) = $22.4Sm^3$ 1장 6절

참고)
기체상태의 물질에서 질량을 부피, 부피를 질량으로 바꿀 수 있는 환산계수이다.

11 프로판 1.5kg을 공기비 1.1로 완전연소 시키기 위해 필요한 실제공기량은 몇 Sm^3인가? (단, 표준상태 기준)

풀이 기본식 : $A = mA_o$

C_3H_8

1) $A_o = \frac{1}{0.21}\left[\left(m+\frac{n}{4}\right)C_3H_8\right] = \frac{1}{0.21}\left[\left(3+\frac{8}{4}\right)\times 1\right] = 23.8\frac{Sm^3}{Sm_f^3}$

2) 프로판 1.5kg이 연소하기 위해 필요한 실제공기량은? (※ 단위 변화 주의)

$$A_o' = 23.8\frac{Sm^3}{Sm_f^3}\times\frac{22.4Sm_f^3}{44kg_f}\times 1.5kg_f = 18.17Sm^3$$

$\therefore\ A = mA_o = 1.1\times 18.17 \fallingdotseq 20Sm^3$

12 $C_{18}H_{20}$ 1.5kg을 완전연소 시킬 때 필요한 이론공기량(Sm^3)은?

풀이 기본식 : $C_{18}H_{20}$

1) $A_o = \frac{1}{0.21}\left[\left(m+\frac{n}{4}\right)C_mH_n\right] = \frac{1}{0.21}\left[\left(18+\frac{20}{4}\right)\times 1\right] = 109.5\frac{Sm^3}{Sm_f^3}$

2) $C_{18}H_{20}$ 1.5kg이 연소하기 위해 필요한 이론공기량은? (※ 단위 변화 주의)

$$A_o' = 109.5\frac{Sm^3}{Sm_f^3}\times\frac{22.4Sm_f^3}{236kg_f}\times 1.5kg_f = 15.59m^3$$

13 메탄올(CH_3OH) 10kg을 완전연소 할 때 필요한 이론공기량(Sm^3)은?

풀이 $CH_3OH + aO_2 = bCO_2 + cH_2O$

C : $1 = b$

H : $4 = 2c \rightarrow c = 2$

O : $1+2a = 2b+c \rightarrow a = \frac{3}{2}$

$CH_3OH + 1.5O_2 = CO_2 + 2H_2O$

1) $A_o = \frac{1}{0.21}(1.5\times CH_3OH) = \frac{1}{0.21}(1.5\times 1) = 7.14\frac{Sm^3}{Sm_f^3}$

2) 10kg 연소 시

$$A_o' = 7.14\frac{Sm^3}{Sm_f^3}\times\frac{22.4Sm_f^3}{32kg_f}\times 10kg_f = 49.98Sm^3$$

유형 3-3: 단일기체연료에 대한 공기량 계산문제 (주어진 조건: 연료 kg_f - 이론공기량 kg)

14 옥탄 6.28kg을 완전연소 시키기 위하여 소요되는 이론공기량은 몇 kg인가?

풀이 옥탄은 C_8H_{18}이다. 이에 따른 연소방정식은

$$C_mH_n + \left(m+\frac{n}{4}\right)O_2 = mCO_2 + \frac{n}{2}H_2O$$

$$C_8H_{18} + \left(8+\frac{18}{4}\right)O_2 = 8CO_2 + \frac{18}{2}H_2O$$

1) $A_o = \left(m+\frac{n}{4}\right)C_8H_{18} = \frac{1}{0.21}\times(12.5\times1) = 59.52\frac{Sm^3}{Sm_f^3}$

2) 6.28kg을 완전연소 시키므로 kg을 Sm^3으로 바꾸어 계산하면

$$A_o' = \frac{1}{0.21}\left(12.5\frac{Sm^3}{Sm_f^3}\times\frac{22.4Sm_f^3}{114kg_f}\times6.28kg_f\right) = 73.4Sm^3$$

3) 공기량을 Sm^3에서 kg 단위전환하면

$$A_o' = 73.4Sm^3\times\frac{29kg}{22.4Sm^3} = 95kg$$

15 부탄 몇 kg을 완전연소 시 이론적으로 필요한 공기량이 649kg이 되겠는가?

풀이 $C_4H_{10} = 58kg/kmol$

기체연료이지만 중량을 고려해야 한다.

Think Tip!	연소반응식						
(1) 연소반응식	C_4H_{10}	+	$6.5O_2$	=	$4CO_2$	+	$5H_2O$
(2) 몰비	1		6.5		4		5
(3) 질량	$58kg_f$		6.5×32kg		4×44kg		5×18kg
비 만들기							
(4) 중량비 : $12kg_f$로 (3)번의 항을 나눔			$\frac{208kg}{58kg_f}$		$\frac{176kg}{58kg_f}$		$\frac{90kg}{58kg_f}$

중량을 고려한 이론공기식은 $A_o = \frac{O_o}{0.232} = \frac{1}{0.232}\left(\frac{208}{58}C_4H_{10}\right)$이다. 이는 연료 $1kg_f$에 해당되는 식이므로 다음과 같이 변형된 식을 사용한다.

$$A_o' = \frac{1}{0.232}\left(\frac{208}{58}C_4H_{10}\right)\times \text{연료사용량}(kg_f)$$

$$649kg = \frac{1}{0.232}\left(\frac{208}{58}\times1\right)\times \text{부탄량}(kg_f)$$

∴ 부탄량 $= 41.9kg_f$

4.2 기체연료의 연소가스량 관련 과년도 기출문제

유형 1: 기체연료의 구성성분이 주어진 연소가스량 계산문제 (조건: 연료 Sm_f^3 - 연소가스량 Sm^3)

16 어떤 기체연료 $2m^3$를 분석한 결과 C_3H_8 $1.7m^3$, CO $0.15m^3$, H_2 $0.14m^3$, O_2 $0.01m^3$이었다면, 이 연료를 연소시켰을 때 생성되는 이론습연소가스량(Sm^3/Sm^3)은?

풀이

1) 이론습연소가스량이므로 수분이 존재하고 과잉공기가 없는 경우이다. 따라서 위 조성성분에서 식을 세우면

$$G_{ow} = mC_3H_8 + \frac{n}{2}C_3H_8 + H_2 + CO + 0.79A_o$$

2) 이론공기량은

$$A_o = \frac{O_o}{0.21} = \frac{1}{0.21} \times \left[\left(m + \frac{n}{4}\right)C_mH_n + \frac{1}{2}CO + \frac{1}{2}H_2 - O_2\right]$$

3) 이 문제는 조성백분율이나 조성분율이 주어져 있지 않음으로 조성분율을 구해야 한다.

$$C_3H_8 = \frac{1.7}{2} = 0.85 \qquad CO = \frac{0.15}{2} = 0.075$$

$$H_2 = \frac{0.14}{2} = 0.07 \qquad O_2 = \frac{0.01}{2} = 0.005$$

4) 먼저 이론공기량을 구하면

$$A_o = \frac{1}{0.21} \times \left[\left(3 + \frac{8}{4}\right) \times 0.85 + \frac{1}{2} \times 0.075 + \frac{1}{2} \times 0.07 - 0.005\right] = 20.56\frac{Sm^3}{Sm_f^3}$$

5) 4)를 1)식에 넣고 재계산하면

$$\therefore \ G_{ow} = 3 \times 0.85 + 4 \times 0.85 + 0.075 + 0.07 + 0.79 \times 20.56 = 22.34\frac{Sm^3}{Sm_f^3}$$

6) 기체연료 $2m^3$을 보정해 주면

$$G_{ow} = 22.34\frac{Sm^3}{Sm_f^3} \times 2Sm_f^3 = 44.7Sm^3$$

유형 2: 단일기체연료에 대한 연소가스량 계산문제 (연료 Sm_f^3 - 연소가스량 Sm^3)

17 프로판 $1Sm^3$을 공기비 1.4로 완전연소 시킬 때 실제습연소가스량(Sm^3)은?

풀이

$$G_w = mC_3H_8 + \frac{n}{2}C_3H_8 + (m-0.21)A_o$$

단, $$A_o = \frac{1}{0.21}\times\left(m+\frac{n}{4}\right)C_3H_8 = \frac{1}{0.21}\times\left(3+\frac{8}{4}\right)\times 1 = 23.81\frac{Sm^3}{Sm_f^3}$$

$$\therefore\ G_w = mC_3H_8 + \frac{n}{2}C_3H_8 + (m-0.21)A_o = 3\times 1+\frac{8}{2}\times 1+(1.4-0.21)\times 23.81 = 35.3\frac{Sm^3}{Sm_f^3}$$

18 프로판 $2.5Sm^3$를 완전연소 시킬 때 이론건조연소가스량(Sm^3)은?

풀이

식 $$G_{od} = mC_mH_n + 0.79A_o = mC_mH_n + 0.79\left[\frac{1}{0.21}\left(m+\frac{n}{4}\right)C_mH_n\right]$$

1) $$G_{od} = 3C_3H_8 + 0.79\left[\frac{1}{0.21}\left(3+\frac{8}{4}\right)C_3H_8\right] = 3\times 1 + 0.79\left[\frac{1}{0.21}\left(3+\frac{8}{4}\right)\times 1\right] = 21.8\frac{Sm^3}{Sm_f^3}$$

2) $2.5Sm^3$을 완전연소 하기 위해선

$$G_{od}' = 21.8\frac{Sm^3}{Sm_f^3}\times 2.5Sm_f^3 = 54.5Sm^3$$

19 메탄가스 $1m^3$가 완전연소 할 때 발생하는 이론건조연소가스량은 몇 m^3인가? (단, 표준상태 기준)

풀이

$$G_{od} = mC_mH_n + 0.79A_o = mC_mH_n + 0.79\left(\frac{1}{0.21}O_o\right) = 1\times 1 + 0.79\times\frac{1}{0.21}\times\left(1+\frac{4}{4}\right)\times 1 = 8.5\frac{Sm^3}{Sm_f^3}$$

20 Propane gas $1Sm^3$를 공기비 1.2로 완전연소 시킬 경우 발생되는 건조가스량(Sm^3)?

풀이

C_3H_8, 공기비 $m = 1.2$이므로 실제건연소가스량(G_d)을 구하라는 문제이다. 식에 수분은 포함되지 않는다.

1) $G_d = mC_3H_8 + (m-0.21)A_o$

2) A_o를 구하면 $A_o = \frac{1}{0.21}\left[\left(m+\frac{n}{4}\right)C_3H_8\right] = \frac{1}{0.21}\times 5\times 1 = 23.8\frac{Sm^3}{Sm_f^3}$

3) 2)를 1)에 대입하면

$\therefore\ G_d = 3\times 1+(1.2-0.21)\times 23.8 = 26.56\frac{Sm^3}{Sm_f^3}$

※ 주의점

1) 1)번 식에서 mC_3H_8과 $(m-0.21)A_o$의 m은 다른 의미를 가진다. mC_3H_8에서 m은 프로판이 연소하여 발생되는 몰수를 의미하며 $(m-0.21)A_o$의 m은 공기비를 의미한다.

2) 2)번 식에서 C_3H_8이 100%이므로 $C_3H_8=1$이 된다.

유형 3: 단일기체연료에 대한 연소가스량 계산문제 (연료 kg$_f$ - 연소가스량 kg)

21 프로판 2kg을 과잉공기계수 1.31로 완전연소 시킬 때 발생하는 습연소가스량(kg)은?

풀이 기체연료이지만 중량을 구하는 문제이므로 고체·액체연료식의 개념을 사용한다.

1) 프로판의 연소반응식을 중량으로 쓰면

Think Tip!	연소반응식						
(1) 연소반응식	C_3H_8	+	$5O_2$	=	$3CO_2$	+	$4H_2O$
(2) 몰비	1		5		3		4
(3) 질량	44kg$_f$		5×32kg		3×44kg		4×18kg
비 만들기							
(4) 중량비 : 12kg$_f$로 (3)번의 항을 나눔			$\frac{160kg}{44kg_f}$		$\frac{132kg}{44kg_f}$		$\frac{72kg}{44kg_f}$

2) G_w식을 세우면 다음과 같다.

$$G_w = \frac{132}{44}C_3H_8+\frac{72}{44}C_3H_8+(m-0.232)A_o$$

3) 프로판 100%이므로 $C_3H_8=1$이 된다.

$$G_w = \frac{132}{44}\times 1+\frac{72}{44}\times 1+(1.31-0.232)\times\frac{1}{0.232}\times\frac{160}{44} = 21.5\frac{kg}{kg_f}$$

4) 프로판 2kg을 연소하므로

$$G_w' = 21.5\frac{kg}{kg_f}\times 2kg_f = 43kg$$

22 프로판 2kg을 과잉공기계수 1.15로 완전연소 시킬 때 발생하는 습가스량(kg)은?

풀이 $m = 1.15$이고 실제습연소가스량(G_w)을 구하라는 문제이다. 또한 프로판이 체적이 아닌 중량으로 주어진 점에 주의해야 한다(kg/kg$_f$).

기체연료식 $G_w = mC_3H_8 + \frac{n}{2}C_3H_8 + (m-0.21)A_o$ 식을 사용할 수 없음으로 중량식을 다시 만들어야 한다.

Think Tip!	연소반응식						
(1) 연소반응식	C_3H_8	+	$5O_2$	=	$3CO_2$	+	$4H_2O$
(2) 몰비	1		5		3		4
(3) 질량	44kg$_f$		5×32kg		3×44kg		4×18kg
비 만들기							
(4) 중량비 : 12kg$_f$로 (3)번의 항을 나눔			$\frac{160kg}{44kg_f}$		$\frac{132kg}{44kg_f}$		$\frac{72kg}{44kg_f}$

1) 기체연료이지만 중량비식으로 만들면

$$G_w = \frac{132}{44}C_3H_8 + \frac{72}{44}C_3H_8 + (m-0.232)A_o$$

2) A_o를 구하면

$$A_o = \frac{1}{0.232}\left(\frac{160}{44}C_3H_8\right) = \frac{1}{0.232} \times \frac{160}{44} \times 1 = 15.67\frac{kg}{kg_f}$$

3) 2)를 1)에 대입하면

$$G_w = \frac{132}{44} \times 1 + \frac{72}{44} \times 1 + (1.15-0.232) \times 15.67 = 19.02\frac{kg}{kg_f}$$

4) 프로판 1kg$_f$당 19.02kg의 실제습연소가스량이 발생하므로 2kg$_f$당은

$$\therefore\ G_w = 19.02\frac{kg}{kg_f} \times 2kg_f = 38.04kg$$

※ 이 문제는 주어진 조건은 기체연료이나 풀이법은 고체·액체연료의 중량 계산법으로 푼다.

23 액화프로판 660kg을 기화시켜 4Sm^3/hr로 태운다면 몇 시간 사용할 수 있는가?

풀이 C_3H_8의 분자량은 44kg/kmol이므로 660kg을 Sm^{3}으로 단위전환을 하면

$$660kg \times \frac{kmol}{44kg} \times \frac{22.4Sm^3}{kmol} = 336Sm^3$$

시간당 4Sm^{3}으로 태우므로

$$336Sm^3 \times \frac{hr}{4Sm^3} = 84hr$$

유형 4: 혼합비 기체연료에 대한 연소가스량 계산문제 (연료 Sm_f^3 - 연소가스량 Sm^3)

24 용적비로 Propane : Butane = 3 : 1로 혼합된 가스 $1Sm^3$를 이론적으로 완전연소 할 경우 발생되는 $CO_2(Sm^3)$량은?

풀이 먼저 프로판과 부탄의 조성분율을 구하고 기본식에 대입하면 된다.

식 : $CO_2 = \sum(mC_mH_n)$

1) 조성비 구하기 (5장 참고)

프로판 $= \frac{3}{4} = 0.75$, 부탄 $= \frac{1}{4} = 0.25$

2) $CO_2 = 3\times C_3H_8 + 4\times C_4H_{10} = 3\times 0.75 + 4\times 0.25 = 3.25\frac{Sm^3}{Sm_f^3}$

만약 이론공기량을 구하면 다음과 같다.

$$A_o = \frac{O_o}{0.21} = \frac{1}{0.21}\left[\sum\left(m+\frac{n}{4}\right)C_mH_n\right]$$
$$= \frac{1}{0.21}\left[\left(3+\frac{8}{4}\right)C_3H_8 + \left(4+\frac{10}{4}\right)C_4H_{10}\right]$$
$$= \frac{1}{0.21}\left[\left(3+\frac{8}{4}\right)\times 0.75 + \left(4+\frac{10}{4}\right)\times 0.25\right] = 25.6\frac{Sm^3}{Sm_f^3}$$

25 프로판과 부탄이 용적비 3 : 2로 혼합된 가스 $1Sm^3$가 이론적인 완전연소 할 때 발생하는 CO_2의 양(Sm^3)은?

풀이 1) 각 물질의 용적비는 $C_3H_8 = \frac{3}{5} = 0.6$, $C_4H_{10} = \frac{2}{5} = 0.4$

2) $CO_2 = mC_3H_8 + mC_4H_{10} = 3C_3H_8 + 4C_4H_{10}$

$= 3\times 0.6 + 4\times 0.4 = 3.4\frac{Sm^3}{Sm_f^3}$

26 프로판과 부탄을 용적비 1 : 1로 혼합한 가스 $1Sm^3$를 이론적으로 완전연소 할 때 발생하는 CO_2의 양(Sm^3)은? (단, 표준상태 기준)

풀이 $CO_2 = mC_3H_8 + mC_4H_{10} = 3C_3H_8 + 4C_4H_{10}$

$= 3\times 0.5 + 4\times 0.5 = 3.5\frac{Sm^3}{Sm_f^3}$

4.3 기체연료의 연소가스간 관련식 과년도 기출문제

27 기체연료의 이론공기량(Sm^3/Sm^3)을 구하는 식으로 옳은 것은? (단, H_2, CO, C_xH_y, O_2는 연료 중의 수소, 일산화탄소, 탄화수소, 산소의 체적비를 의미한다.)

가. $0.21 \cdot [0.5H_2 + 0.5CO + (X + Y/4)C_XH_Y - O_2]$
나. $0.21 \cdot [0.5H_2 + 0.5CO + (X + Y/4)C_XH_Y + O_2]$
다. $1/0.21 \cdot [0.5H_2 + 0.5CO + (X + Y/4)C_XH_Y - O_2]$
라. $1/0.21 \cdot [0.5H_2 + 0.5CO + (X + Y/4)C_XH_Y + O_2]$

풀이 다

28 다음 중 과잉산소량(잔존 O_2량)을 옳게 표시한 것은? (단, A: 실제공기량, A_o: 이론공기량, m: 공기과잉계수($m > 1$), 표준상태이며, 부피기준임)

가. $0.21mA_o$ 나. $0.21(m-1)A_o$
다. $0.21mA$ 라. $0.21(m-1)A$

풀이 나

CHAPTER 5

연소 가스비의 계산 및 해석

연소가스량의 비는 각 성분별 조성비, 공기비, $(CO_2)_{max}$, 공연비 등을 들 수 있다. 본장에서는 각각의 비의 개념에 대해 알아본다.

5.1 조성분율

대기오염물질의 농도 표시법은 크게 두 가지로 구분할 수 있다. 첫째는 분율의 형태 즉 분율, 백분율(%), 백만분율(ppm) 등이 있으며, 둘째는 질량/부피형태의 농도가 있다.

1) 분율(Proportion)

분자가 분모에 포함되는 형태로 그 값은 0과 1사이에 위치한다. 대표적인 것은 백분율 및 백만분율이다. $\frac{x}{x+y}$

2) 비(Ratio)

x와 y가 완전히 독립적일 때 한 측정값을 다른 값으로 나눈 형태를 의미하며 $\frac{x}{y}$, $\frac{y}{x}$가 된다.

3) 율(Rate)

분율의 분모에 시간의 개념이 포함된 특수한 형태를 의미한다.

연소가스량의 조성비와 관련하여 분율의 개념에 대해 정리하도록 하겠다.

분율이란 '전체 중의 일부'의 개념으로 대상성분의 양을 혼합성분의 양으로 나눈 값으로 그림 5.1에 나타내었다.

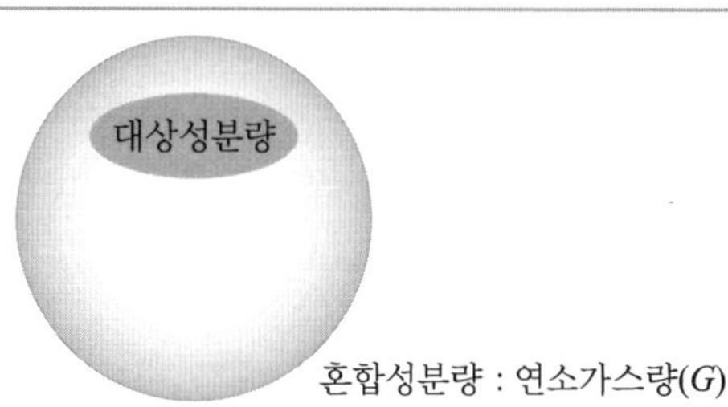

그림 5.1 분율의 개념

$$분율 = \frac{부분}{전체} = \frac{x}{x+y} = \frac{대상성분의\ 양}{혼합성분의\ 양}$$

분율에 100을 곱하면 백분율이 되고 1,000을 곱하면 천분율, 10^6을 곱하면 백만분율이 된다. 전체 중에 부분의 개념만 안다면 %, ppm, ppb 등으로 쉽게 단위전환을 할 수 있다.

분율 × 100 = %　　　분율 × 10^6 = ppm　　　분율 × 10^9 = ppb

분율을 사용 시 주의할 점은 분자와 분모의 단위가 같아야 한다는 점이다. 예를 들어 분자와 분모가 중량인 경우에는 중량백분율(weight%, W/W%, $_{wt}$%)이라 하며 분자와 분모의 단위가 부피인 경우에서 부피백분율(volumetric%, V/V%, $_{vol}$%)이라 한다. ppm의 경우 중량비인 경우에는 ppm_w, 부피비인 경우에는 ppm_v라고 표시한다.

고체·액체연료 및 기체연료의 조성비의 이해를 돕기 위해 5번, 6번, 7번 동그라미를 하나로 모았다. 즉 5번, 6번, 7번 동그라미의 합이 혼합성분인 연소가스량이 된다. 이를 도식화하여 그림 5.2에 나타내었다.

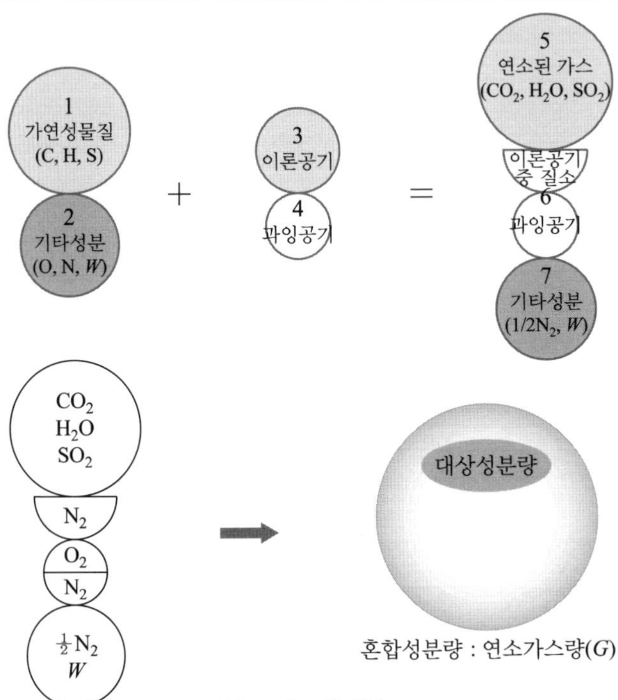

(a) 고체 · 액체연료

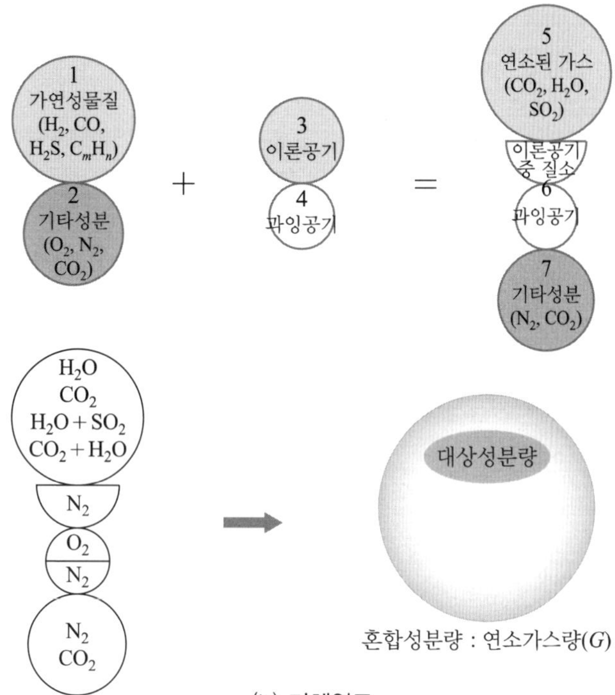

(b) 기체연료

그림 5.2 고체·액체연료 및 기체연료의 연소가스량 다이어그램

연소가스의 종류는 크게 4가지로 구성되며 본 장에서는 연소가스이므로 체적비만 고려하며, 분율 계산 시 단위에 주의해야 한다.

1) 기체연료

분모 : 연소가스량 (즉 주어진 조건에 따라 G_w, G_d, G_{ow}, G_{od})

분자 : 기체연료의 대상성분량

2) 고체·액체연료

분모 : 연소가스량은 3장의 식을 참고하여 풀기 바란다.

분자 : 고체·액체연료의 대상성분량

고체·액체연료의 조성비 계산을 위한 연소 반응물과 생성물의 다이어그램을 그림 5.3에 나타내었다. 고체·액체연료의 구성성분을 C, H, S, O, N, W라 하면 C, H, S는 완전연소 CO_2, H_2O, SO_2를 생성하며 연료 중의 N은 $1/2N_2$로 연료 중의 수분 W 즉 H_2O는 액상에서 수증기로 변한다. 연소가스 중 산소가 존재하는 연소가스는 G_w, G_d이며 과잉공기 중의 산소가 남게 된다. 또한 질소는 이론공기 중의 질소와 과잉공기 중의 질소 그리고 연료 중의 질소가 발생하게 된다.

즉 G_w와 G_d에서는 3가지 형태의 질소가 모두 발생하지만 G_{ow}와 G_{od}에서는 이론공기 중의 질소와 연료 중의 질소만 발생하게 된다.

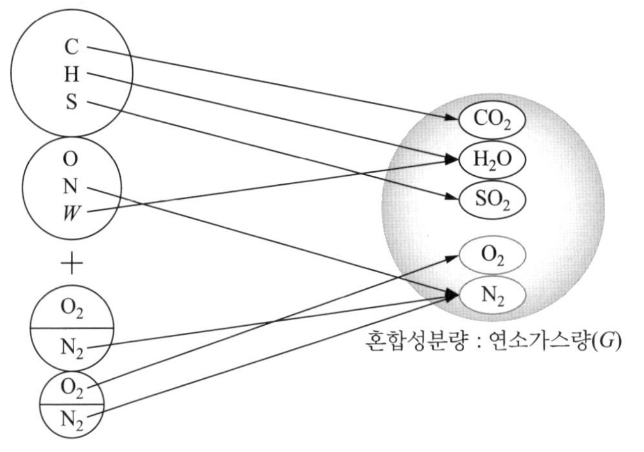

그림 5.3 고체·액체연료의 조성비 계산을 위한 연소 반응물과 생성물의 다이어그램

고체·액체연료의 각 성분에 대한 중량비와 체적비는 다음과 같다.

고체·액체연료 대상성분		중량비	체적비
CO_2		$\frac{44}{12}C$	$\frac{22.4}{12}C$
H_2O		$\frac{18}{2}H + \frac{18}{18}W$	$\frac{22.4}{2}H + \frac{22.4}{18}W$
SO_2		$\frac{64}{32}S$	$\frac{22.4}{32}S$
O_2 (G_w와 G_d중)		$0.232(m-1)A_o$	$0.21(m-1)A_o$
N_2	G_w와 G_d중	$0.768(m-1)A_o + 0.768A_o + \frac{14}{14}N$	$0.79(m-1)A_o + 0.79A_o + \frac{11.2}{14}N$
	G_{ow}와 G_{od}중	$0.768A_o + \frac{14}{14}N$	$0.79A_o + \frac{11.2}{14}N$

기체연료의 대상성분은 약간 복잡하나 4장의 연소방정식을 잘 이해하면 쉽게 구할 수 있다. 이를 도식화하여 그림 5.4에 나타내었다. H_2O의 생성은 기체연료 성분 중 H_2, H_2S, C_mH_n의 연소과정에서 발생하며 CO_2의 생성은 기체연료 성분 중 CO, C_mH_n의 연소과정과 연료 중 CO_2의 합한 양으로 발생하고 SO_2의 생성은 기체연료 성분 중 H_2S의 연소과정에서 발생하며, 연소가스 중 산소와 질소의 양은 과잉공기의 포함 여부에 따라 달라진다.

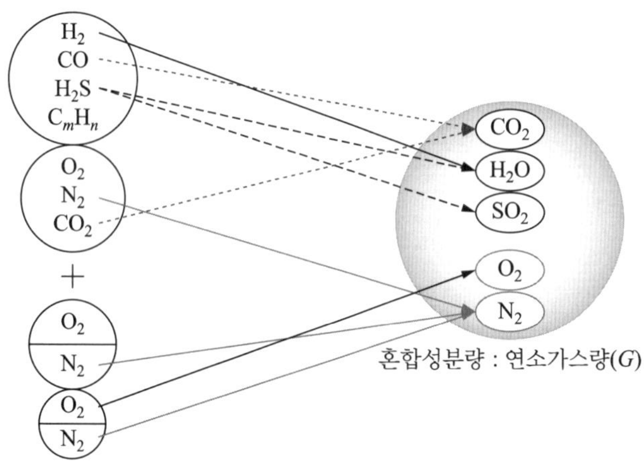

그림 5.4 기체연료의 조성비 계산을 위한 연소 반응물과 생성물의 다이어그램

기체연료의 경우 체적만 고려하므로 각 물질별 생성물의 식은 다음과 같다.

기체연료 대상성분		생성물의 양(체적)
CO_2		$CO+\sum mC_mH_n=CO_2$
H_2O		$H_2+H_2S+\sum\left(\frac{n}{2}\right)C_mH_n$
SO_2		H_2S
O_2 (G_w와 G_d중)		$0.21(m-1)A_o$
N_2	G_w와 G_d중	$0.79(m-1)A_o+0.79A_o+N_2$
	G_{ow}와 G_{od}중	$0.79A_o+N_2$

다음은 고체·액체연료와 기체연료에서 조성비 또는 조성분율을 통해 구할 수 있는 식들이니 참고하기 바란다. 여기에서 (x)는 조성분율을 의미한다.

CO_2와 SO_2 분율은 연소가스의 종류에 관련 없이 모두 구할 수 있으며

$$(CO_2) = \frac{CO_2}{G_w} \text{ or } \frac{CO_2}{G_d} \text{ or } \frac{CO_2}{G_{ow}} \text{ or } \frac{CO_2}{G_{od}}$$

$$(SO_2) = \frac{SO_2}{G_w} \text{ or } \frac{SO_2}{G_d} \text{ or } \frac{SO_2}{G_{ow}} \text{ or } \frac{SO_2}{G_{od}}$$

H_2O 분율은 물을 포함한 연소가스인 G_w와 G_{ow}에서 구할 수 있으며

$$(H_2O) = \frac{H_2O}{G_w} \text{ or } \frac{H_2O}{G_{ow}}$$

O_2 분율은 과잉산소를 포함한 연소가스인 G_w, G_d에서 구할 수 있다.

$$(O_2) = \frac{O_2}{G_w} \text{ or } \frac{O_2}{G_d}$$

5.2 최대탄산가스율$(CO_2)_{max}$

조성분율과 관련하여 주의할 대상물질은 CO_2이다. 분모인 연소가스량은 연소가스량의 분류법에 따라 그 체적이 달라진다. 반면에 생성되는 CO_2의 양은 연소가스의 종류에 상관없이 일정한 양으로 발생된다. 이를 그림 5.5에 표현하였다.

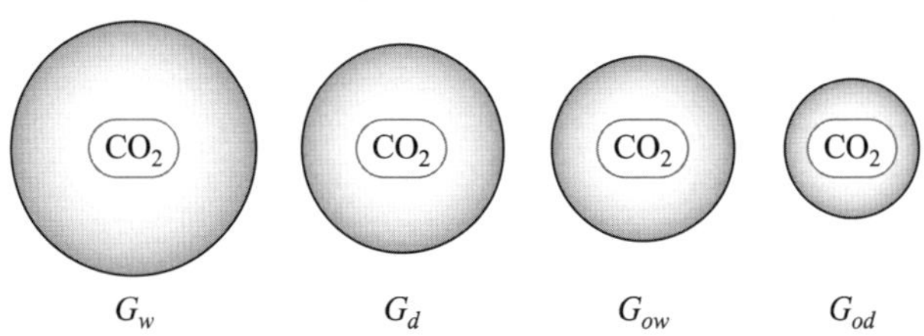

그림 5.5 연소가스량과 이산화탄소 발생량의 관계 다이어그램

연소가스량을 체적순으로 배열하여 G_w, G_d, G_{ow}, G_{od}순이 된다. G_d와 G_{ow}를 비교 시 물의 함량과 과잉공기의 차이로 공기비나 물의 함량에 따라 체적량은 달라질 수 있다. 그러나 연소가스 중 체적이 가장 큰 연소가스는 G_w이며 가장 작은 가스는 G_{od}라는 것은 명확하게 알 수 있다.

따라서 연소가스량 G_w와 G_{od}내의 조성분율을 살펴보면 G_{od}내 CO_2의 분율이 가장 크다는 것을 알 수 있다.

$$\frac{CO_2}{G_w} < \frac{CO_2}{G_{od}}$$

여기서, $\frac{CO_2}{G_{od}}$를 $(CO_2)_{max}$, 또는 최대탄산가스율이라고 부른다.

$$\therefore\ (CO_2)_{max} = \frac{CO_2}{G_{od}}$$

일반적으로 $(CO_2)_{max}$는 연소장치에서 연료의 연소상황을 파악하는 척도로 사용되며 이를 이용하여 공기비 등을 예측할 수 있다.

$(CO_2)_{max}$의 분율을 %로 나타내기 위해선 분율에 100을 곱하여 주면 된다. 또한 분율에 10^6을 곱해 줌으로써 ppm으로도 표현 가능하다.

1. $(CO_2)_{max}(\%) = \frac{CO_2}{G_{od}} \times 100$
2. $(CO_2)_{max}(ppm) = \frac{CO_2}{G_{od}} \times 10^6$

그러면 고체·액체연료와 기체연료의 $(CO_2)_{max}$계산법을 알아보자. 먼저 분모인 G_{od}를 고체·액체연료와 기체연료순으로 정리해 보았다. 고체·액체연료가 C, H, S, O, N, W로 구성되어 있다면 (3장 참고)

$$G_{od} = \frac{22.4}{12}C + \frac{22.4}{32}S + 0.79A_o + \frac{11.2}{14}N$$

$$\left(\text{단, } A_o = \frac{O_o}{0.21} = \frac{1}{0.21} \times \left(\frac{22.4}{12}C + \frac{11.2}{2}H + \frac{22.4}{32}S - \frac{11.2}{16}O\right)\right)$$

기체연료가 H_2, CO, H_2S, C_mH_n, O_2, N_2, CO_2로 구성되어 있다면 (4장 참고)

$$G_{od} = CO + H_2S + \sum mC_mH_n + 0.79A_o + N_2 + CO_2$$

$$\left(\text{단, } A_o = \frac{O_o}{0.21} = \frac{1}{0.21} \times \left[\frac{1}{2}H_2 + CO + \frac{3}{2}H_2S + \sum\left(m + \frac{n}{4}\right)C_mH_n - O_2\right]\right)$$

분자인 CO_2량을 계산해 보면, CO_2의 생성은 고체·액체연료는 C에 의해, 기체연료는 CO, C_mH_n, 연료 중 CO_2에 의해 발생한다.

$$\text{고체·액체연료의 } CO_2 \text{ 발생량} : (CO_2) = \frac{22.4}{12}C$$

$$\text{기체연료의 } CO_2 \text{ 발생량} : (CO_2) = CO + \sum mC_mH_n + CO_2$$

※ 분모의 G_{od}값과 분자의 이산화탄소량은 연료의 구성성분에 따라 식이 달라짐으로 이에 주의해야 한다.

또한 $(CO_2)_{max}$는 연소가스의 조성비를 이용하여 계산할 수 있다. 연소가스의 조성비를 이용한 방법으로 C가 완전연소 하여 CO_2를 생성하는 경우와 불완전연소 하여 CO_2와 CO를 생성하는 경우로 나누어 생각할 수 있다.

1. 연료 중의 C가 완전연소 시 $(CO_2)_{max}$ 계산

연료 중의 C가 완전연소 할 경우 $(CO_2)_{max}$의 유도과정은 다음과 같다.

즉 $(CO_2)_{max}$이 일반식인 $(CO_2)_{max} = \frac{CO_2}{G_{od}}$와 G_d와 G_{od}의 관계를 이용하여 완전연소 시 $(CO_2)_{max}$를 유도할 수 있다.

앞 절에서 설명하였듯이 G_{od}와 G_d의 관계는 과잉공기의 차이로 그림 5.6에 나타내었다.

$$G_{od} = G_d - (\text{과잉공기})$$

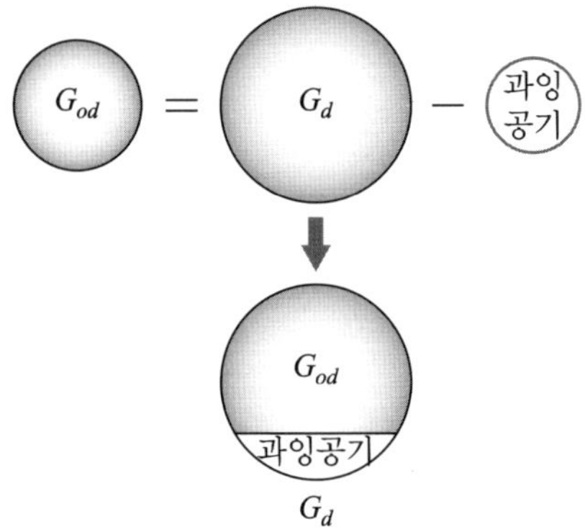

그림 5.6 이론건연소가스량(G_{od})과 건연소가스량(G_d)의 비교 다이어그램

따라서, G_d의 연소가스량이 1이라고 하면 과잉공기량은 $\frac{O_2}{0.21}$(O_2는 과잉공기 중의 산소)이므로 $G_{od} = 1 - \frac{(O_2)}{0.21}$ 식으로 표현할 수 있다.

$(CO_2)_{max} = \frac{CO_2}{G_{od}}$이고 $G_{od} = 1 - \frac{(O_2)}{0.21}$이므로

$$(CO_2)_{max} = \frac{CO_2}{G_{od}} = \frac{CO_2}{1 - \frac{O_2}{0.21}}$$

분자, 분모 각 항에 0.21을 곱하고 %로 바꾸기 위해 100을 곱하면

$$\therefore \ (CO_2)_{max}(\%) = \frac{21 \times CO_2}{21 - O_2}$$

또한 완전연소 시 공기비(5.3절)는 $m = \frac{21}{21 - (O_2)}$이다.

완전연소 시 최대탄산가스율(%)

$$(CO_2)_{max}(\%) = \frac{21(CO_2)}{21 - (O_2)} = m \times (CO_2)(\%)$$

(단, CO_2와 O_2는 % 단위임.)

2. 연료 중의 C가 불완전연소 시 $(CO_2)_{max}$ 계산

불완전연소를 할 경우 연소가스 중에 CO가 발생되며 CO는 과잉공기 중의 산소와 결합하여 CO_2로 완전연소 하게 된다.

먼저 $(CO_2)_{max}$의 기본식은 $(CO_2)_{max} = \frac{CO_2}{G_{od}}$이나 불완전연소 하므로 연소가스 중 CO가 발생된다. 이를 식으로 표현하면

$$(CO_2)_{max} = \frac{(CO_2 + CO)}{G_{od}} \tag{5-1}$$

불완전연소 할 경우 $(CO_2)_{max}$식은 완전연소와 같이 연소가스 G_d와 G_{od}의 관계를 통해서 유도한다(그림 5.7).

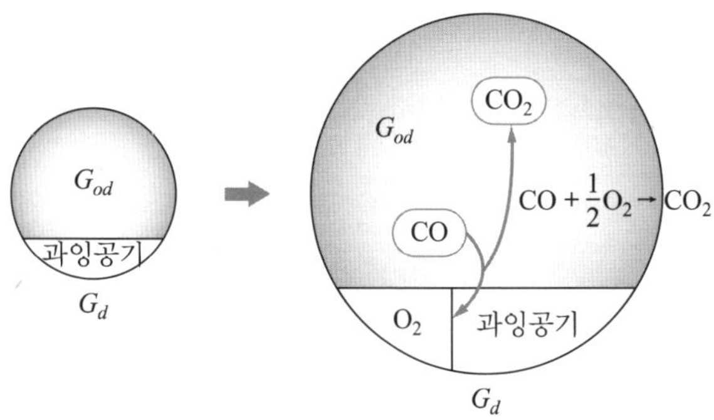

그림 5.7 불완전연소 시 CO의 반응기전

그림 5.7에서 볼 수 있듯이 불완전연소 시 G_d에서 CO_2와 CO가 발생하며 발생된 CO_2는 과잉공기 중의 산소와 결합하여 CO_2로 완전연소 된다. 즉 CO_2를 완전연소 하기 위해 필요한 산소량은 $\frac{1}{2}$CO가 되며, $\frac{1}{2}$CO만큼의 CO_2가 발생한다. 이 때 사용된 과잉공기 중의 산소량은 G_d 내의 전체 산소량에서 빼 주어야 한다.

(불완전연소 시 실제과잉공기 중의 산소량)
= (과잉공기 중 산소량) − (과잉공기 중 CO와 반응한 산소량)

이를 G_d의 조성비 식으로 표현하면 실제과잉공기 중의 산소량을 O_2라 할 때 건연소가스(G_d) 중 과잉산소량 조성비 $(O_2) = \frac{O_2}{G_d} \Rightarrow O_2 = G_d \times (O_2)$

$CO + \frac{1}{2}O_2 = CO_2$이므로 실제건연소가스($G_d$) 중 CO와 반응하는 과잉산소량의 조성비는 $G_d \times \frac{1}{2}CO$가 된다.

따라서 불완전연소 시 실제과잉공기 중의 산소량은

$$O_2 = G_d(O_2) - G_d\frac{1}{2}(CO) = G_d\left[(O_2) - \frac{1}{2}(CO)\right] \tag{5-2}$$

$$N_2 = \frac{0.79}{0.21}O_2 = \frac{0.79}{0.21}\left[G_d(O_2) - G_d\frac{1}{2}(CO)\right]$$
$$= \frac{0.79}{0.21}G_d\left[(O_2) - \frac{1}{2}(CO)\right] \tag{5-3}$$

따라서 실제과잉공기량은 식(5-2)와 식(5-3)의 합이 된다.

$$G_{od} = G_d - (\text{실제과잉공기량}) - G_d \frac{1}{2}(CO)$$

$$G_{od} = G_d - \left\{ G_d\left[(O_2) - \frac{1}{2}(CO)\right] + \frac{0.79}{0.21} G_d\left[(O_2) - \frac{1}{2}(CO)\right]\right\} - G_d \frac{1}{2}(CO) \quad (5\text{-}4)$$

G_d의 조성분율을 1이라고 하면 식(5-4)에 G_d값은 1이 된다.

$$G_{od} = 1 - \left[(O_2) - \frac{1}{2}(CO) + \frac{0.79}{0.21}(O_2) - \frac{0.79}{0.21}\frac{1}{2}(CO)\right] - \frac{1}{2}(CO)$$
$$= 1 - 4.76(O_2) + 1.88CO \quad (5\text{-}5)$$

식(5-5)를 식(5-1)에 대입하면

$$(CO_2)_{max} = \frac{(CO_2 + CO)}{1 - 4.76(O_2) + 1.88(CO)}$$

분자, 분모 각 항에 0.21을 곱하고 정리하면

$$(CO_2)_{max} = \frac{0.21(CO_2 + CO)}{0.21 - (O_2) + 0.395(CO)} \quad (5\text{-}6)$$

식(5-6)에서 CO_2, CO, O_2는 분율이며 각 분율에 100을 곱하면 %로 바꿀 수 있다.

$$(CO_2)_{max}(\%) = \frac{21(CO_2 + CO)}{21 - (O_2) + 0.395(CO)}$$

식(5-6)과 차이점은 CO_2, CO, O_2의 단위가 %인 점이다.
연료별 $(CO_2)_{max}$의 값을 표 5.1에 나타내었다.

표 5.1 연료별 최대탄산가스량(%)

연료명	$(CO_2)_{max}$(%)	연료명	$(CO_2)_{max}$(%)
탄소	21	코크스	20~20.5
목재	19~21	연료유	15~16
갈탄	19~19.5	코크스로가스	11~11.5
역청탄	18.5~19	발생로가스	18~19
무연탄	19~20	고로가스	24~25

5.3 공기비(m)

연소장치를 이용하여 고체·액체연료와 기체연료를 연소할 경우 화학양론적으로 이론공기 중 산소만을 이용하여 가연성물질을 완전연소 할 수 있다. 그러나 실제 장치에서는 연료와 공기의 혼합이 어렵고 이론공기량만 공급 시 산소의 부족현상으로 인해 불완전연소 하여 CO, H_2, CH_4 등이 미연소상태로 배출될 수 있다. 이를 방지하기 위해 과잉공기를 공급함으로써 완전연소를 유도할 수 있다. 이때 이론공기량과 과잉공기량의 합을 실제공기량이라고 부른다.

또한 실제공기량(A)과 이론공기량(A_o)의 비를 공기비(m)라고 부른다. 공기비는 완전연소를 위해 매우 중요한 역할을 한다.

$$\text{공기비}(m) = \frac{\text{실제공기량}}{\text{이론공기량}} = \frac{A}{A_o}$$

1) 공기비(m) = 1

분모와 분자가 같다면 공기비는 1로 즉 $A = A_o$가 된다. 실제공기량과 이론공기량이 같다는 것은 연소 시 이론공기 중 이론산소량만을 사용하므로 이상적인 연소가 된다는 것을 뜻한다.

2) 공기비(m) > 1

분자가 분모보다 크다면 공기비는 1보다 커진다. 즉 $A > A_o$의 관계를 가짐으로 실제공기량이 커진다는 것을 의미한다. 즉 과잉공기량이 많은 경우 산소량이 풍부해서 완전연소를 할 수 있으나 연소가스량이 많아져 고온의 가스가 배출되는 과정에서 연소실 온도가 저하될 수 있다. 또한 질소량이 많아져 thermal NO_x 생성이 촉진되고 SO_2는 과잉의 산소와 반응하여 SO_3를 생성시킨다. SO_3는 반응성이 커 H_2SO_4와 같은 산을 만들어 연소실의 부식원인이 된다.

3) 공기비(m) < 1

반대로 분자가 분모보다 작다면 공기비는 1보다 작아진다. 즉 $A < A_o$의 관계를 가짐으로 과잉공기가 작아진다는 것을 의미한다. 과잉공기량이 적을 경우에는 불완전연소로

인해 열손실이 나타날 수 있으며 가스폭발위험과 미연소 된 블랙카본이 많아질 수 있다.

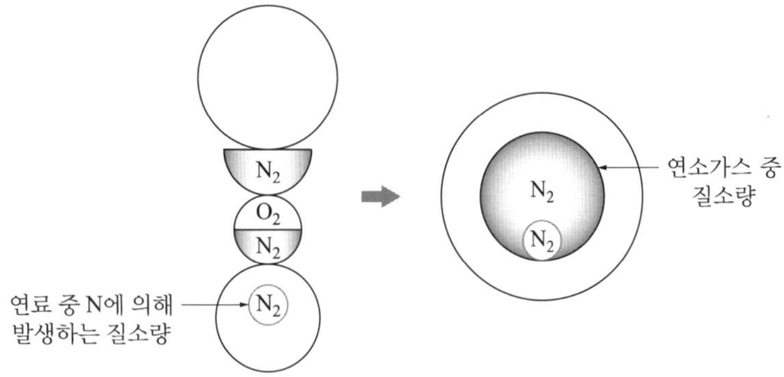

그림 5.8 공기비 유도를 위한 다이어그램

일반적으로 고체연료의 공기비는 1.4～2.0, 액체연료의 공기비는 1.2～1.4, 기체연료의 공기비는 1.1～1.3 정도이다. 또한 연소가스량 분석치를 이용하여 공기비를 계산할 수 있다. 실제공기량과 연소가스량의 관계를 그림 5.8에 나타내었다.

연소과정에서 실제공기량 중 일부 즉 3번 동그라미의 질소와 4번 동그라미의 과잉공기는 연소가스 중으로 6번 동그라미로 그대로 배출된다. 따라서 연소가스량인 5번, 6번, 7번 동그라미를 통해 공기비식을 세울 수 있다.

연소가스의 종류 중 G_w와 G_{ow}, 또는 G_d와 G_{od}관계를 통해서 보면 실제공기량(A)는 과잉공기량[$(m-1)A_o$]과 이론공기량(A_o)의 합이 된다.

따라서 과잉공기량을 연소가스의 량으로 표현하면 다음과 같은 관계를 가진다.

$$\text{과잉공기} = (m-1)A_o = G_w - G_{ow} = G_d - G_{od}$$

$$\therefore\ A = (m-1)A_o + A_o = (G_w - G_{ow}) + A_o = (G_d - G_{od}) + A_o$$

실제습연소가스량(G_w)와 이론습연소가스량(G_{ow})의 관계를 사용하면 공기비식은 다음과 같다.

$$m = \frac{A}{A_o} = \frac{(m-1)A_o + A_o}{A_o} = \frac{(G_w - G_{ow}) + A_o}{A_o} = \frac{(G_w - G_{ow})}{A_o} + 1$$

실제건연소가스량(G_d)와 이론건연소가스량(G_{od})의 관계를 사용하면 공기비식은 다음과 같다.

$$m = \frac{A}{A_o} = \frac{(m-1)A_o + A_o}{A_o} = \frac{(G_d - G_{od}) + A_o}{A_o} = \frac{(G_d - G_{od})}{A_o} + 1$$

연소가스량과 이론공기량을 이용한 공기비식

$$m = \frac{(G - G_o)}{A_o} + 1$$

G는 실제연소가스량이며, G_o는 이론연소가스량이다. 이 식을 사용 시 주의할 점은 실제연소가스량 G값은 G_w을 사용할 경우 G_o는 G_{ow} 되어야 하며 G값은 G_d를 사용할 경우 G_o는 G_{od}값을 사용해야 한다.

※ 식의 활용 : 공기비 계산 시 주어진 조건에 연소가스량, 이론공기량, 이론산소량이 있다면 본 식을 사용한다.

공기비는 연료가 완전연소 시 연소가스 중 산소함량과 불완전연소 시 질소량, 산소량, 일산화탄소량을 이용하여 계산할 수 있다.

공기는 산소와 질소가 체적비로 0.21, 0.79만큼 들어 있으며 공기량이 변한다고 해서 산소와 질소의 체적비는 변하지 않는다. 이를 이용하여 공기비 대신 질소의 체적비를 이용하여 새로운 공기비식을 유도할 수 있으며 그 관계를 그림 5.9에 나타내었다.

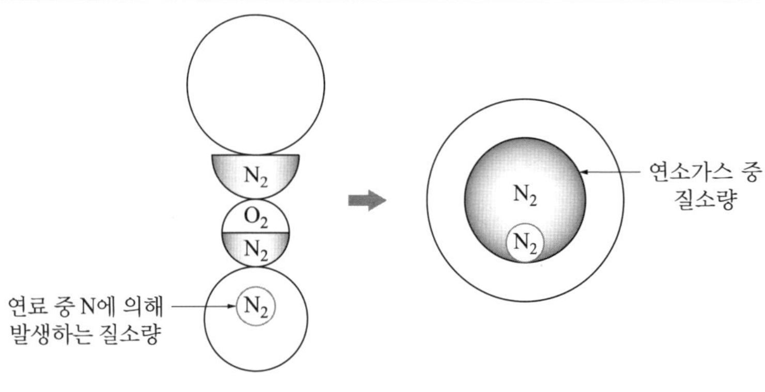

그림 5.9 연소가스 중 N_2와 연료 중 N의 관계 다이어그램

즉, 공기비는 $m = \frac{\text{실제공기량}}{\text{이론공기량}}$ 이므로 이를 실제공기와 이론공기의 질소의 체적비로 전환하여도 비는 동일하게 된다. 따라서 공기비를 질소의 체적비로 표현하면

$$m = \frac{\text{실제공기 중 } N_2\text{의 체적}}{\text{이론공기 중 } N_2\text{의 체적}}$$

이 된다.

먼저 분자의 실제공기 중 N_2의 체적을 연소가스량(G_d) 중에서 구하여 다음 식을 이용해야 한다.

(실제공기 중 N_2의 체적) = [연소가스량(G_d) 중 N_2의 전체량] − [연소가스량 (G_d) 중 연료의 N에 의해 발생하는 N_2량]

즉, G_d 중의 N_2 체적을 조성분율(N_2)로 표현하면

$$(N_2) = \frac{N_2}{G_d} = \frac{0.79A_o + (m-1)A_o + \frac{11.2}{14}N}{G_d}$$

N_2의 양은 $N_2 = G_d \times (N_2)$가 된다.

따라서 연소가스 중 전체 질소량에서 연료 중 질소량을 빼 주어야 순 공기 중의 질소량을 계산할 수 있다.

$$G_d \cdot (N_2) - \frac{11.2}{14}N$$

또한 과잉공기 중 $O_2 : N_2 = 0.21 : 0.79$이므로 $N_2 = \frac{0.79}{0.21}O_2$의 관계를 갖는다. 이 식에서 O_2는 과잉공기 중의 산소이다. 만약 연료가 불완전연소 하여 연소가스 중 CO가 존재하면 연소가스 중의 과잉산소가 CO와 반응하여 CO_2를 생성($CO + \frac{1}{2}O_2 = CO_2$)하게 된다.

이때 사용되는 $\frac{1}{2}O_2$는 실질적으로 과잉공기의 개념에 포함시키지 않는다. 따라서 과잉공기 중 산소량에서 CO와 반응하여 소모되는 산소량($\frac{1}{2}CO$)을 빼 주어야 한다.

따라서 과잉공기 중 실제산소량은

$$\text{과잉공기 중 실제산소량} = \text{과잉산소량} - \frac{1}{2}CO$$

과잉산소량과 CO와 반응하는 산소량을 G_d 형태로 표현하면 과잉공기 중 실제산소량

은 다음식과 같다.

$$O_2 = G_d(O_2) - G_d\frac{1}{2}CO = G_d\left(O_2 - \frac{1}{2}CO\right)$$

따라서 과잉공기 중의 질소는 $N_2 = \frac{0.79}{0.21}O_2$이므로 O_2에 $G_d\left(O_2 - \frac{1}{2}CO\right)$을 대입하면

$$N_2 = \frac{0.79}{0.21}G_d \cdot \left(O_2 - \frac{1}{2}CO\right)$$

이 된다.

따라서 공기비 m

$$m = \frac{\text{실제공기 중 } N_2\text{의 체적}}{\text{이론공기 중 } N_2\text{의 체적}} = \frac{\text{실제공기 중 } N_2\text{의 체적}}{\text{실제공기 중 } N_2\text{의 체적} - \text{과잉공기 중 } N_2\text{의 체적}}$$

으로

$$m = \frac{\left[G_d(N_2) - \frac{11.2}{14}N\right]}{\left[G_d(N_2) - \frac{11.2}{14}N\right] - \left[\frac{0.79}{0.21}G_d\left(O_2 - \frac{1}{2}CO\right)\right]}$$

위 식에서 연료 중 N이 매우 적다면 $\frac{11.2}{14}N$은 0이 된다. 또한 분자항, 분모항을 G_d로 나누어주면

$$m = \frac{(N_2)}{(N_2) - \frac{0.79}{0.21}\left(O_2 - \frac{1}{2}CO\right)} \quad \text{또는} \quad m = \frac{(N_2)}{(N_2) - 3.76[(O_2) - 0.5(CO)]}$$

이 식은 연료가 불완전연소 시 연소가스 중 질소와 산소, 일산화탄소의 함량을 이용하여 공기비를 계산할 수 있는 식이다.

위 식에서 연료가 완전연소 한다면 CO는 발생되지 않아 CO$=0$이 된다.

$$m = \frac{(N_2)}{(N_2) - \frac{0.79}{0.21}(O_2)}$$

(N_2)의 조성비는 0.79이므로

$$m = \frac{0.79}{0.79 - \frac{0.79}{0.21}(O_2)}$$

분자, 분모의 각 항에 0.21/0.79 × 100을 곱하여 주면

$$m = \frac{21}{21 - (O_2)}$$

연소가스 중 산소와 질소, 일산화탄소를 이용한 공기비식

완전연소 : $m = \frac{21}{21 - (O_2)}$

불완전연소 : $m = \frac{(N_2)}{(N_2) - \frac{0.79}{0.21}\left(O_2 - \frac{1}{2}CO\right)}$

※ 연소가스 중 산소, 질소, 일산화탄소가 주어졌을 경우 공기비를 계산할 수 있는 식으로 O_2, N_2, CO는 연소가스 중 % 단위를 사용한다.

질소밸런스를 통해 공기비를 계산하였듯이 산소밸런스를 통해 공기비식을 유도할 수 있다.

실제공기 중의 산소량 = 이론공기 중의 산소량 + 실제과잉산소량

$$0.21mA_o = 0.21A_o + \left[(O_2) - \frac{1}{2}(CO)\right]G$$

$$m = 1 + \frac{\left[(O_2) - \frac{1}{2}(CO)\right]}{0.21A_o} \times \frac{\frac{22.4}{12}C}{[(CO_2) + (CO)]}$$

마지막으로 $(CO_2)_{max}$를 이용한 공기비 계산식이다.
실제건연소가스량(G_d)의 조성성분의 합을 1이라고 하면

$$(CO_2) + (CO) + (SO_2) + (O_2) + (N_2) = G_d = 1$$

건배기가스 중 실제과잉의 산소와 질소의 합 = 과잉공기

$$[1 - (CO_2) - (CO) - (SO_2)]G_d - \frac{11.2}{14}N = (m - 0.21)A_o$$

이를 m으로 정리하면 다음과 같은 식을 얻을 수 있다.

$$m = \frac{[1-(CO_2)-(CO)-(SO_2)]\,G_d - \frac{11.2}{14}N}{A_o} + 0.21 \qquad (5\text{-}7)$$

$G_d = \dfrac{\frac{22.4}{12}C}{CO_2 + CO}$로 쓸 수 있고 이론건연소가스 $G_{od} = (CO_2)_{max} + (SO_2) + (N_2) = 1$로 쓸 수 있다.

또한 이론공기량은

$$A_o = \frac{(N_2)}{0.79} = G_{od} - G_{od}(CO_2)_{max} - \frac{22.4}{32}S - \frac{11.2}{14}N$$

$G_{od} = \dfrac{\frac{22.4}{12}C}{(CO_2)_{max}}$이므로 위 식에 대입하면

$$A_o = \frac{1-(CO_2)_{max} \times \dfrac{\frac{22.4}{12}C}{(CO_2)_{max}} - \frac{22.4}{32}S - \frac{11.2}{14}N}{0.79} \qquad (5\text{-}8)$$

식 (5-8)을 식 (5-7)에 대입하고, S, N이 매우 작아 무시하고 재정리하면

$$m = \frac{1-(CO_2)-(CO)}{\dfrac{1-(CO_2)_{max}}{0.79} \times \dfrac{(CO_2)+(CO)}{(CO_2)_{max}}} + 0.21$$

$$G_{od} = \frac{22.4}{12}C + \frac{22.4}{32}S + \frac{11.2}{14}N + 0.79A_o$$

$$A_o = \frac{1}{0.21}\left(\frac{22.4}{12}C + \frac{11.2}{2}H + \frac{22.4}{32}S - \frac{11.2}{16}O\right)$$

이라면 연료 중 H, O, S, N이 C에 비하여 아주 작다고 하였으므로

$$G_{od} = \frac{22.4}{12}C + \frac{0.79}{0.21} \times \frac{22.4}{12}C = 8.89C$$

따라서 $(CO_2)_{max}$식은 다음과 같이 쓸 수 있다.

$$(CO_2)_{max} = \frac{\frac{22.4}{12}C}{G_{od}} = \frac{1.87C}{8.89C} = 0.21$$

$(CO_2)_{max} = 0.21$이고 CO는 완전연소 하여 발생되지 않는다면 m식에 대입하고 재정리하면

$$m = \frac{1-(CO_2)}{\frac{1-0.21}{0.79} \times \frac{(CO_2)}{0.21}} + 0.21$$

분자와 분모에 0.21을 곱하고 재정리하면

$$m = \frac{0.21(1-CO_2)+0.21CO_2}{CO_2} = \frac{0.21}{CO_2} \approx \frac{(CO_2)_{max}}{CO_2}$$

따라서 $(CO_2)_{max}$에 의한 공기비 계산식은

$$\therefore\ m = \frac{(CO_2)_{max}}{(CO_2)}$$

5.4 공연비와 등가비

연료와 공기의 혼합비를 표현하는 방법은 크게 3가지로 구분할 수 있다.

1. 공연비 AFR(Air Fuel Ratio)

공연비는 공기와 연료의 비로 AFR(Air Fuel Ratio)이라고 한다. 공연비는 중량비와 체적비를 나누어 식을 유도할 수 있다.

중량비:

$$AFR_{중량} = \frac{공기량}{연료량} = \frac{공기의\ 몰수 \times 공기의\ 분자량}{연료의\ 몰수 \times 연료의\ 분자량}$$
$$= \frac{mol수 \times 29g/gmol}{1mol \times 혼합연료의\ 분자량(g/gmol)}$$

1) 연소기본식

$$a(\text{연료}) + b(\text{공기}) = c(\text{연소가스})$$

여기서, a, b, c는 몰수를 의미한다.

공연비 계산 시 주의할 점은 연료의 구성성분, 즉 가연성물질의 몰비는 1을 쓴다는 점이다. 따라서 $a = 1$이 되어 연료 1몰이 b몰을 공기와 연소하는 식이 된다.

$$(\text{연료}) + b(\text{연소용 공기}) = c(\text{연소가스})$$

연료와 공기의 중량을 구하기 위해선 연료와 공기의 분자량을 계산하여야 한다. 연료와 공기의 혼합물질이므로 다음과 같은 식을 통하여 구한다.

2) 혼합물질의 분자량 계산법

$$M_w = M_1X_1 + M_2X_2 \cdots M_nX_n$$

여기서, M_w는 혼합물질의 분자량이며 M_n는 혼합물질을 구성하는 각 n물질의 분자량, X_n는 각 n물질의 분율이 된다.

3) 체적으로 표현되는 공연비

$$\mathrm{AFR}_{\text{체적}} = \frac{\text{공기의 몰수(kmol)} \times \dfrac{22.4\mathrm{Sm}^3}{\text{공기(kmol)}}}{\text{연료의 몰수(kmol)} \times \dfrac{22.4\mathrm{Sm}^3}{\text{연료(kmol)}}}$$

공기의 몰수를 이론산소량(체적)의 몰수로 식을 재정리하면

$$\mathrm{AFR}_{\text{체적}} = \frac{\text{이론산소량의 몰수(kmol)} \times \dfrac{22.4\mathrm{Sm}^3}{\mathrm{kmol}} \times \dfrac{1}{0.21}}{\text{연료의 몰수} \times \dfrac{22.4\mathrm{Sm}^3}{\mathrm{kmol}}}$$

$$= \frac{O_o\text{의 몰수} \times \dfrac{1}{0.21}}{\text{연료의 몰수}}$$

4) 중량으로 표현되는 공연비

$$\mathrm{AFR}_{\text{중량}} = \frac{\text{공기의 몰수(kmol)} \times \dfrac{\text{공기분자량(kg)}}{\text{kmol}}}{\text{연료의 몰수(kmol)} \times \dfrac{\text{연료분자량}(\mathrm{kg_f})}{\text{kmol}}}$$

공기의 몰수를 이론산소량(중량)의 몰수로 식을 재정리하면

$$\mathrm{AFR}_{\text{중량}} = \frac{\text{이론산소량의 몰수(kmol)} \times \dfrac{32\text{kg}}{\text{kmol}} \times \dfrac{1}{0.232}}{\text{연료의 몰수} \times \text{연료분자량}(\mathrm{kg_f})}$$

또한 공연비의 역수를 연공비(FAR: Fuel Air Ratio)라고도 한다.

1. 공연비 : $\mathrm{AFR} = \dfrac{\text{공기량}}{\text{연료량}}$ ⇔ 연공비(공연비의 역수) $\mathrm{FAR} = \dfrac{\text{연료량}}{\text{공기량}}$
2. 공연비 체적 : $\mathrm{AFR}_{\text{체적}} = \dfrac{O_o\text{의 몰수} \times \dfrac{1}{0.21}}{\text{연료의 몰수}}$
3. 공연비 중량 : $\mathrm{AFR}_{\text{중량}} = \dfrac{\text{이론산소량의 몰수(kmol)} \times \dfrac{32\text{kg}}{\text{kmol}} \times \dfrac{1}{0.232}}{\text{연료의 몰수} \times \text{연료분자량}(\mathrm{kg_f})}$

내연기관에서 연료와 공기의 혼합비율은 매우 중요하며 이를 이론공연비(Air Fuel Ratio: AFR)라 부른다. 이론공연비는 완전연소 할 수 있는 연료와 공기가 혼합비율로 단위시간에 공급되는 연료와 공기의 질량비율을 의미한다. 일반적으로 가솔린의 이론공연비는 12～18, 경유의 이론공연비는 18～70이다. 가솔린의 조성성분을 정확하게 표현할 수는 없지만 아이소옥탄(C_8H_{18})을 중심으로 필요한 공기량을 계산해 보면 다음과 같다.

$$C_8H_{18} + \left(8 + \frac{18}{4}\right)O_2 = 8CO_2 + 9H_2O$$

아이소옥탄을 완전연소 하기 위한 이론공기량을 계산해 보면

$$A_o = \frac{1}{0.232}\left(\frac{12.5 \times 32\text{kg}}{114\mathrm{kg_f}} \times 1\right) \fallingdotseq 15\frac{\text{kg}}{\mathrm{kg_f}}$$

즉 아이소옥탄 1$\mathrm{kg_f}$를 완전연소 하기 위해선 약 15kg의 공기량 필요하며 이때 공연비는 15가 된다.

그림 5.10은 가솔린의 연소 시 AFR에 따른 HC, CO 및 NO_x의 발생량을 보여준다. 화학양론적인 AFR은 약 14.7 : 1로 이 범위에서 CO_2의 발생량은 최대값을 가져 완전연소에 가장 적합한 구간임을 보여준다. AFR이 14.7보다 낮은 구간에서는 공기가 부족한 상태(Rich-burn: 연료가 많은 상태)로 연료가 불완전연소가 되어 CO의 발생량 높아지며, ARF이 14.7보다 높은 구간에서는 과잉공기가 풍부하여(Lean-burn: 연료가 희박한 상태) CO의 배출량이 매우 낮음을 볼 수 있다. 화학적 이상(Stoichiometric ideal) 연소에 필요한 공기량을 이론공기량이라 부른다. HC는 이상적 연소구간(AFR = 14.7)에서 가장 낮아지며 AFR이 12 이하이거나 18 이상일 경우 높아짐을 알 수 있다. 반면에 NO_x는 AFR이 이상적 연소구간보단 약간 높은 16구간 주변에서 가장 높았으며 12구간 이하와 18 이상에서는 배출량이 낮아짐을 보여준다. 즉 HC와 NO_x는 배출량추이는 반대적 경향을 가진다. AFR이 이상적 구간이 14.7보다 크거나 작아지면 불완전연소와 과잉의 공기에 의해 열손실이 일어나게 되며 0.5～5%의 열손실이 이루어지면 최적구간이라 볼 수 있다.

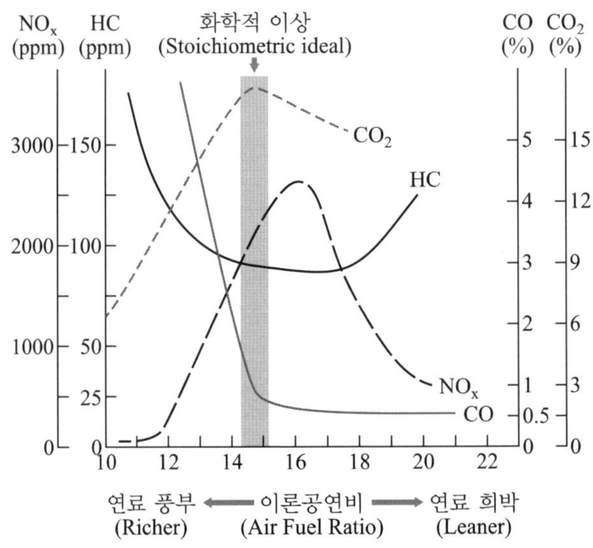

그림 5.10 이론공연비와 대기오염물질의 발생량

출처) https://www.princeton.edu/ssp/64-tiger-cub-1/64-data/combustion-chemistry.pdf Emission#1-Combustion Chemistry Toyota Motor Sales, USA

2. 등가비(Φ: Equivalence Ratio)

이론공연비를 실제공연비로 나누어진 값을 당량비라고 한다. 당량비가 1일 경우 이론공연비와 실제공연비가 같다는 뜻이며 당량비가 1보다 낮은 경우에는 공기가 과잉이며 연료는 희박한(lean-burn) 상태이나 연비적 측면에서 본다면 유리할 수 있다. 반면에 당량비가 1보다 커지면 연료가 많고(rich-burn) 공기가 부족한 상태로 연료의 불완전연소가 발생하며 연소효율은 감소한다.

등가비는 공기비(m)의 역수로 일정한 이론적인 연공비(FAR_o)에 대하여 실제 연소되는 연공비(FAR_a)는 몇 배가 되는지를 나타내는 비로 당량비라고도 한다. 식으로 나타내면 다음과 같다.

$$\text{등가비 } \Phi = \frac{\left(\frac{\text{Fuel}}{\text{Air}}\right)_{\text{실제}}}{\left(\frac{\text{Fuel}}{\text{Air}}\right)_{\text{이론}}} = \frac{FAR_{\text{실제}}}{FAR_{\text{이론}}}$$

1) 등가비 $\Phi=1$

분모와 분자가 같다면 등가비는 1로 즉 $FAR_{\text{실제}} = FAR_{\text{이론}}$이 된다. 실제 FAR와 이론 FAR이 같다는 뜻은 연소 시 이론공기 중 이론산소량만을 사용하므로 이상적인 연소가 된다.

2) 등가비 $\Phi>1$

분자가 분모보다 크다면 등가비는 1보다 커진다. 즉 $FAR_{\text{실제}} > FAR_{\text{이론}}$의 관계를 가지므로 연료가 과잉으로 공급됨을 의미한다. 연료가 과잉으로 공급되면 산소량이 상대적으로 적어서 불완전연소에 의한 CO 등과 같은 미연소가스가 발생하고 불완전연소에 의한 열손실이 발생된다.

3) 등가비 $\Phi<1$

반대로 분자가 분모보다 작다면 등가비는 1보다 작아진다. 즉 $FAR_{\text{실제}} < FAR_{\text{이론}}$의 관계를 가지므로 공기가 과잉으로 공급됨을 의미한다. 공기가 과잉으로 공급되면 연료의 완전연소가 될 수 있으나 과잉산소의 공급으로 SO_3, NO_x 등이 대기오염물질이 증가될 수 있으며 연소가스의 배기에 따른 열손실을 초래할 수 있다. 연소온도가 저하되었을 때는 CO와 NO는 감소되므로 내연기관 등은 압축비를 줄여야 한다.

과년도 기출문제

5.1 연료별 조성비 관련 과년도 기출문제

1. 고체·액체연료의 조성비 관련문제

01 탄소 85%, 수소 13%, 황 2%의 중유를 공기비 1.2로 연소할 때 건조배출가스 중 SO_2의 부피비를 %와 ppm으로 구하시오.

풀이 기본식 : $(SO_2) = \dfrac{SO_2}{G_d} \times 100$

1) $SO_2 = \dfrac{22.4}{32}S = \dfrac{22.4}{32} \times 0.02 = 0.014\dfrac{Sm^3}{kg_f}$

2) $G_d = \dfrac{22.4}{12}C + \dfrac{22.4}{32}S + (m-0.21)A_o$

$$A_o = \frac{1}{0.21} \times \left(\frac{22.4}{12}C + \frac{11.2}{2}H + \frac{22.4}{32}S\right)$$

$$A_o = \frac{1}{0.21} \times \left(\frac{22.4}{12} \times 0.85 + \frac{11.2}{2} \times 0.13 + \frac{22.4}{32} \times 0.02\right) = 11.09\frac{Sm^3}{kg_f}$$

$$G_d = \frac{22.4}{12} \times 0.85 + \frac{22.4}{32} \times 0.02 + (1.2-0.21) \times 11.09 = 12.58\frac{Sm^3}{kg_f}$$

$$\therefore\ (SO_2) = \frac{0.014\frac{Sm^3}{kg_f}}{12.58\frac{Sm^3}{kg_f}} \times 100 = 0.111\%$$

$$\therefore\ (SO_2) = \frac{0.014\frac{Sm^3}{kg_f}}{12.58\frac{Sm^3}{kg_f}} \times 10^6 = 1{,}112.9ppm$$

02 탄소 84%, 수소 13%, 황 2%, 질소 1%의 조성을 가지는 중유를 1kg당 15Sm³의 공기로 완전연소 할 경우 습배출가스 중의 황산화물의 부피농도(ppm)는?

풀이 $(SO_2) = \dfrac{SO_2}{G_w} \times 10^6$

1) $SO_2 = \dfrac{22.4}{32}S = \dfrac{22.4}{32} \times 0.02 = 0.014\dfrac{Sm^3}{kg_f}$

2) $A_o = \dfrac{1}{0.21} \times \left(\dfrac{22.4}{12} \times 0.84 + \dfrac{11.2}{2} \times 0.13 + \dfrac{22.4}{32} \times 0.02\right) = 11\dfrac{Sm^3}{kg_f}$

3) $m = \dfrac{A}{A_o} = \dfrac{15\dfrac{Sm^3}{kg_f}}{11\dfrac{Sm^3}{kg_f}} = 1.3636$

4) $G_w = \dfrac{22.4}{12}C + \dfrac{22.4}{2}H + \dfrac{22.4}{32}S + \dfrac{11.2}{14}N + (m-0.21)A_o$

$= \dfrac{22.4}{12} \times 0.84 + \dfrac{22.4}{2} \times 0.13 + \dfrac{22.4}{32} \times 0.02 + \dfrac{11.2}{14} \times 0.01 + (1.3636 - 0.21) \times 11$

$= 15.7356\dfrac{Sm^3}{kg_f}$

$\therefore (SO_2) = \dfrac{0.014\dfrac{Sm^3}{kg_f}}{15.7356\dfrac{Sm^3}{kg_f}} \times 10^6 ≒ 889.7ppm$

03 C: 84%, H: 13%, S: 2%, N: 1%의 중유를 1kg당 14Sm³의 공기로 완전연소 시킨 경우 실제 습배기가스 중 SO_2는 몇 ppm(용량비)이 되는가? (단, 중유 중의 황은 모두 SO_2가 되는 것으로 가정한다.)

풀이 $(SO_2) = \dfrac{SO_2}{G_w} \times 10^6$

1) $SO_2 = \dfrac{22.4}{32}S = \dfrac{22.4}{32} \times 0.02 = 0.014\dfrac{Sm^3}{kg_f}$

2) $A_o = \dfrac{1}{0.21} \times \left(\dfrac{22.4}{12} \times 0.84 + \dfrac{11.2}{2} \times 0.13 + \dfrac{22.4}{32} \times 0.02\right) = 11\dfrac{Sm^3}{kg_f}$

3) $m = \dfrac{A}{A_o} = \dfrac{14\dfrac{Sm^3}{kg_f}}{11\dfrac{Sm^3}{kg_f}} = 1.2727$

4) $G_w = \dfrac{22.4}{12}C + \dfrac{22.4}{2}H + \dfrac{22.4}{32}S + \dfrac{11.2}{14}N + (m-0.21)A_o$

$$= \frac{22.4}{12}\times 0.84+\frac{22.4}{2}\times 0.13+\frac{22.4}{32}\times 0.02+\frac{11.2}{14}\times 0.01 +(1.2727-0.21)\times 11$$

$$= 14.74\frac{Sm^3}{kg_f}$$

$$\therefore\ (SO_2) = \frac{0.014\frac{Sm^3}{kg_f}}{14.74\frac{Sm^3}{kg_f}}\times 10^6 \fallingdotseq 950ppm$$

04 A연소시설에서 연료 중 수소를 10% 함유하는 중유를 연소시킨 결과 건조연소가스 중의 SO_2 농도가 600ppm이었다. 건조연소가스량이 $13Sm^3/kg$이라면 실제습배기가스량 중 SO_2농도(ppm)는?

풀이 기본식 : $(SO_2) = \frac{SO_2}{G_w}\times 10^6$

1) $(SO_2) = \frac{SO_2}{G_d}\times 10^6 = 600ppm$ 이고 $G_d = 13Sm^3/kg_f$ 이므로

$$SO_2 = \frac{600}{10^6}\times G_d = \frac{600}{10^6}\times 13\frac{Sm^3}{kg_f} = 0.0078\frac{Sm^3}{kg_f}$$

2) $G_w = G_d+(\text{물의 함량}) = G_d+\left(\frac{22.4}{2}H\right)$

$$= G_d+\left(\frac{22.4}{2}\times 0.1\right) = G_d+1.12 = 13+1.12 = 14.12\frac{Sm^3}{kg_f}$$

$$\therefore\ (SO_2) = \frac{SO_2}{G_w}\times 10^6 = \frac{0.0078}{14.12}\times 10^6 = 552.4ppm$$

05 중유 1kg 중 C: 86%, H: 12%, S: 2%가 포함되어 있었고, 배출가스 성분을 분석한 결과 CO_2: 13%, O_2: 3.5%이었다. 건조연소가스량(G_d, Sm^3/kg)은?

풀이 기본식 : $(CO_2) = \frac{CO_2}{G_d} \rightarrow G_d = \frac{CO_2}{(CO_2)}$

$$CO_2 = \frac{22.4}{12}C = \frac{22.4}{12}\times 0.86 = 1.605\frac{Sm^3}{kg_f}$$

$$\therefore\ G_d = \frac{CO_2}{(CO_2)} = \frac{1.605\frac{Sm^3}{kg_f}}{0.13} = 12.3\frac{Sm^3}{kg_f}$$

06 탄소 86%, 수소 13%, 황 1%의 중유를 연소하여 배기가스를 분석했더니 CO_2+SO_2가 13%, O_2가 3%, CO가 0.5%이었다. 건조연소가스 중의 SO_2농도 몇 ppm인가? (단, 표준상태 기준)

풀이 기본식 : $(SO_2) = \frac{SO_2}{G_d} \times 10^6$

1) $G_d = \frac{22.4}{12}C + \frac{22.4}{32}S + (m-0.21)A_o$

$N_2 = 100 - [(CO_2 + SO_2) + O_2 + CO] = 100 - [13+3+0.5] = 83.5$

$$m = \frac{(N_2)}{(N_2) - \frac{0.79}{0.21}\left(O_2 - \frac{1}{2}CO\right)} = \frac{83.5}{83.5 - \frac{0.79}{0.21}\left(3 - \frac{1}{2} \times 0.5\right)} = 1.14$$

$$A_o = \frac{1}{0.21} \times \left(\frac{22.4}{12}C + \frac{11.2}{2}H + \frac{22.4}{32}S\right)$$

$$= \frac{1}{0.21} \times \left(\frac{22.4}{12} \times 0.86 + \frac{11.2}{2} \times 0.13 + \frac{22.4}{32} \times 0.01\right) = 11.14\frac{Sm^3}{kg_f}$$

$$\therefore\ G_d = \frac{22.4}{12} \times 0.86 + \frac{22.4}{32} \times 0.01 + (1.14 - 0.21) \times 11.14 = 11.97\frac{Sm^3}{kg_f}$$

2) 연소가스에 주어진 $CO_2 + SO_2$는 13%에 상관없이 S가 연소 시 발생하는 SO_2량을 계산하면 된다.

$$SO_2 = \frac{22.4}{32}S = \frac{22.4}{32} \times 0.01 = 0.007\frac{Sm^3}{kg_f}$$

$$\therefore\ (SO_2) = \frac{SO_2}{G_d} \times 10^6 = \frac{0.007}{11.97} \times 10^6 = 584.8ppm$$

07 C: 78%, H: 22%로 구성되어 있는 액체연료 1kg을 공기비 1.2로 연소하는 경우에 C의 1%가 검댕으로 발생된다고 하면 건연소가스 1Sm^3 중의 검댕의 농도는 몇 g/Sm^{3}인가?

풀이 기본식 : $(검댕농도) = \frac{검댕농도}{G_d}$

1) $검댕농도 = \frac{78kg}{100kg_f} \times 0.01 = 0.0078\frac{kg}{kg_f}$

2) $G_d = \frac{22.4}{12}C + (m-0.21)A_o$

$$= \frac{22.4}{12}C + (m-0.21)\left[\frac{1}{0.21} \times \left(\frac{22.4}{12}C + \frac{11.2}{2}H\right)\right]$$

$$= \frac{22.4}{12} \times 0.78 + (1.2 - 0.21) \times \left[\frac{1}{0.21} \times \left(\frac{22.4}{12} \times 0.78 + \frac{11.2}{2} \times 0.22\right)\right]$$

$$\therefore\ G_d = 14.13\frac{Sm^3}{kg_f}$$

$$(검댕농도) = \frac{0.0078\frac{kg}{kg_f} \times \frac{1000g}{kg}}{14.13\frac{Sm^3}{kg_f}} = 0.55\frac{g}{Sm^3}$$

2. 기체연료의 조성비 관련문제

08 프로판과 에탄의 혼합가스 $1Nm^3$을 완전연소 시킨 결과 배기가스 중의 CO_2생성량은 $2.6Nm^3$이었다. 이 혼합가스 중 에탄 : 프로판의 몰비는?

풀이 1) 에탄분율을 X라 하면 프로판의 분율은 $1-X$가 된다.
2) 에탄(C_2H_6)의 CO_2발생량은 $2CO_2$가 되며, 프로판(C_3H_8)은 $3CO_2$가 된다.
3) CO_2생성량 $2.6 = 2X+3(1-X) \quad \therefore X=0.4$
$\therefore$ 에탄 : 프로판 $= 0.4 : 0.6 = 2.3$

09 프로판과 에탄의 혼합가스 $3Sm^3$을 완전연소 시킨 결과 배기가스 중의 탄산가스의 생성량은 $7.1Sm^3$이었다. 이 혼합가스 중 프로판/에탄의 몰비는?

풀이 1) 에탄분율을 X라 하면 프로판의 분율은 $1-X$가 된다.
2) 에탄(C_2H_6)의 CO_2발생량은 $2CO_2$가 되며, 프로판(C_3H_8)은 $3CO_2$가 된다.
3) CO_2생성량 $\frac{7.1}{3} = 2X+3(1-X) \quad \therefore X=0.63$
$\therefore$ 프로판/에탄 $=0.37/0.63=0.59$

10 부탄과 에탄의 혼합가스 $1Sm^3$를 완전연소 시킨 결과 배기가스 중 탄산가스의 생성량이 $3.3Sm^3$이었다면 혼합가스 중의 부탄과 에탄의 mol비(에탄/부탄)는?

풀이 1) 부탄의 분율을 X라 하면 에탄의 분율은 $1-X$가 된다.
2) 에탄(C_2H_6)의 CO_2발생량은 $2CO_2$가 되며, 부탄(C_4H_{10})은 $4CO_2$가 된다.
3) CO_2생성량 $3.3 = 2X+4(1-X) \quad \therefore X=0.35$
$\therefore$ 에탄/부탄 $=0.35/0.65=0.54$

11 H_2: 50%, CH_4: 25%, CO_2: 18%, O_2: 7%로 조성된 기체연료를 이론공기량으로 완전연소 시켰다. 습배출가스 중 CO_2의 농도(%)는?

풀이 기본식 : $(CO_2) = \frac{CO_2}{G_{ow}} \times 100$

1) $CO_2 = mCH_4 + CO_2 = 1\times0.25+0.18 = 0.43\frac{Sm^3}{Sm_f^3}$

2) $G_{ow} = H_2 + mC_mH_n + \frac{n}{2}C_mH_n + CO_2 + 0.79A_o$

$$A_o = \frac{1}{0.21}\left[\frac{1}{2}H_2 + \left(m+\frac{n}{4}\right)C_mH_n - O_2\right]$$

$$G_{ow} = 0.5+1\times0.25+2\times0.25+0.18 + 0.79\times\frac{1}{0.21}\left[\frac{1}{2}\times0.5+2\times0.25-0.07\right]$$

$$= 3.99\frac{Sm^3}{Sm_f^3}$$

$$\therefore\ (CO_2) = \frac{0.43}{3.99}\times 100 = 10.78\%$$

12 Butane $1Sm^3$을 과잉공기 20%로 완전연소 시켰을 때 생성되는 습배출가스 중 CO_2의 농도는 몇 Vol%인가?

풀이 기본식 : $(CO_2) = \frac{CO_2}{G_w}$

1) 부탄 C_4H_{10}이므로

$$CO_2 = mC_mH_n = 4C_4H_{10} = 4\times 1 = 4\frac{Sm^3}{Sm_f^3}$$

2) $G_w = mC_mH_n + \frac{n}{2}C_mH_n + (m-0.21)A_o$

$$= 4\times 1 + 5\times 1 + (1.2-0.21)\times 30.95 = 39.64\frac{Sm^3}{Sm_f^3}$$

단, $A_o = \frac{1}{0.21}\left(m + \frac{n}{4}C_mH_n\right) = \frac{1}{0.21}\left(4 + \frac{10}{4}\times 1\right) = 30.95\frac{Sm^3}{Sm_f^3}$

$$\therefore\ (CO_2) = \frac{CO_2}{G_w}\times 100 = \frac{4}{39.64}\times 100 = 10.09\%$$

5.2 $(CO_2)_{max}$ 관련 과년도 기출문제

유형 1: $(CO_2)_{max}(\%) = \frac{CO_2}{G_{od}}\times 100$

1) 고체·액체연료

13 탄소 85%, 수소 15%의 구성비를 갖는 중유로 연소할 때 $(CO_2)_{max}(\%)$는 얼마인가? (단, 공기비는 1.1이다.)

풀이 기본식 : $(CO_2)_{max}(\%) = \frac{CO_2}{G_{od}}\times 100$

1) $CO_2 = \frac{22.4}{12}C = \frac{22.4}{12}\times 0.85 = 1.59\frac{Sm^3}{kg_f}$

2) $G_{od} = \frac{22.4}{12}C + 0.79A_o = \frac{22.4}{12}C + 0.79\times\left[\frac{1}{0.21}\left(\frac{22.4}{12}C + \frac{11.2}{2}H\right)\right]$

$$= \frac{22.4}{12}\times 0.85 + 0.79\times\left[\frac{1}{0.21}\times\left(\frac{22.4}{12}\times 0.85 + \frac{11.2}{2}\times 0.15\right)\right]$$

$$= 10.72\frac{Sm^3}{kg_f}$$

$$\therefore\ (CO_2)_{max}(\%) = \frac{1.59}{10.72}\times 100 = 14.8\%$$

14 탄소: 82%, 수소: 18% 조성을 갖는 액체연료의 $(CO_2)_{max}$(%)는? (단, 표준상태 기준)

풀이 기본식 : $(CO_2)_{max}(\%) = \dfrac{CO_2}{G_{od}}\times 100$

1) $CO_2 = \dfrac{22.4}{12}C = \dfrac{22.4}{12}\times 0.82 = 1.53\dfrac{Sm^3}{kg_f}$

2) $G_{od} = \dfrac{22.4}{12}\times 0.82 + 0.79\times\left[\dfrac{1}{0.21}\times\left(\dfrac{22.4}{12}\times 0.82 + \dfrac{11.2}{2}\times 0.18\right)\right]$

$$= 11.08\frac{Sm^3}{kg_f}$$

$$\therefore\ (CO_2)_{max}(\%) = \frac{1.53}{11.08}\times 100 = 13.8\%$$

15 C: 87%, H: 10%, S: 3%인 중유의 이론적 $(CO_2)_{max}$값은 몇 %인가?

풀이 기본식 : $(CO_2)_{max}(\%) = \dfrac{CO_2}{G_{od}}\times 100$

1) $CO_2 = \dfrac{22.4}{12}C = \dfrac{22.4}{12}\times 0.87 = 1.624\dfrac{Sm^3}{kg_f}$

2) $G_{od} = \dfrac{22.4}{12}C + \dfrac{22.4}{32}S + 0.79A_o$

$$= \frac{22.4}{12}\times 0.87 + \frac{22.4}{32}\times 0.03 + 0.79\times 10.5 = 9.94\frac{Sm^3}{kg_f}$$

3) $A_o = \dfrac{1}{0.21}\left(\dfrac{22.4}{12}C + \dfrac{11.2}{2}H + \dfrac{22.4}{32}S\right)$

$$= \frac{1}{0.21}\left(\frac{22.4}{12}\times 0.87 + \frac{11.2}{2}\times 0.1 + \frac{22.4}{32}\times 0.03\right) = 10.5\frac{Sm^3}{kg_f}$$

$$\therefore\ (CO_2)_{max}(\%) = \frac{1.624}{9.94}\times 100 = 16.3\%$$

2) 기체연료

16 공기를 사용하여 CO를 완전연소 시킬 때 연소가스 중 CO_2농도의 최대치는?

풀이 기본식 : $(CO_2)_{max}(\%) = \dfrac{CO_2}{G_{od}}\times 100$

1) $CO_2 = CO = 1$

2) $G_{od} = CO + 0.79A_o = CO + 0.79\left(\frac{1}{0.21} \times \frac{1}{2}CO\right)$

$= 1 + 0.79\left(\frac{1}{0.21} \times \frac{1}{2}\right) = 2.88\frac{Sm^3}{Sm^3_f}$

$\therefore (CO_2)_{max}(\%) = \frac{1}{2.88} \times 100 = 34.7\%$

17 일산화탄소의 이론적 완전연소 시 $(CO_2)_{max}$값은 몇 %인가?

풀이 CO로 100%이므로 CO = 1이 된다.

기본식 : $(CO_2)_{max}(\%) = \frac{CO_2}{G_{od}} \times 100$

1) $CO_2 = CO = 1$

2) $G_{od} = CO + 0.79A_o = CO + 0.79 \times \left(\frac{1}{0.21} \times \frac{1}{2}CO\right) = 2.88\frac{Sm^3}{Sm^3_f}$

$\therefore (CO_2)_{max}(\%) = \frac{1}{2.88} \times 100 = 34.7\%$

18 Propane $1Sm^3$을 연소시킬 경우 이론건조연소 가스 중의 탄산가스 최대농도(%)는?

풀이 C_3H_8로 100%이므로 $C_3H_8 = 1$이 된다.

기본식 : $(CO_2)_{max}(\%) = \frac{CO_2}{G_{od}} \times 100$

1) $CO_2 = mC_mH_n = 3C_3H_8 = 3 \times 1 = 3\frac{Sm^3}{Sm^3_f}$

2) $G_{od} = mC_mH_n + 0.79\left[\frac{1}{0.21} \times \left(m + \frac{n}{4}\right)C_mH_n\right]$

$= 3 \times 1 + 0.79\left[\frac{1}{0.21} \times \left(3 + \frac{8}{4}\right) \times 1\right] = 21.8\frac{Sm^3}{Sm^3_f}$

$\therefore (CO_2)_{max}(\%) = \frac{3}{21.8} \times 100 = 13.8\%$

유형 2: $(CO_2)_{max}(\%) = \frac{21}{21 - O_2} \times CO_2(\%)$

19 연소가스 분석결과 CO_2: 17.5%, O_2: 7.5%일 때 $(CO_2)_{max}(\%)$는?

풀이 CO_2와 O_2가 주어져 있으므로

$$기본식 : (CO_2)_{max}(\%) = \frac{21}{21 - O_2} \times CO_2(\%)$$

$$(CO_2)_{max}(\%) = \frac{21}{21 - 7.5} \times 17.5 = 27.2(\%)$$

1) 서술형

20 다음 연료 중 $(CO_2)_{max}(\%)$ 값이 가장 큰 것은?

가. 고로가스　　나. 코크스로가스
다. 갈탄　　라. 역청탄

풀이 가

21 다음 각 연료의 $(CO_2)_{max}(\%)$ 값으로 가장 거리가 먼 것은?

가. 탄소 : 21　　나. 고로가스 : 15~16
다. 갈탄 : 19.0~19.5　　라. 코크스 : 20.0~20.5

풀이 나

22 각종 연료의 $(CO_2)_{max}(\%)$ 값으로 거리가 먼 것은?

가. 탄소 : 21.0　　나. 고로가스 : 24.0~25.0
다. 역청탄 : 18.5~19.0　　라. 코크스로가스 : 19.0~20.0

풀이 라

23 다음 연료 중 $(CO_2)_{max}(\%)$ 값(최대탄산가스량 값)이 일반적으로 가장 작은 것은?

가. 고로가스　　나. 발생로가스
다. 코크스로가스　　라. 무연탄

풀이 다

※ 연료별 최대탄산가스량(%)

연료명	$(CO_2)_{max}(\%)$	연료명	$(CO_2)_{max}(\%)$
탄소	21	코크스	20~20.5
목재	19~21	연료유	15~16
갈탄	19~19.5	코크스로가스	11~11.5
역청탄	18.5~19	발생로가스	18~19
무연탄	19~20	고로가스	24~25

5.3 공기비 관련 과년도 기출문제

연료의 조성성분과 연소가스의 분석치가 주어졌다면 대부분 공기비식을 이용하게 된다.

※ 공기비식의 활용

- 유형 1: 공기비 기본식

$$m = \frac{A}{A_o}$$

- 유형 2: 완전연소 시 연소가스의 분석치 중 N_2와 O_2가 주어져 있는 경우

$$m = \frac{(N_2)}{(N_2) - \frac{0.79}{0.21}(O_2)}$$

- 유형 3: 완전연소 시 연소가스의 분석치 중 O_2만 주어져 있는 경우

$$m = \frac{21}{21 - (O_2)}$$

- 유형 4: 불완전연소 시 연소가스의 분석치 중 CO, N_2와 O_2가 주어져 있는 경우

$$m = \frac{(N_2)}{(N_2) - \frac{0.79}{0.21}\left(O_2 - \frac{1}{2}CO\right)}$$

- 유형 5: 건조가스량이 주어진 경우

$$m = \frac{(G - G_o)}{A_o} + 1$$

- 유형 6: CO_2농도가 주어진 경우

$$m = \frac{(CO_2)_{max}}{(CO_2)}$$

유형 1: 공기비 기본식

$$m = \frac{A}{A_o}$$

24 CH_4: 95%, CO_2: 1%, O_2: 4%인 기체연료 $1Sm^3$에 대하여 $12Sm^3$의 공기를 사용하여 연소하였다면 이 때 공기비는?

풀이 기본식 : $m = \frac{A}{A_o}$

$$A_o = \frac{1}{0.21}\left[\left(1 + \frac{4}{4}\right)CH_4 - O_2\right] = \frac{1}{0.21}(2 \times 0.95 - 0.04) = 8.86\frac{Sm^3}{Sm_f^3}$$

$$\therefore\ m = \frac{A}{A_o} = \frac{12}{8.86} = 1.35$$

25 CH_4: 85%, CO_2: 12%, N_2: 3%인 연료가스 $1Sm^3$에 대하여 $11.3Sm^3$의 공기를 사용하여 연소하였을 때의 공기비는?

풀이 기본식 : $m = \dfrac{A}{A_o}$

$$A_o = \frac{1}{0.21}\left[\left(1+\frac{4}{4}\right)CH_4\right] = \frac{1}{0.21}(2\times 0.85) = 8.095\frac{Sm^3}{Sm_f^3}$$

$$\therefore\ m = \frac{A}{A_o} = \frac{11.3}{8.095} = 1.4$$

유형 2: 완전연소 시 연소가스의 분석치 중 N_2와 O_2가 주어져 있는 경우

$$m = \frac{(N_2)}{(N_2)-\dfrac{0.79}{0.21}(O_2)}$$

26 석탄 사용 가열로의 배기가스를 분석한 결과 CO_2: 15%, O_2: 5%, N_2: 80%이었다. 이 때 공기비는 대략 얼마인가? (단, 연료 중 질소는 무시한다.)

풀이

$$m = \frac{(N_2)}{(N_2)-\dfrac{0.79}{0.21}(O_2)} = \frac{(80)}{(80)-\dfrac{0.79}{0.21}(5)} = 1.31$$

27 C: 85%, H: 15%인 액체연료를 100kg/hr로 연소하는 경우, 연소 배출가스의 분석결과가 CO_2: 12%, O_2: 4%, N_2: 84%이었다면 실제 연소용 공기량은? (단, 표준상태 기준)

풀이 액체연료의 구성성분과 연소가스의 구성성분이 주어짐

1) $A = mA_o$

2) $A_o = \dfrac{1}{0.21}\times\left(\dfrac{22.4}{12}C+\dfrac{11.2}{2}H\right) = \dfrac{1}{0.21}\times\left(\dfrac{22.4}{12}\times 0.85+\dfrac{11.2}{2}\times 0.15\right)$

$= 11.56\dfrac{Sm^3}{kg_f}$

3) CO가 생성되지 않았으며 질소와 산소량이 주어져 있어 m은 완전연소식과 불완전연소식을 활용할 수 있다.

$$m = \frac{(N_2)}{(N_2)-\dfrac{0.79}{0.21}\left(O_2-\dfrac{1}{2}CO\right)} = \frac{84}{84-\dfrac{0.79}{0.21}(4)} = 1.22$$

4) 2)와 3)을 1)식에 넣어주면 $A = 1.22\times 11.56\dfrac{Sm^3}{kg_f} = 14.1\dfrac{Sm^3}{kg_f}$

5) 액체연료를 시간당 100kg/hr로 연소하므로

$$A' = 14.1\frac{Sm^3}{kg_f}\times\frac{100kg_f}{hr} = 1{,}410\frac{Sm^3}{hr}$$

28 C: 80%, H: 20%인 액체연료를 1kg/min로 연소시킬 때 배기가스 성분이 CO_2: 15%, O_2: 6%, N_2: 79%이었다면 실제 공급된 공기량(Sm^3/hr)은?

풀이 액체연료의 구성성분과 연소가스의 구성성분이 주어짐

1) $A = mA_o$

2) $A_o = \frac{1}{0.21}\times\left(\frac{22.4}{12}C+\frac{11.2}{2}H\right) = \frac{1}{0.21}\times\left(\frac{22.4}{12}\times 0.8+\frac{11.2}{2}\times 0.2\right)$

$= 12.4\frac{Sm^3}{kg_f}$

3) CO가 생성되지 않았으며 질소와 산소량이 주어져 있어 m은 완전연소식과 불완전연소식을 활용할 수 있다.

$$m = \frac{(N_2)}{(N_2)-\frac{0.79}{0.21}\left(O_2-\frac{1}{2}CO\right)} = \frac{79}{79-\frac{0.79}{0.21}(6)} = 1.4$$

4) 2)와 3)을 1)식에 넣어주면 $A = 1.4\times 12.4\frac{Sm^3}{kg_f} = 17.36\frac{Sm^3}{kg_f}$

5) 액체연료를 시간당 1kg/min로 연소하고 구하는 단위는 Sm^3/hr이므로 단위전환을 하면

$$A' = 17.36\frac{Sm^3}{kg_f}\times\frac{1kg_f}{min}\times\frac{60min}{hr} \fallingdotseq 1{,}042\frac{Sm^3}{hr}$$

29 탄소 89%, 수소 11%인 조성의 액체연료를 매시 187kg 완전연소 한 경우 연소 배기가스를 분석하였더니 CO_2: 12.5%, O_2: 3.5%, N_2: 84%의 결과를 얻었다. 이 경우 1시간당 연소에 의해 실제 소요된 공기량(Sm^3)은?

풀이 액체연료의 구성성분과 연소가스의 구성성분이 주어짐

1) $A = mA_o$

2) $A_o = \frac{1}{0.21}\times\left(\frac{22.4}{12}C+\frac{11.2}{2}H\right) = \frac{1}{0.21}\times\left(\frac{22.4}{12}\times 0.89+\frac{11.2}{2}\times 0.11\right)$

$= 10.84\frac{Sm^3}{kg_f}$

3) CO가 생성되지 않았으며 질소와 산소량이 주어져 있어 m은 완전연소식과 불완전연소식을 활용할 수 있다.

$$m = \frac{(N_2)}{(N_2)-\frac{0.79}{0.21}\left(O_2-\frac{1}{2}CO\right)} = \frac{84}{84-\frac{0.79}{0.21}(3.5)} = 1.19$$

4) 2)와 3)을 1)식에 넣어주면 $A = 1.19 \times 10.84\frac{Sm^3}{kg_f} = 12.89\frac{Sm^3}{kg_f}$

5) 액체연료를 시간당 187kg/hr로 연소하므로

$$A' = 12.89\frac{Sm^3}{kg_f} \times \frac{187kg_f}{hr} = 2{,}410.4\frac{Sm^3}{hr}$$

30 C: 82%, H: 15%, S: 3%의 조성을 가진 액체연료를 2kg/min으로 연소시켜 배기가스를 분석하였더니 CO_2: 12%, O_2: 5%, N_2: 83%라는 결과를 얻었다. 이 때 필요한 연소용 공기량 (Sm^3/hr)은?

풀이 액체연료의 구성성분과 연소가스의 구성성분이 주어짐

기본식 : $A = mA_o$

1) $A_o = \frac{1}{0.21} \times \left(\frac{22.4}{12}C + \frac{11.2}{2}H + \frac{22.4}{32}S\right)$

$= \frac{1}{0.21} \times \left(\frac{22.4}{12} \times 0.82 + \frac{11.2}{2} \times 0.15 + \frac{22.4}{32} \times 0.03\right) = 11.39\frac{Sm^3}{kg_f}$

2) CO가 생성되지 않았으며 질소와 산소량이 주어져 있어 질소함량의 포함된 불완전연소식을 사용하며 CO는 생성되지 않음으로 CO=0이 된다.

$$m = \frac{(N_2)}{(N_2) - \frac{0.79}{0.21}\left(O_2 - \frac{1}{2}CO\right)} = \frac{83}{83 - \frac{0.79}{0.21}(5)} = 1.29$$

3) 1)과 2)를 기본식에 넣어주면 $A = 1.29 \times 11.39\frac{Sm^3}{kg_f} = 14.69\frac{Sm^3}{kg_f}$

5) 액체연료를 시간당 2kg/min로 연소하며 구하려는 단위 Sm^3/hr이므로

$$A' = 14.69\frac{Sm^3}{kg_f} \times \frac{2kg_f}{min} \times \frac{60min}{hr} = 1{,}762.8\frac{Sm^3}{hr}$$

31 탄소, 수소의 중량 조성이 각각 86%, 14%인 액체연료를 매시 30kg 연소한 경우 배기가스의 분석치가 CO_2: 12.5%, O_2: 3.5%, N_2: 84%이라면 매시간 필요한 공기량(Sm^3)은?

풀이 액체연료의 구성성분과 연소가스의 구성성분이 주어짐

기본식 : $A = mA_o$

1) $A_o = \frac{1}{0.21} \times \left(\frac{22.4}{12}C + \frac{11.2}{2}H\right)$

$= \frac{1}{0.21} \times \left(\frac{22.4}{12} \times 0.86 + \frac{11.2}{2} \times 0.14\right) = 11.38\frac{Sm^3}{kg_f}$

2) 질소와 산소량이 주어져 있어 CO=0이므로 공기비식은

$$m = \frac{(N_2)}{(N_2) - \frac{0.79}{0.21}\left(O_2 - \frac{1}{2}CO\right)} = \frac{84}{84 - \frac{0.79}{0.21}(3.5)} = 1.19$$

3) 1)과 2)를 기본식에 넣어주면 $A = 1.19 \times 11.38\frac{Sm^3}{kg_f} = 13.54\frac{Sm^3}{kg_f}$

4) 액체연료를 시간당 100kg/hr로 연소하므로

$$A' = 13.54\frac{Sm^3}{kg_f} \times \frac{30kg_f}{hr} = 406.2\frac{Sm^3}{hr}$$

유형 3: 완전연소 시 연소가스의 분석치 중 O_2만 주어져 있는 경우

$$m = \frac{21}{21-(O_2)}$$

32 연소 배출가스 분석결과 CO_2: 11.9%, O_2: 7.1%일 때 과잉공기계수는 약 얼마인가?

풀이 $m = \frac{21}{21-(O_2)} = \frac{21}{21-(7.1)} = 1.51$

33 배출가스 중 일산화탄소가 전혀 없는 완전연소가 일어나고 이 때 공기비가 1.6이라면 배출가스 중의 산소량은?

풀이 기본식 : $m = \frac{21}{21-(O_2)}$

$1.6 = \frac{21}{21-(O_2)}$

$\therefore (O_2) = 7.875\%$

34 C: 85%, H: 10%, O: 2%, S: 2%, N: 1%로 구성된 중유 1kg을 완전연소 시킨 후 오르자트 분석결과 연소가스 중의 O_2농도는 5.0%였다. 건조연소가스량(Sm^3/kg)은?

풀이 액체연료의 구성성분과 연소가스 중 산소농도가 주어져 있음

기본식 : $G_d = \frac{22.4}{12}C + \frac{22.4}{32}S + \frac{11.2}{14}N + (m-0.21)A_o$

1) $A_o = \frac{1}{0.21} \times \left(\frac{22.4}{12}C + \frac{11.2}{2}H + \frac{22.4}{32}S - \frac{11.2}{16}O\right)$

$= \frac{1}{0.21} \times \left(\frac{22.4}{12} \times 0.85 + \frac{11.2}{2} \times 0.1 + \frac{22.4}{32} \times 0.02 - \frac{11.2}{16} \times 0.02\right)$

$= 10.22\frac{Sm^3}{kg_f}$

2) 완전연소이면서 연소가스 중 산소가 존재하므로 m은 다음 식을 사용한다.

$m = \frac{21}{21-(O_2)} = \frac{21}{21-5} = 1.31$

$$\therefore \ G_d = \frac{22.4}{12}\times 0.85+\frac{22.4}{32}\times 0.02+\frac{11.2}{14}\times 0.01+(1.31-0.21)\times 10.22$$

$$= 12.85\frac{\mathrm{Sm}^3}{\mathrm{kg_f}}$$

유형 6: CO_2농도가 주어진 경우

$$m = \frac{(\mathrm{CO_2})_{\max}}{(\mathrm{CO_2})}$$

35 프로판(C_3H_8)을 완전연소 하였을 때, 건연소가스 중의 CO_2가 8%(V/V%)이었다. 공기 과잉계수 m은 얼마인가?

풀이 기본식 : $m = \dfrac{(\mathrm{CO_2})_{\max}}{(\mathrm{CO_2})}$

1) $(\mathrm{CO_2})_{\max} = \dfrac{\mathrm{CO_2}}{G_{od}} = \dfrac{3}{21.8} = 0.138$

$$\mathrm{CO_2} = m\mathrm{C}_m\mathrm{H}_n = 3\frac{\mathrm{Sm}^3}{\mathrm{Sm_f^3}}$$

$$G_{od} = m\mathrm{C}_m\mathrm{H}_n + 0.79A_o = m\mathrm{C}_m\mathrm{H}_n + 0.79\left[\frac{1}{0.21}\left(m+\frac{n}{4}\right)\mathrm{C}_m\mathrm{H}_n\right]$$

$$= 3\times 1 + 0.79\times\left(\frac{1}{0.21}\times 5\right) = 21.8\frac{\mathrm{Sm}^3}{\mathrm{Sm_f^3}}$$

2) $(\mathrm{CO_2}) = \dfrac{8\mathrm{Sm}^3}{100\mathrm{Sm_f^3}} = 0.08$

$$\therefore \ m = \frac{(\mathrm{CO_2})_{\max}}{(\mathrm{CO_2})} = \frac{0.138}{0.08} = 1.725$$

1) 일반형

36 다음 각종 연료의 이론공기량의 개략치 값($\mathrm{Sm^3/kg}$)으로 가장 거리가 먼 것은?

가. 코크스 : 0.8~1.2　　나. 고로가스 : 0.7~0.9
다. 발생로가스 : 0.9~1.2　　라. 가솔린 : 11.3~11.5

풀이 가

37 공기비가 클 경우 일어나는 현상에 관한 설명으로 옳지 않은 것은?
가. SO_2, NO_2의 함량이 증가하여 부식 촉진
나. 가스폭발의 위험과 매연 증가
다. 배기가스에 의한 열손실 증대
라. 연소실내 연소온도 감소

풀이 나

38 다음 중 연료의 연소과정에서 공기비가 낮을 경우 예상되는 문제점으로 가장 적합한 것은?
가. 배출가스에 의한 열손실이 증가한다.
나. 배출가스 중 CO와 매연이 증가한다.
다. 배출가스 중 SO_x와 NO_x의 발생량이 증가한다.
라. 배출가스의 온도저하로 저온부식이 가속화된다.

풀이 나

39 다음 중 공기비($m>1$)에 관한 식으로 틀린 것은?
가. $m=A/A_o$
나. $m=21/(21-O_2)$
다. $m=1+(\text{과잉공기량}/A_o)$
라. $m=N_2/(N_2-4.76O_2)$

풀이 라
$m=N_2/(N_2-3.76O_2)$

40 다음 중 공기비($m>1$)에 관한 식으로 틀린 것은? (단, 실제공기량: A, 이론공기량: A_o, 배출가스 중 질소량: N_2(%), 배출가스 중 산소량: O_2(%))
가. $m=A/A_o$
나. $m=21/(21-O_2)$
다. $m=1+(\text{과잉공기량}/A_o)$
라. $m=N_2/(N_2-4.76O_2)$

풀이 라

41 연료 등의 연소 시에 과잉공기의 비율을 높임으로써 생기는 현상으로 가장 거리가 먼 것은?
가. CH_4, CO 및 C 등 연료 중의 가연성물질의 농도가 감소되는 경향을 보인다.
나. 에너지손실이 커진다.
다. 희석효과가 높아진다.
라. 화염의 크기는 커지고 불완전연소물질의 농도가 증가한다.

풀이 라

42 과잉공기가 지나칠 때 나타나는 현상으로 거리가 <u>먼</u> 것은?
가. 배기가스에 의한 열손실의 증가
나. 연소실내 온도가 저하
다. 배기가스의 온도가 높아지고 매연이 증가
라. 배기가스 중 NO_x량 증가

풀이 다

43 다음 중 공기비(m)가 연소에 미치는 영향에 대한 설명으로 가장 거리가 <u>먼</u> 것은?
가. 공기비가 너무 적을 경우 불완전연소로 연소효율이 저하된다.
나. 공기비가 너무 큰 경우 배기가스 중 NO_x양이 감소한다.
다. 공기비가 너무 적을 경우 불완전연소로 매연이 발생한다.
라. 공기비가 너무 큰 경우 배기가스에 의한 열손실이 증가한다.

풀이 나

5.4 공연비와 등가비 관련 과년도 기출문제

44 기체연료 혼합물의 조성이 Ethylene 20%, Ethane 40%, Propane 40%이다. 이 기체연료 3kmol의 질량(kg)?

풀이 이 문제는 연소공학 문제라기 보다는 혼합물의 분자량을 구하고 아보가드로의 법칙을 알고 있는가를 묻는 문제이다. 또한 혼합물 Ethylene, Ethane, Propane의 분자식을 알고 있어야 한다.

먼저 혼합물의 분자량은

$$혼합기체의\ 분자량 = \sum(V_i M_{wi})$$

여기에서 V_i는 각 성분의 조성비이며 M_{wi}는 각 성분의 분자량이다. 위 조성성분의 분자량은 각각 $C_2H_4 = 28$, $C_2H_6 = 30$, $C_3H_8 = 44$이므로

$$혼합기체의\ 분자량 = (0.2 \times 28 + 0.4 \times 30 + 0.4 \times 44) = 35.2 \frac{kg}{kmol}$$

1) 기체연료 3kmol의 질량은?

$$35.2 \frac{kg}{kmol} \times 3kmol = 105.6kg$$

만약 위 문제에서 3kmol에 해당하는 부피(Sm^3)를 구하라면?

$$3kmol \times \frac{22.4Sm^3}{kmol} = 67.2Sm^3$$

1. 공연비

45 Nonane을 이론적으로 완전연소 시킬 때 무게기준으로 한 공연비(AFR)는?

풀이

$$AFR_{중량} = \frac{이론산소량의\ 몰수(kmol) \times \frac{32kg}{kmol} \times \frac{1}{0.232}}{연료의\ 몰수 \times 연료분자량(kg_f)}$$

C_9H_{20}

1) 공기의 mol수는 이론공기량(중량)을 의미하므로

$$O_o = \left(m + \frac{n}{4}\right)C_mH_n = 14$$

2) 연료의 분자량 $C_9H_{20} = 12 \times 9 + 20 = 128kg_f/kmol$

$$AFR_{중량} = \frac{14kmol \times \frac{32kg}{kmol} \times \frac{1}{0.232}}{1 \times 128(kg_f)} = 15.1$$

46 Octane을 완전연소 시킬 때 Air Fuel Ratio는? (단, 무게 기준)

풀이

$$AFR_{중량} = \frac{이론산소량의\ 몰수(kmol) \times \frac{32kg}{kmol} \times \frac{1}{0.232}}{연료의\ 몰수 \times 연료분자량(kg_f)}$$

C_8H_{18}

1) 공기의 mol수는 이론공기량(중량)을 의미하므로

$$O_o = \left(m + \frac{n}{4}\right)C_mH_n = 12.5$$

2) 연료의 분자량 $C_8H_{18} = 12 \times 8 + 18 = 114kg_f/kmol$

$$AFR_{중량} = \frac{12.5 \times \frac{32kg}{kmol} \times \frac{1}{0.232}}{1 \times 114kg_f} = 15.12$$

47 아세틸렌이 완전연소 할 때의 이론공연비(Air Fuel Ratio, 부피비)는?

풀이

$$AFR_{체적} = \frac{O_o의\ 몰수 \times \frac{1}{0.21}}{연료의\ 몰수}$$

C_2H_2

1) 공기의 mol수는 이론공기량(체적)을 의미하므로

$$O_o = \left(m + \frac{n}{4}\right)C_mH_n = 2.5$$

$$\therefore \ AFR_{체적} = \frac{2.5 \times \frac{1}{0.21}}{1} = 11.9$$

48 메탄을 연소할 때 부피를 기준으로 한 부피공연비(AFR)는 얼마인가?

풀이 $AFR_{체적} = \frac{O_o 의\ 몰수 \times \frac{1}{0.21}}{연료의\ 몰수}$

CH_4

1) 공기의 mol수는 이론공기량(체적)을 의미하므로

$$O_o = \left(m + \frac{n}{4}\right) C_m H_n = 2$$

$$\therefore \ AFR_{체적} = \frac{2 \times \frac{1}{0.21}}{1} = 9.5$$

49 Methane 1mole이 공기비 1.2로 연소하고 있을 때 부피 기준의 공연비(Air Fuel Ratio)는?

풀이 부피 기준이고 $m = 1.2$이므로 기본식 실제공기량으로 수정하면 된다.

$$AFR_{체적} = \frac{O_o 의\ 몰수 \times \frac{1}{0.21}}{연료의\ 몰수} = \frac{이론공기량의\ 몰수}{연료의\ 몰수}$$

$$\approx \frac{실제공기량의\ 몰수}{연료의\ 몰수} = \frac{mA_o}{연료의\ 몰수} = \frac{m \times \left(O_o 의\ 몰수 \times \frac{1}{0.21}\right)}{연료의\ 몰수}$$

CH_4

1) 공기의 mol수는 이론공기량(중량)을 의미하므로

$$O_o = \left(m + \frac{n}{4}\right) C_m H_n = 2$$

2) 연료의 분자량 $CH_4 = 12 \times 1 + 4 = 16 kg_f/kmol$

$$\therefore \ AFR_{체적} = \frac{1.2 \times \left(2 \times \frac{1}{0.21}\right)}{1} = 11.4$$

50 Methane 1mole이 공기비 1.33으로 연소하고 있을 때 부피 기준의 공연비(Air Fuel Ratio)는?

가. 9.5　　나. 11.4　　다. 12.7　　라. 17.1

풀이 다

$$\therefore\ AFR_{체적} = \frac{1.33\times\left(2\times\frac{1}{0.21}\right)}{1} = 12.7$$

51 연료 연소 시 공연비(Air/Fuel Ratio)가 이론량 보다 작을 때 나타나는 현상으로 가장 적합한 것은?

가. 배출가스 중 일산화탄소의 양이 많아진다.
나. 완전연소로 연소실내의 열손실이 작아진다.
다. 연소실벽에 미연탄화물 부착이 줄어든다.
라. 연소효율이 증가하여 배출가스의 온도가 불규칙하게 증가 및 감소를 반복한다.

풀이 가

52 다음 그림은 연소 시 공기-연료비에 따르는 HC, CO, CO_2, O_2의 발생량을 나타낸 것이다. ④의 항목에 해당되는 것은? (단, 실선은 이론, 점선은 실제의 관계를 나타냄)

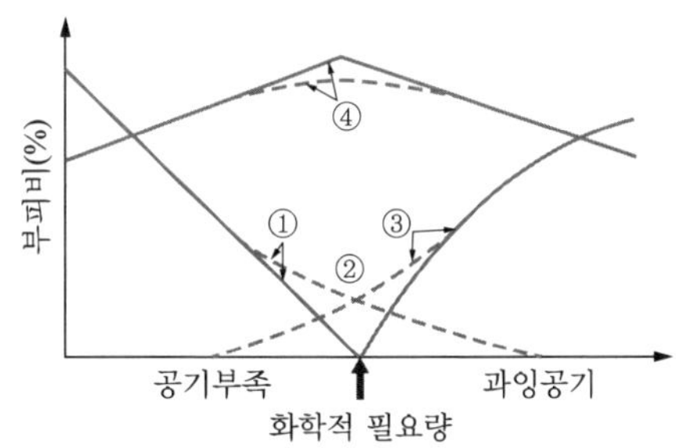

가. O_2　　나. HC　　다. CO_2　　라. CO

풀이 다

2. 등가비

53 등가비(ϕ)에 관한 설명으로 옳지 않은 것은?

가. $\phi = \frac{실제의\ 연료량/산화제}{완전연소를\ 위한\ 이상적\ 연료량/산화제}$ 이다.
나. $\phi>1$ 경우는 불완전연소가 된다.
다. $\phi<1$ 경우는 공기가 부족한 경우이다.
라. $\phi>1$ 경우는 연료가 과잉인 경우이다.

풀이 다

54 등가비(equivalence ratio, ϕ)와 공기비(λ)와의 관계로 옳은 것은?

가. $\phi=2\lambda$　　나. $\phi=(1-\lambda)$　　다. $\phi\lambda=1$　　라. $\phi=\frac{\lambda}{2}\lambda$

풀이 다

55 등가비(equivalence ratio, ϕ)에 관한 설명으로 옳지 않은 것은?

가. 등가비 $\phi = \frac{\text{실제의 연료량/산화제}}{\text{완전연소를 위한 이상적 연료량/산화제}}$ 이다.

나. $\phi<1$ 경우 완전연소가 기대되며 CO는 최소가 된다.

다. $\phi=1$ 경우 완전연소로서 연료와 산화제의 혼합이 이상적이다.

라. $\phi>1$ 경우 불완전연소가 발생하며 질소산화물(NO)이 최대가 된다.

풀이 라

56 등가비(equivalence ratio, ϕ)와 연소상태와의 관계를 설명한 것 중 옳지 않은 것은?

가. $\phi=1$ 경우는 완전연소로 연료와 산화제의 혼합이 이상적이다.

나. $\phi>1$ 경우는 연료가 과잉, 질소산화물(NO)은 최대 발생

다. $\phi<1$ 경우는 공기가 과잉, CO는 최소

라. $\phi>1$ 경우는 불완전연소가 발생, 연료가 과잉

풀이 나

Combustion
Engineering

CHAPTER 6

연소와 열

6.1 연소와 발열량

1. 발열량의 단위

연소는 가연성물질이 산소와 결합하여 다량의 열을 지속적으로 방출하는 현상(발열화학반응)으로 반응에 의해 발생된 열에너지를 사용한다. 이러한 열에너지를 발열량이라고 한다. 발열량은 연료가 보유하고 있는 잠재에너지(화학에너지)를 이용 가능한 열에너지로 평가한 값이다. 일반적으로 연소과정에서 발생하는 발열량의 식의 다음과 같다.

고체·액체연료 : 가연성성분(C, H, S) + 산소(O_2) = 연소가스 + 열에너지

기체연료 : 가연성성분(H_2, CO, H_2S, C_mH_n) + 산소(O_2) = 연소가스 + 열에너지

고체·액체연료의 경우 연료 구성성분 중 가연성성분인 C, H, S만이 산소와 결합하여 연소가스와 열에너지를 생성하며 기체연료의 경우 연료 구성성분 중 H_2, CO, H_2S, C_mH_n이 산소와 결합하여 열에너지를 생성한다. 열에너지 값 즉 발열량 단위는 고체·액체연료는 kg_f당 발생하는 kcal이며 기체연료는 Sm_f^3당 발생하는 kcal이다.

고체·액체연료와 기체연료의 발열량 단위

1. 고체·액체연료 : $\frac{kcal}{kg_f}$
2. 기체연료 : $\frac{kcal}{Sm_f^3}$

연료별 가연성물질의 발열량은 표 6.1과 같으며 일부 발열량은 약간의 차이가 있다.

표 6.1 연료별 가연성물질의 저위발열량과 고위발열량

가연분	화학식	발열량			
		$kcal/kg_f$		$kcal/Sm_f^3$	
		H_h	H_l	H_h	H_l
탄소	C	8,100	8,100	-	-
수소	H	34,000	28,600	3,050	2,570
황	S	2,500	2,500	-	-
일산화탄소	CO	2,430	2,430	3,035	3,035
메탄	CH_4	13,320	11,970	9,530	8,570
에탄	C_2H_6	12,410	11,330	16,820	15,380
프로판	C_3H_8	12,040	11,070	24,370	22,350
부탄	C_4H_{10}	11,840	10,920	31,010	29,610

가연분	화학식	발열량			
		$kcal/kg_f$		$kcal/Sm_f^3$	
		H_h	H_l	H_h	H_l
아세틸렌	C_2H_2	12,030	11,620	14,080	13,600
에틸렌	C_2H_4	12,130	11,360	15,280	14,320
프로필렌	C_3H_6	11,770	11,000	22,540	21,070
부틸렌	C_4H_8	11,630	10,860	29,110	27,190
벤젠	C_6H_6	10,030	9,620	34,960	33,520

2. 발열량의 측정

연료의 발열량을 측정하는 방법은 다음과 같다.

1) 열량계를 이용한 방법

고체·액체연료는 봄베열량계를 사용하며 기체연료는 융겔스열량계를 사용한다.

(1) 봄베열량계(bomb calorimeter)

고체·액체 시료 1g을 밀폐된 용기인 봄베 내에서 20기압의 산소 하에서 점화원에 점화하여 시료를 완전연소 시켜 봄베 주변의 물의 온도 상승률을 측정하여 발열량을 측정한다. 이때 측정되는 발열량은 총발열량으로 고위발열량을 의미한다.

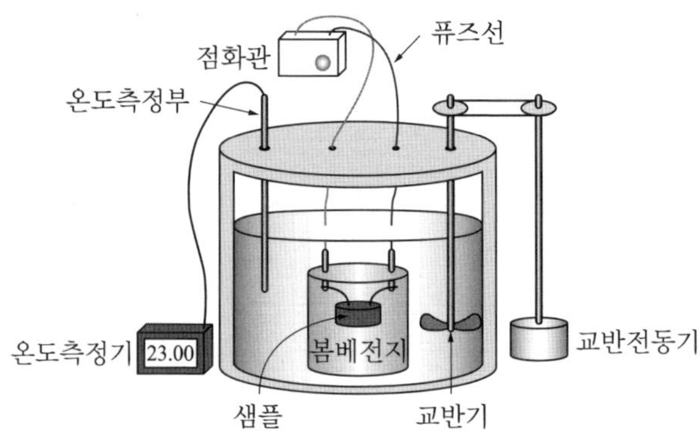

그림 6.1 봄베열량계

출처) https://www.learner.org/courses/chemistry/text/text.html?dis = U&num = Ym5WdElUQS9PQ289&sec = YzJWakl UQS9OeW89

(2) 융겔스열량계(기체연료)

기체시료 10L를 점화원에 의해 완전연소 시켜 시료가스량, 유수량, 유수상승온도에 의한 열량을 측정한다.

2) 원소분석에 의한 방법

고체·액체연료와 기체연료의 원소를 분석하여 가연성물질별 발열량을 이용하여 연료의 발열량을 계산하는 방법이다. 연소공학에서 많이 사용된다.

고체·액체연료의 발열량 : 고체·액체연료의 조성성분 중 C, H, S가 연소하여 발열산화반응을 하게 된다.

연료 중의 C는 완전연소 하여 CO_2, 또는 불완전연소 하여 CO로 발생될 수 있으며, 이때 발열량이 달라짐으로 이에 주의해야 한다. 1kg의 C가 완전연소 하면 8,100kcal의 발열량을 가지나 불완전연소 하면 2,500kcal의 발열량을 가진다. 즉 C가 완전연소 하며 불완전연소에 비해 약 3.2배의 발열량이 높아짐을 알 수 있다. 따라서 발열량을 높이기 위해선 C를 완전연소 시키는 것이 필요하다. 또한 연소 중 S는 연소반응 후 약 2,250kcal를 발열한다.

$$C + O_2 = CO_2 + 8,100\frac{kcal}{kg_f}$$

$$C + \frac{1}{2}O_2 = CO + 2,500\frac{kcal}{kg_f}$$

$$S + O_2 = SO_2 + 2,250\frac{kcal}{kg_f}$$

연소 중의 H_2는 연소반응 후 H_2O를 생성하며 수분은 물(액체)과 수증기(기체) 상태로 존재할 수 있다. 연소반응 후 생성된 H_2O가 물(액체) 상태로 존재하는 경우 발열량은 약 34,250kcal이며, 수증기(기체) 상태로 존재하는 경우 발열량은 29,000kcal로 약 5,250kcal의 발열량의 차이를 보이며 이 차이는 물의 응축잠열 또는 증발잠열에 기인한다. 또한 응축잠열의 포함여부에 따라 발열량을 고위발열량과 저위발열량으로 구분한다.

$$H_2 + \frac{1}{2}O_2 = H_2O_{(L)} + 34,250\frac{kcal}{kg_f}$$ (수분은 액체상태, 물) : 고위발열량

$$H_2 + \frac{1}{2}O_2 = H_2O_{(G)} + 29,000\frac{kcal}{kg_f}$$ (수분은 기체상태, 수증기) : 저위발열량

원소분석을 통한 기체연료의 발열량은 다음과 같다. 기체연료의 가연성성분은 CO,

H_2, C_mH_n으로 이들 성분이 산소와 반응하여 발열을 하게 된다. CO와 H_2의 발열량의 경우 CO는 $\frac{1}{2}$몰의 산소와 반응하여 CO 1Sm^{3}당 3,015kcal의 발열량을 가지고 H_2는 H_2O를 생성하며 수분이 액체상태로 존재 시(응축잠열 포함) H_2 1Sm^{3}당 3,072kcal를 발열하게 된다.

$$CO + \frac{1}{2}O_2 = CO_2 + 3{,}015\frac{\text{kcal}}{\text{Sm}_f^3}$$

$$H_2 + \frac{1}{2}O_2 = H_2O_{(L)} + 3{,}072\frac{\text{kcal}}{\text{Sm}_f^3}$$

탄수소류인 C_mH_n 중 일부 탄화수소류의 발열량은 다음과 같다. 발열량에서 볼 수 있듯이 탄소수소류의 C수가 증가할수록 발열량이 커지는 것을 볼 수 있다. 즉 탄소수가 하나인 메탄에 비해 탄소수가 3개인 프로판의 발열량이 약 2.5배 증가하는 것을 볼 수 있다.

$$\begin{array}{llllll}
CH_4 & + \quad 2O_2 & = CO_2 & + 2H_2O_{(L)} & + 9{,}493\dfrac{\text{kcal}}{\text{Sm}_f^3} \\
C_2H_6 & + \quad 3.5O_2 & = 2CO_2 & + 3H_2O_{(L)} & + 16{,}644\dfrac{\text{kcal}}{\text{Sm}_f^3} \\
C_3H_8 & + \quad 5O_2 & = 3CO_2 & + 4H_2O_{(L)} & + 23{,}660\dfrac{\text{kcal}}{\text{Sm}_f^3} \\
\vdots & \quad \vdots & \vdots & \vdots & \vdots
\end{array}$$

$$C_mH_n + \left(m + \frac{n}{4}\right)O_2 = mCO_2 + \frac{n}{2}H_2O_{(L)} + \Delta H\frac{\text{kcal}}{\text{Sm}_f^3}$$

3. 유효수소량

고체·액체연료에서 연소가스 중 수분의 발생은 연료 중 H_2의 연소반응과 연료 중 수분이 그대로 연소가스 내에 발생한다.

$$H_2 + \frac{1}{2}O_2 = H_2O$$

$$W = W$$

연소가스 중 생성되는 수분의 생성기전을 그림 6.2에 나타내었다. 수분은 중량으로 $\frac{18}{2}H + W$만큼 생성된다. 이때 주의할 점은 연료 중의 H는 연료 중 O와 결합하여 H_2O

를 생성하며, 또한 공기 중 O_2와 연소하여 H_2O를 생성한다는 점이다. 연료 중의 H가 연료 중의 O와 결합하든 공기 중 O_2와 연소하든 연소가스 중에 H_2O를 생성하며 발열산화 반응을 하게 된다. 연소 시 공급되는 산소는 공기 중의 산소이어야 하므로 연료 중의 산소와 결합하는 수소의 양을 전체 수소량에서 빼 주어야 한다.

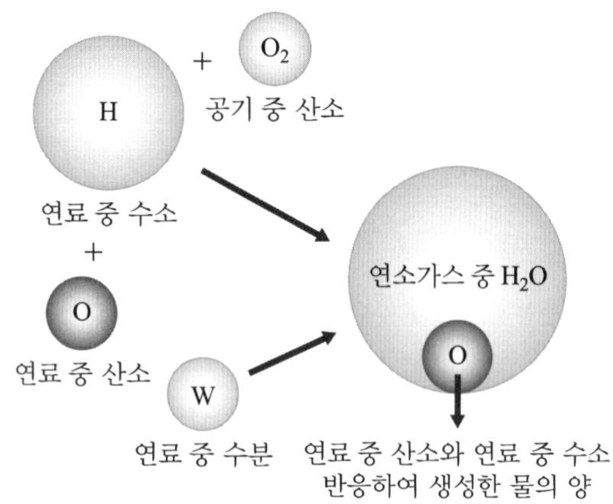

그림 6.2 연소가스 중 수분의 생성과 유효수소

연료 중 산소와 결합하는 수소의 반응식은 수소의 연소반응식과 동일하다.

$$H_2 + \frac{1}{2}O_2 = H_2O$$

2kg : 16kg

$$H : O = 1 : 8 \rightarrow 8H = O \rightarrow H = \frac{1}{8}O$$

즉 연료 중의 산소와 결합하는 수소의 양은 $\frac{1}{8}O$이므로 연료 내 전체 수소량에서 $\frac{1}{8}O$ 만큼을 빼주어야 한다. 이는 연료 중 연소하는 순수한 수소량으로 유효수소량이라고 정의한다.

$$\text{유효수소량} = H - \frac{1}{8}O$$

6.2 발열량의 종류

고위발열량은 기호로 H_h, 또는 HHV(High Heating Value)로 쓰며 연소반응에 의해 생성된 모든 수분이 응축되어 액체상태(물)로 존재하는 경우의 발열량이 된다. 따라서 고위발열량은 수증기의 응축잠열이 포함되어 습윤발열량이라고도 부른다. 반면에 저위발열량은 기호로 H_l, 또는 LHV(Low Heating Value)로 쓰며 연소반응에 의해 생성된 모든 수분이 기체상태(수증기)로 존재하여 수분의 응축잠열이 없는 경우의 발열량이 된다.

연소가스 중 수분의 상태

1. 물(액체) : 고위발열량(응축잠열 포함)
2. 수증기(기체) : 저위발열량

1. 고위발열량

원소분석에 의한 발열량 분석 결과를 기초로 고체·액체연료와 기체연료의 고위발열량을 식으로 나타내면 다음과 같다.

1) 고체·액체연료의 고위발열량

$$H_h = 8,100\mathrm{C} + 34,250\mathrm{H} + 2,250\mathrm{S} - 34,250\left(\frac{1}{8}\mathrm{O}\right)$$

$$= 8,100\mathrm{C} + 34,250\left(\mathrm{H} - \frac{1}{8}\mathrm{O}\right) + 2,250\mathrm{S}$$

여기서, $\left(\mathrm{H} - \frac{1}{8}\mathrm{O}\right)$는 유효수소량이다. 또한 이 식을 뒬롱식이라고도 부른다.

2) 기체연료의 고위발열량

$$H_h = 3,015\mathrm{CO} + 3,072\mathrm{H_2} + 9,490\mathrm{CH_4} + \cdots + \sum(\varDelta H_i \times \mathrm{C}_m\mathrm{H}_n)$$

여기서, CO, H_2, C_mH_n은 조성분율이 되면 $\varDelta H_i$는 각 C_mH_n의 발열량이다.

고체 · 액체연료와 기체연료의 고위발열량

1. 고체 · 액체연료 : $H_h = 8{,}100\mathrm{C} + 34{,}250\left(\mathrm{H} - \frac{1}{8}\mathrm{O}\right) + 2{,}250\mathrm{S}\ \left[\frac{\mathrm{kcal}}{\mathrm{kg_f}}\right]$ - 뒬롱식
2. 기체연료 : $H_h = 3{,}015\mathrm{CO} + 3{,}072\mathrm{H_2} + 9{,}490\mathrm{CH_4} + \cdots + \sum(\Delta H_i \times \mathrm{C}_m\mathrm{H}_n)\ \left[\frac{\mathrm{kcal}}{\mathrm{Sm_f^3}}\right]$

2. 저위발열량

고위발열량과 저위발열량의 관계는 응축잠열의 존재여부(1장 참고)이다. 따라서 고위발열량과 저위발열량은 다음과 같은 관계를 가진다.

고체 · 액체연료에서 수분의 발생량은 연료 중 수소가 연소반응 하여 9H, 연료 중 수분이 그대로 발생하여 총 물의 양은 $9\mathrm{H} + W$가 된다.

고체 · 액체연료 고위발열량 = 저위발열량 + 응축잠열 × (연소가스 중 총수분중량)

$$H_h = H_l + 600(9\mathrm{H} + W)$$

기체연료의 수분의 양은 연료 중 H_2가 연소반응 하여 물을 만들며 연료 중 C_mH_n이 반응하여 $\frac{n}{2}C_mH_n$만큼의 물을 생성하므로 총 물의 발생량은 $H_2 + \sum(\frac{n}{2}C_mH_n)$이 되며 혹 H_2S 각 기체연료 중에 존재하면 $H_2 + H_2S + \sum(\frac{n}{2}C_mH_n)$가 된다. 즉 발열량식은 연료를 구성하는 가연성 성분에 따라 달라지게 된다. 기체연료 발열량의 일반식은 다음과 같다.

기체연료 고위발열량 = 저위발열량 + 응축잠열 × (연소가스 중 총수분체적)

$$H_h = H_l + 480\left[\mathrm{H_2} + \sum\left(\frac{n}{2}\mathrm{C}_m\mathrm{H}_n\right)\right]$$

고위발열량과 저위발열량의 관계

1. 고체 · 액체연료 : $H_h = H_l + 600(9\mathrm{H} + W)\ \left[\frac{\mathrm{kcal}}{\mathrm{kg_f}}\right]$
2. 기체연료 : $H_h = H_l + 480\left[\mathrm{H_2} + \sum\left(\frac{n}{2}\mathrm{C}_m\mathrm{H}_n\right)\right]\ \left[\frac{\mathrm{kcal}}{\mathrm{Sm_f^3}}\right]$

3. 저위발열량(H_l)과 이론공기량(A_o) 및 이론연소가스량(G_o)의 관계

연료 중 가연성물질이 이론산소와 연소반응을 하면 연소가스가 발생하고 연소로 내의 온도가 높아지게 된다. 연소온도에 의해 모든 수분은 수증기 즉 기체상태로 존재한다. 따라서 이때의 발열량은 응축잠열을 포함하지 않음으로 저위발열량이 된다.

발열량과 이론공기량 및 이론연소가스량을 서로 연관성이 있다는 것을 알 수 있다. 즉 이론공기량을 증가한다는 것은 많은 연료를 연소한다는 의미로 이론공기량의 증가는 저위발열량을 높이게 된다. 또한 이론공기량의 증가는 연소가스량을 증가시킴으로 연소가스량과 저위발열량의 관계식도 제안하였다. 이때 연소가스량은 이론공기량을 사용하므로 이론연소가스량이 되어야 한다. 이론연소가스량(G_o)는 G_{od}와 G_{ow}가 있으나 수분이 수증기상태로 존재하므로 G_{od}를 쓰는 것이 바람직 할 것이다. 이러한 관계를 통해 Rosin은 고체연료, 액체연료, 기체연료별로 다음과 같은 관계식을 표 6.2에 나타내었다.

표 6.2 저위발열량과 이론연소가스량 및 이론공기량간의 관계식(Rosin식)

연료		이론연소가스량(G_o)	이론공기량(A_o)
고체연료 (H_l : kcal/kgf)		$G_o = \frac{0.89H_l}{1000} + 1.65 \left[\frac{Sm^3}{kg_f}\right]$	$A_o = \frac{1.01H_l}{1000} + 0.5 \left[\frac{Sm^3}{kg_f}\right]$
액체연료 (H_l : kcal/kgf)		$G_o = \frac{1.11H_l}{1000} \left[\frac{Sm^3}{kg_f}\right]$	$A_o = \frac{0.85H_l}{1000} + 2.0 \left[\frac{Sm^3}{kg_f}\right]$
기체연료	저열량연료(H_l) (500~3,000 kcal/Sm_f^3)	$G_o = \frac{0.725H_l}{1000} + 1.00 \left[\frac{Sm^3}{Sm_f^3}\right]$	$A_o = \frac{0.875H_l}{1000} \left[\frac{Sm^3}{Sm_f^3}\right]$
	고열량연료(H_h) (4,000~7,000 kcal/Sm_f^3)	$G_o = \frac{1.14H_l}{1000} + 0.25 \left[\frac{Sm^3}{Sm_f^3}\right]$	$A_o = \frac{1.09H_l}{1000} - 0.25 \left[\frac{Sm^3}{Sm_f^3}\right]$

6.3 열정산과 연소온도

본 장에서는 열정산 위한 입출열의 형태, 열효율 및 연소효율, 연소온도 및 연소실 열부하에 대해 알아본다.

1. 열정산

열정산은 열감정이라고도 하며 연소로에 유입된 열과 나간 열의 관계를 열역학 제1법칙에 의해 그 관계를 정의한다. 열역학 제1법칙은 에너지보존의 법칙이라고도 하며 공급된 열은 내부에너지와 일로 변환된다는 법칙이다. 또한 유체역학에서 나오는 위치에너지와 운동에너지 그리고 압력에 의한 잠재에너지 합은 일정하다는 에너지보존법칙도 나오는데 이는 역학적 에너지보존의 법칙이라 한다.

즉 열역학 제1법칙은 $Q = E + W$로 표현할 수 있으며 Q는 연소로 등 계에 공급한(흡수한) 에너지이며 E는 내부에너지의 변화, W는 계가 한 일로 표현된다. 이를 이용하여 연소로(계)를 중심으로 유입열과 유출열의 관계를 그림 6.3에 나타내었다.

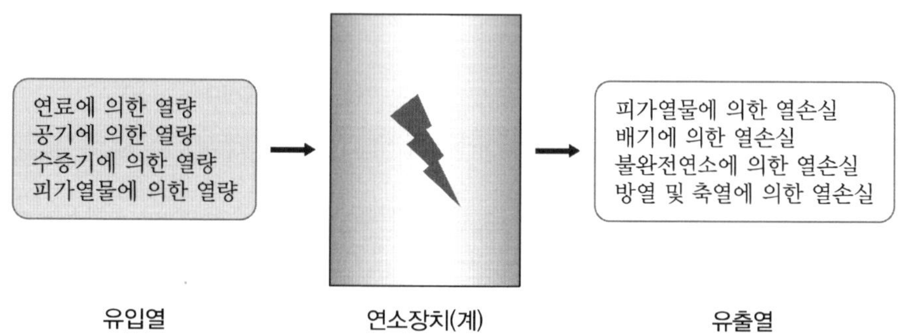

그림 6.3 연소장치를 중심으로 한 유입열과 유출열의 관계

① 유입열은 연료에 의한 열량으로 연료 중 가연성물질이 연소하여 발생되는 열과 연료 자체가 보유한 현열의 합이다. 공기에 의한 열량은 기준온도와 공급되는 온도의 차에 의한 공기의 현열이다. 수증기에 의한 열량은 응축잠열이 되며 피가열물(heating object)에 의한 열량은 피가열물의 보유열량과 피가열물의 화학반응에 의해 발생되는 열량을 말한다.

② 유출열은 피가열물에 의한 열손실 중 피가열물이 가지고 나가는 보유율을 들 수 있으며 연소가스에 의한 유출열은 고온의 연소가스가 배기과정에서 유출되는 열과 연소과정에서 C는 불완전연소의 한 열손실로 완전연소에 비해 3배 이상의 열손실을 초래하게 된다. 또한 연소재 등 회분에 의해 반출되는 열량의 합으로 이루어진다. 또한 방열과 축열현상에 의해 열이 유출될 수 있다.

2. 연소효율(Efficiency of combustion)

연소효율은 연소로에서 연료의 연소정도를 나타내는 지표로 연소효율은 연소에 의해 실제 발생한 열량과 연료의 저위발열량의 비를 의미하며 보통 기체연료와 액체연료 및 미분탄연소는 연소효율이 100%에 가까우며 석탄 연소 시 미연소분에 의한 열손실이 발생하며 연소효율은 90% 이상을 유지하는 것이 좋다.

다음 두 가지 식으로 연소효율을 계산할 수 있다.

1) 가연성물질과 가연성물질 중 미연소된 물질의 비를 이용하는 경우

$$\eta(\%) = \frac{\text{실제 연소된 가연성물질의 양}}{\text{연료의 가연성물질의 총량}} \times 100$$

2) 가연성연료의 저위발열량에 대한 실제 연소된 가연성연료의 저위발열량의 비를 사용하는 경우

$$\eta(\%) = \frac{\text{저위발열량}(H_l) - (\text{열손실량})}{\text{저위발열량}(H_l)} \times 100$$

여기에서 열손실량은 유출열 중 가연성물질과 관련된 것으로 연소재에 의한 열손실, 불완전연소에 의한 열손실량을 포함한다.

3. 연소가스온도

연소온도는 연소실이 단열에 의한 열손실 없이 연료 중 가연성물질이 산소와 완전연소할 경우 발생되는 연소실의 가스온도로 이론연소온도, 또는 단열연소온도라고도 한다. 연소과정과 연소온도를 그림 6.4에 나타내었다.

연소온도는 연소과정에서 발생되는 열과 관련이 있으며 이는 다음 식으로 표현할 수 있다.

연소온도는 열량의 일반식인 $Q = mC\Delta t$로부터 변형될 수 있다. m은 질량, C는 비열, Δt는 온도의 차이이다.

$$Q = m \times C \times \Delta t$$

$$\downarrow \quad \downarrow \quad \downarrow \quad \quad \downarrow$$

$$H = G \times C_p \times (t_g - t_a)$$

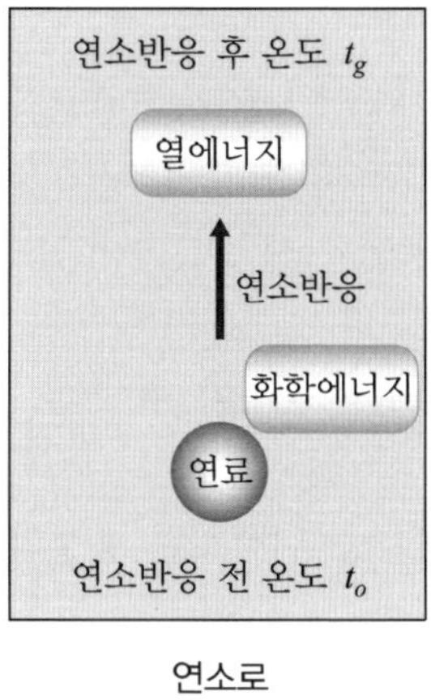

그림 6.4 연소반응과 연소온도

질량(m) 대신 연소가스량인 G를 쓰고 비열(C) 중 정압비열(C_p)로 Δt는 연소가스온도(t_g)와 연소실의 초기온도(t_o)의 차로 대치하면 연소온도(t_g)와 발열량(H)의 관계식이 나온다. 여기서 발열량은 수분이 모두 수증기상태 즉 기체상태이므로 저위발열량을 사용해야 한다.

$$H_l = G \times C_p \times (t_g - t_o)$$

이 식을 연소가스온도(t_g)로 재정리 하면

$$t_g = \frac{H_l}{G \times C_p} + t_o$$

이 기본식을 통하여 공기의 현열, 연료의 현열, 방열 등을 고려하여 다음과 같은 식으로 쓸 수 있다.

$$t_g = \frac{\text{저위발열량}(H_l) + \text{공기의 현열}(Q_{air}) + \text{연료의 현열}(Q_{fuel}) - \text{방열}(Q_r)}{\text{연소가스량}(G) \times \text{가스의 비열}(C_p)} + t_o$$

이를 수식으로 표현하면

$$t_g = \frac{\eta(H_l) + Q_{air} + Q_{fuel} - Q_r}{G_w \times C_{pa}} + t_o$$

여기서, η : 연료효율

H_l : 연료의 저위발열량(kcal/kg$_f$)

Q_{air} : 공기의 현열

$Q = mC\Delta t$를 사용하여 $Q_{air} = AC_{pa}\Delta t$식으로 변형할 수 있다.

$Q_{air} = A \times C_{pa} \times \Delta t$

= 공기량×(0.31)×공기예열온도(공급공기온도 t_a − 기준온도 t_s)

Q_{fuel} : 연료의 현열

$Q = mC\Delta t$를 사용하여 $Q_{fuel} = mC_{pf}\Delta t$식으로 변형할 수 있다.

m은 연료 1kg당 또는 1Sm^{3}의 개념이 되므로 m값은 1이 되어

$Q_{fuel} = C_{pf} \times \Delta t = C_{pf} \times t_f$ = 연료비열×연료예열온도

G_w : 습연소가스량

C_{pa} : 연소가스의 평균정압비율(kcal/Sm^3·℃)

t_o : 실내온도(℃)

Q_r : 방열손실

1) 연소실의 연소온도를 높이는 방법

① 연소온도식에서 분자의 항이 클수록 연소온도는 높아진다.

- 저위발열량이 높은 연료는 연소온도를 높일 수 있음으로 연소효율이 좋고 발열량이 높은 연료를 사용하는게 가장 좋다.
- 공기와 연료를 예열함으로써 공기와 연료의 현열을 높일 수 있다.
- 연료의 저위발열량이 800kcal/kg$_f$ 이하면 공기의 예열온도는 300℃로 높이는 것이 중요하여 일반적으로 연소용 공급공기의 예열온도가 100℃ 상승하면 연소온도는 50~70℃ 높아지게 된다.

② 연소온도식에서 분모의 항이 작을수록 연소온도는 높아진다.

- G_w값이 낮을수록 연소온도는 높아질 수 있음으로 연소용 공기량을 최소화하여 배기가스에 의한 열손실을 최소화해야 한다.
- 따라서 공기량은 이론공기량에 가깝게 하는 것이 효과적이나 완전연소를 위해 충분한 산소가 공급되어야 하므로 적절한 공기비를 선정하는 것이 매우 중요하다.

③ 연소로의 단열을 통해 방열, 축열 등의 열손실을 줄이는 것도 연소온도를 높이기 위해 중요하다.

연소온도를 높이는 것은 연소공학측면에서 매우 중요하나 높은 연소열 때문에 대기오염물질인 질소산화물($NO_x = NO + NO_2$)이 발생할 수 있으므로 주의해야 한다. (4장 참고)

4. 연소실 열부하

연소실 열부하는 연소실의 크기 특성으로 연소실 단위용적당, 단위시간당 발생하는 열량을 의미한다. 연소실 열부하는 연소실 열발생률(HGR: Heat Generation Rate of combustion chamber)이라고도 한다. 공기의 입열과 연료의 입열을 고려 시 저위발열량값에 더하여 계산한다.

$$\mathrm{HGR} = \frac{G_{hour} \times H_l}{V}$$

여기서, HGR : 연소실 열발생률[kcal/m³ · hr]

G_{hour} : 연료 1시간당 연소가스 발생량[kg_f/hr]

V : 연소실 부피[m³]

H_l : 저위발열량[kcal/kg]

일반적으로 연소실 열부하량이 클수록 질소산화물의 생성량이 높아지고 분모항의 연소실의 용적은 연소관리 시 다음과 같은 영향을 미친다.

1) 연소실 용적이 작은 경우

연료부하가 증가하여 공기부족현상이 생겨 불완전연소에 의한 매연이 발생되고, 집진장치의 분진부하가 증가되어 분진배출농도가 높아진다.

2) 연소실 용적이 클 경우

부분적 냉각현상이 발생하여 응축현상이 발생되어 SO_x, NO_x에 의한 저온부식장애 등이 발생할 수 있다.

따라서 연소실의 용적은 연료의 질, 연소실 구조, 운전조건, 통풍설비, 냉각설비 등을 고려하여 정하는 것이 바람직하다.

과년도 기출문제

1. 증발잠열과 응축잠열

01 기체연료 중 연소하여 수분을 생성하는 H_2와 C_xH_y 연소반응의 발열량 산출식에서 아래의 480이 의미하는 것은?

$$H_L = H_h - 480(H_2 + \sum \frac{y}{2} \cdot C_xH_y)$$

가. H_2O 1kg의 증발잠열　　나. H_2 1kg의 증발잠열
다. H_2O 1Sm^{3}의 증발잠열　　라. H_2 1Sm^{3}의 증발잠열

풀이 다

02 발열량에 관한 설명으로 옳지 않은 것은?
가. 단위질량의 연료가 완전연소 후 처음의 온도까지 냉각될 때 발생하는 열량을 말한다.
나. 일반적으로 수증기의 증발잠열은 이용이 잘 안되기 때문에 저위발열량이 주로 사용된다.
다. 측정위치에 따라 고위발열량과 저위발열량으로 구분된다.
라. 고체연료의 경우 kcal/kg, 기체연료의 경우 kcal/Sm^{3}의 단위를 사용한다.

풀이 다

2. 고체·액체연료의 발열량 계산

03 액체연료의 성분 분석결과 탄소 79%, 수소 14%, 황 3.5%, 산소 2.2%, 수분 1.3%이었다면 이 연료의 저위발열량 몇 kcal/kg$_f$인가? (Dulong식 적용)

풀이 1) Dulong식의 경우 H의 발열량을 34,250과 S의 발열량을 2,250 쓰는 경우

$$H_h = 8{,}100C + 34{,}250\left(H - \frac{1}{8}O\right) + 2{,}250S$$

$$= 8{,}100 \times 0.79 + 34{,}250 \times \left(0.14 - \frac{0.022}{8}\right) + 2{,}250 \times 0.035$$

$$= 11{,}178.6\left(\frac{kcal}{kg_f}\right)$$

$$H_l = H_h - 600(9H+W)$$

$$= 11{,}178.6 - 600\times(9\times0.14+0.013) = 10{,}415\left(\frac{kcal}{kg_f}\right)$$

2) Dulong식의 경우 H의 발열량을 34,000과 S의 발열량을 2,500 쓰는 경우

$$H_h = 8{,}100C + 34{,}000\left(H - \frac{1}{8}O\right) + 2{,}500S$$

$$= 8{,}100\times0.79 + 34{,}000\times\left(0.14 - \frac{0.022}{8}\right) + 2{,}500\times0.035$$

$$= 11{,}153\left(\frac{kcal}{kg_f}\right)$$

$$H_l = H_h - 600(9H+W)$$

$$= 11{,}153 - 600\times(9\times0.14+0.013) = 10{,}389\left(\frac{kcal}{kg_f}\right)$$

04 연료 1kg 중 수소 20%, 수분 20%인 액체연료의 고위발열량이 10,500kcal/kg일 때, 저위발열량(kcal/kg$_f$)은?

풀이 $H_l = H_h - 600(9H+W) = 10{,}500 - 600\times(9\times0.2+0.2) = 9{,}300\left(\frac{kcal}{kg_f}\right)$

3. 기체연료의 발열량

※ 기체연료의 경우 C가 많을수록 발열량은 커진다.

Methane CH_4 : 9,530kcal/Sm^3	Acetylene C_2H_2 : 13,600kcal/Sm^3
Ethane C_2H_6 : 16,820kcal/Sm^3	Ethylene C_2H_4 : 15,280kcal/Sm^3
Propane C_3H_8 : 22,350kcal/Sm^3	Propylene C_3H_6 : 21,070kcal/Sm^3

05 다음 기체연료 중 고위발열량(kJ/mole)이 가장 큰 것은? (단, 25℃, 1atm을 기준으로 한다.)

가. Carbon Monoxide　나. Methane
다. Ethane　라. *N*-Pentane

풀이 라

06 다음 주요 기체연료 중 일반적으로 발열량이 가장 큰 것은? (단, 단위는 kcal/Sm$^3{}_f$이다.)

가. 발생로가스　나. 고로가스　다. 수성가스　라. 아세틸렌

풀이 라

07 다음 연료의 완전연소 시 발열량(kcal/Sm^3_f)이 가장 큰 것은?
가. Propane 나. Ethylene 다. Acetylene 라. Propylene

풀이 가

08 다음의 기체연료 중 고위발열량(kcal/Sm^3_f)이 가장 낮은 것은?
가. Ethylene 나. Ethane 다. Acetylene 라. Methane

풀이 라

4. 기체연료의 발열량 계산

09 Propane의 고위발열량이 23,000kcal/Sm^3_f일 때 저위발열량(kcal/Sm^3_f)은?

풀이

$$H_l = H_h - 480\left[H_2 + \sum\left(\frac{n}{2}C_mH_n\right)\right]$$
$$= 23{,}000 - 480 \times \left(\frac{8}{2}\times 1\right) = 21{,}080\left(\frac{kcal}{Sm^3_f}\right)$$

10 프로판의 고위발열량이 20,000kcal/Sm^3_f이라면 저위발열량(kcal/Sm^3_f)은?

풀이

$$H_l = H_h - 480\left[H_2 + \sum\left(\frac{n}{2}C_mH_n\right)\right]$$
$$= 20{,}000 - 480 \times \left(\frac{8}{2}\times 1\right) = 18{,}080\left(\frac{kcal}{Sm^3_f}\right)$$

11 메탄과 프로판이 1 : 2로 혼합된 기체연료의 고위발열량이 19,400kcal/Sm^3이다. 이 기체연료의 저위발열량(kcal/Sm^3_f)은?

풀이 1) 메탄과 프로판의 조성분율

$$CH_4 = \frac{1}{3} = 0.33, \qquad C_3H_8 = \frac{2}{3} = 0.67$$

2) $H_l = H_h - 480\left[\sum\left(\frac{n}{2}C_mH_n\right)\right]$

$$= 19{,}400 - 480 \times \left(\frac{4}{2}\times 0.33 + \frac{8}{2}\times 0.67\right) = 17{,}797\left(\frac{kcal}{Sm^3_f}\right)$$

12 연소실에서 아세틸렌 가스 1kg을 연소시킨다. 이 때 연료의 80%(질량 기준)가 완전연소 되고, 나머지는 불완전연소 되었을 때 발생되는 열량(kcal)은? (단, 연소반응식은 아래 식에 근거하여 계산)

- $C + O_2 \rightarrow CO_2$ $\Delta H = 97,200\text{kcal/kmole}$
- $C + \frac{1}{2}O_2 \rightarrow CO$ $\Delta H = 29,200\text{kcal/kmole}$
- $H + \frac{1}{2}O_2 \rightarrow H_2O$ $\Delta H = 57,200\text{kcal/kmole}$

풀이 아세틸렌의 총발열량식을 세우고 각 분율을 계산한다.

$$C_2H_2 + \left(2 + \frac{2}{4}\right)O_2 = 2CO_2 + H_2O$$

1kmol의 아세틸렌을 연소하면 완전연소 시 2kmol의 CO_2와 1kmol의 물을 생성한다.

1) 연료의 80%가 완전연소 되고, 20%는 불완전연소 되므로

$$\begin{aligned}
H &= \sum(\Delta H_i \times C_mH_n) \\
&= 97,200C_2H_2 + 29,200C_2H_2 + 57,200C_2H_2 \\
&= 97,200\frac{\text{kcal}}{\text{kmol}} \times \frac{1\text{kmol}}{26\text{kg}} \times 2 \times 0.8 + 29,200\frac{\text{kcal}}{\text{kmol}} \times \frac{1\text{kmol}}{26\text{kg}} \times 2 \times 0.2 \\
&\quad + 57,200\frac{\text{kcal}}{\text{kmol}} \times \frac{1\text{kmol}}{26\text{kg}} \times 1 \\
&= 8,631\frac{\text{kcal}}{\text{kg}_f}
\end{aligned}$$

5. 저위발열량과 이론습연소가스량의 관계

13 저위발열량 11,500kcal/kg인 중유를 완전연소 시키는데 필요한 이론습연소가스량은 몇 Sm^3/kg_f? (단, 표준상태 기준, Rosin의 식 적용)

풀이 $G_o = \dfrac{1.11 \times H_l}{1,000} = \dfrac{1.11 \times 11,500}{1,000} = 12.8\dfrac{\text{Sm}^3}{\text{kg}_f}$

※ 저위발열량과 이론연소가스량의 식을 사용할 때 주의점은 저위발열량의 단위는 $\dfrac{\text{kcal}}{\text{kg}_f}$이며 이론연소가스량의 단위는 $\dfrac{\text{Sm}^3}{\text{kg}_f}$이다.

6. 연소온도

14 연소(화염)온도에 대한 설명으로 가장 적합한 것은?

가. 이론 단열 연소온도는 실제 연소온도보다 높다.
나. 공기비를 크게 할수록 연소온도는 높아진다.
다. 실제 연소온도는 연소로의 열손실에는 거의 영향을 받지 않는다.
라. 평형 단열 연소온도는 이론 단열 연소온도와 같다.

풀이 가

15 다음의 연소온도(t_o) 산출 식에서 각각의 물리적 변수에 대한 설명으로 옳지 <u>않은</u> 것은?

$$t_o = [H/(G_{ow} \times C)] + t$$

가. H는 연료의 저위발열량을 의미하며, 단위는 kcal/kg 또는 kcal/Sm^{3}이다.
나. G_{ow}는 이론습연소가스량을 의미하며, 단위는 Sm^3/kg 또는 Sm^3/Sm^{3}이다.
다. C는 연소가스의 평균 정압비열을 의미하며, 단위는 kcal/Sm^3·℃이다.
라. t는 배출가스의 연소온도를 의미하며, 단위는 ℃이다.

풀이 라

16 저위발열량이 5,000kcal/Sm^{3}인 기체연료의 이론연소온도(℃)는? (단, 이론연소가스량은 15Sm^3/Sm^3, 연료연소가스의 평균 정압비열은 0.35kcal/Sm^3·℃, 공기는 예열하지 않으며, 연소가스는 해리되지 않는다고 본다.)

풀이
$$t_g = \frac{H_l}{G \times C_p} + t_o = \frac{5,000\frac{\text{kcal}}{\text{Sm}_f^3}}{15\frac{\text{Sm}^3}{\text{Sm}_f^3} \times 0.35\frac{\text{kcal}}{\text{Sm}^3 \cdot ℃}} + 0℃$$

$$\therefore\ t_g = 952℃$$

17 연료의 저위발열량 20,000kcal/Sm^3, 이론연소가스량 23Sm^3/Sm^3, 외기온도(공기) 20℃일 때 이론연소온도는 몇 ℃인가? (단, 연료 연소가스의 평균 정압비열 0.31kcal/Sm^3·℃, 지금 공기는 예열되지 않으며, 연소가스는 해리되지 않음)

풀이
$$t_g = \frac{H_l}{G \times C_p} + t_o = \frac{20,000\frac{\text{kcal}}{\text{Sm}_f^3}}{23\frac{\text{Sm}^3}{\text{Sm}_f^3} \times 0.31\frac{\text{kcal}}{\text{Sm}^3 \cdot ℃}} + 20℃$$

$$\therefore\ t_g = 2,825℃$$

18 저위발열량이 4,900kcal/Sm^{3}인 가스연료의 이론연소온도는 몇 ℃인가? (단, 이론연소가스량 10Sm^3/Sm^3, 기준온도 15℃, 연료연소가스의 평균 정압비열 0.35kcal/Sm^3·℃ 공기는 예열되지 않으며, 연소가스는 해리되지 않는 것으로 한다.)

풀이
$$t_g = \frac{H_l}{G \times C_p} + t_o = \frac{4,900\frac{\text{kcal}}{\text{Sm}_f^3}}{10\frac{\text{Sm}^3}{\text{Sm}_f^3} \times 0.35\frac{\text{kcal}}{\text{Sm}^3 \cdot ℃}} + 15℃$$

$$\therefore\ t_g = 1{,}415℃$$

19 저위발열량이 9,000kcal/Sm^{3}인 기체연료를 15℃의 공기로 연소할 때 이론연소가스량은 25Sm^3/Sm^3, 이론연소온도는 2,500℃이다. 이때 연료가스의 평균 정압비열(kcal/Sm^3·℃)은 얼마인가? (단, 기타조건은 고려하지 않음)

풀이

$$t_g = \frac{H_l}{G \times C_p} + t_o = 2{,}500 = \frac{9{,}000\frac{\text{kcal}}{\text{Sm}_f^3}}{25\frac{\text{Sm}^3}{\text{Sm}_f^3} \times C_p\frac{\text{kcal}}{\text{Sm}^3 \cdot ℃}} + 15℃$$

$$\therefore\ C_p = 0.145\left(\frac{\text{kcal}}{\text{Sm}^3 \cdot ℃}\right)$$

7. 연소실 열발생률

20 가로, 세로, 높이가 각각 1.0m, 2.0m, 1.0m의 연소실에서 연소실 열발생률을 20×10^{4}kcal/m^3·hr로 하기 위해서는 하루에 중유를 대략 몇 kg을 연소하여야 하는가? (단, 중유의 저위발열량은 10,000kcal/kg이며, 연소실은 하루 8시간 가동한다.)

풀이

$$\text{HGR} = \frac{G_{hour} \times H_l}{V} = 20 \times 10^4\frac{\text{kcal}}{\text{m}^3\text{hr}} = \frac{G_{hour}\left(\frac{\text{kg}}{\text{hr}}\right) \times 10{,}000\left(\frac{\text{kcal}}{\text{kg}}\right)}{1 \times 2 \times 1\text{m}^3}$$

$$\therefore\ G_{hour} = 40\frac{\text{kg}}{\text{hr}}$$

연소실을 8시간 가동하므로

$$\therefore\ G_{hour}' = 40\frac{\text{kg}}{\text{hr}} \times 8\text{hr} = 320\text{kg}$$

8. 연소효율

21 수소 12%, 수분 1%를 함유한 중유 1kg의 발열량을 열량계로 측정하였더니 고위발열량이 10,000kcal/kg이었다. 비정상적인 보일러의 운전으로 인해 불완전연소에 의한 손실열량이 1,400kcal/kg이라면 연소효율은?

풀이

$$H_l = H_h - 600(9\text{H} + \text{W}) = 10{,}000 - 600 \times (9 \times 0.12 + 0.01) = 9{,}346\left(\frac{\text{kcal}}{\text{kg}_f}\right)$$

$$\therefore\ \text{연소효율(\%)} = \frac{\text{저위발열량} - \text{열손실량}}{\text{저위발열량}} \times 100 = \frac{(9{,}346 - 1{,}400)}{9{,}346} \times 100$$

$$= 85.02\%$$

CHAPTER 7

연료별 연소장치

7.1 고체연료의 연소장치

1. 고체연료의 연소방식

대표적인 고체연료는 석탄, 코크스이며 고체연료의 연소 시 투입방법에 따라 건류과정, 산화과정, 환원과정 등이 바뀌게 된다. 일반적인 석탄의 연소과정은

첫째, 건류과정을 통해 휘발분이 날아가고 코크스가 남는다(흡열반응).
둘째, 코크스는 1차 공기와 반응하여 CO_2를 생성한다(발열반응).
셋째, 코크스는 이산화탄소와 물과 반응하여 일산화탄소와 수소를 생성한다(흡열반응).
넷째, 휘발분과 일산화탄소와 수소는 1차 공기와 반응하여 물과 이산화탄소를 생성한다(발열반응).

둘째와 셋째의 코크스의 연소과정은 코크스 표면에서 일어나며 표면의 기체격막의 물질이동속도는 회층에 의한 저항이 커질 때에는 확산속도가 지배적이며, 고온일수록 화학반응속도는 커진다.

고체연료는 투입방식에 따라 상부투입방식, 하부투입방식, 십자투입방식으로 나누며 그림 7.1에 나타내었다.

1) 상부투입방식(Overfeed burning, overfeed combustion)

석탄 등 화격자 연소기의 일종으로 위로부터 [연료층 → 건류층 → 환원층 → 산화층 → 회층 → 화격자] 순으로 구성되며 연료와 공기가 역방향으로 흐르는 향류방식이다. 상급식 스토커(overfeed stoker)라고도 하며 공기가 화격자 하부로부터 공급되며 석탄은 화격 위에 놓이게 된다. 상급식 스토커로 공기가 화격자를 통과하므로 하부투입방식에 비해 고온가스가 형성되어 착화속도가 빠르고 탄소에서 일산화탄소로의 반응이 빠르게 이루어진다.

2) 하부투입방식(Underfeed burning)

석탄과 공기의 흐름방향이 동일하며 화격자의 아래로부터 석탄과 공기를 공급하며 회층은 [환원층 → 산화층 → 건류층 → 연료층 → 화격자] 순으로 구성되어 있다. 하급식 스토커(underfeed stoker)라고도 하며 가열은 산화층으로부터 방사되는 복사열에 의하며 공기량을 일정량 이상 공급 시 연소가 불안정할 수 있다.

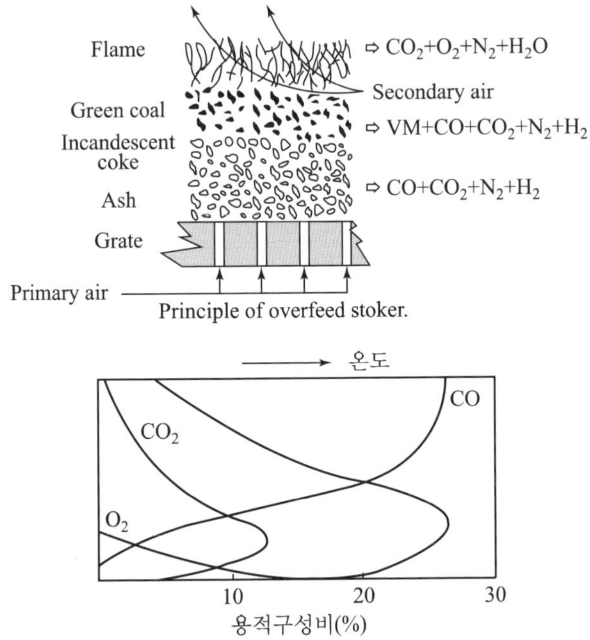

(a) 상부투입방식

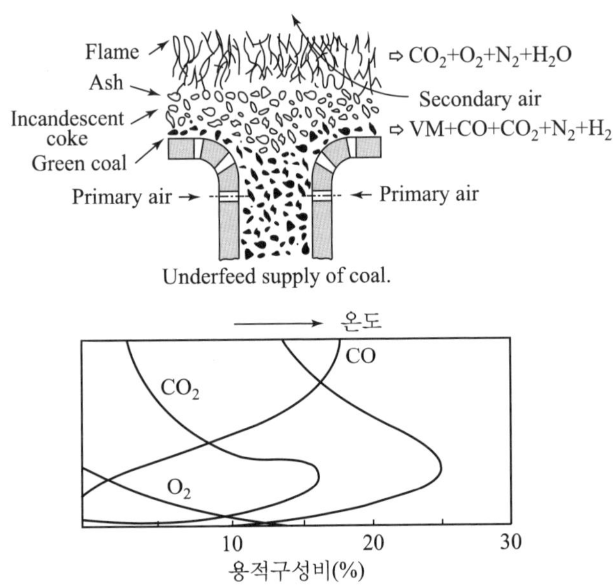

(b) 하부투입방식

그림 7.1 상부투입방식과 하부투입방식

출처) http://www.slideshare.net/Nuumero1/power-plant-systems-new(17/45),
http://www.slideshare.net/Nuumero1/power-plant-systems-new(18/45)

3) 십자투입방식(Crossfeed burning)

연료와 공기 방향의 특성 각도를 이루며 연소하는 것으로 연료와 공기를 위쪽이나 수평방향으로 서로 다르게 공급한다.

이 장에서 소개하는 고체연료의 연소장치는 주로 폐기물처리에서 사용하는 소각로 또는 연소로이다. 소각과 연소는 유사개념이나 엄격하게 말하면 소각(incineration)은 가연성폐기물을 불에 태워 기체 중에 고온 산화시키는 폐기물 처리방법으로 폐기물 관리체계 중 연소를 이용한 화학적 중간처리 과정의 하나이다.

표 7.1 소각로별 형식 및 특성 비교

연소형식 / 비교	Stoker type (화격자식)	Fluidized bed type (유동상식)	Rotary kiln type (회전로식)
소각로구조	화격자구동방식	유동상방식	회전연소방식
쓰레기성상변화	Spoting형상 (플라스틱 과대)	대응력이 양호	대응력이 양호 (수분 65%까지)
건설비	보통(1.0)	약간 높음(1.3)	보통(1.1)
유지관리비	저렴 (전처리 불필요, 단순)	비쌈 (파쇄기, 송풍기, 집진기 등) 용이	저렴 용이
운전조작	간단 냉간시동에는 48시간 소요	냉간시동에는 24시간 소요	냉간시동에는 4～5시간 소요
소각로적정규모	200～400T/D	50～150T/D	200～500T/D
쓰레기투입장치	크레인, 홉파, 푸셔공급기	크레인, 홉파, 파쇄분리기, 정량공급기	크레인, 홉파, 램공급기
연소용량	300～350 kg/m^{2}h	450 kg/m^{2}h	370 kg/m^{2}h
Clinker 발생	발생	발생되지 않음	발생되지 않음
감용률	85～92%	94～96%	90% 이상
과잉공기비	1.5～2.5	1.2～1.8	1.5
실적(일본)	95%	5%	-
최대규모	1200T/D (400T/D×3기)	450T/D (150T/D×3기)	1344T/D (448T/D×3기)
시스템	Von roll(왕복화격자) Martin(역왕복화격자) VKW(회전드림화격자) W&E(수평화격자) Volund Seghers	Ebara NKK Mitzuizosen	O'Cinnor

출처) 이재도, "소각로용 화격자(Stoker) 국산화 기술 개발(Development of Domestic Casting Product Stoker for Refuse Incineration Plants)" 특정연구개발사업(중점국가연구개발사업), 한국기계연구원, 대한민국, 2002, pp8.

가연성폐기물의 연소장치는 화격자(Stoker)식, 열매체를 이용하는 유동상(Fluidized Bed)식, 회전로(Rotary Kiln)식 등이 있다. 각 연소방식별 특성을 서로 비교하여 표 7.1에 나타내었다. 특히 소각로시스템 관련 기술은 유럽, 미국, 일본계열로 나눌 수 있으며 독일의 Martin, 스위스의 Von Roll 등이 있으며 미국은 Ogden, Foster Wheeler 등 있고, 일본은 미쓰비씨, 히타찌 등이 있다.

2. 화격자 연소장치(Grate combustion equipment, Grate stoker)

연소로 내에 화격자를 설치하고 화격자 위에 고체연료를 공급하여 연소하는 장치로 이동식과 고정식이 있다. 화격자연소장치는 화격자 스토커(stoker)라고도 부른다. 화격자는 주로 주철로 만들어지며 폐기물운반과 동시에 소각을 하며 화격자 틈으로 연소용 공기를 공급한다. 화격자 스토커의 종류로는 산포식 스토커(spreader stoker), 병렬요동식(parallel pitching grates) 스토커, 계산식(reciprocating grates) 스토커, 역동식(reverse reciprocation grates) 스토커, 회전식(roller grates) 등이 있다.

1) **산포식 스토커**는 상급식 스토커의 일종으로 수동 연소조작을 하며 화층 위에 산포기를 이용하여 석탄을 기계로 뿌려주는 방식으로 착화가 용이하나 석탄의 수분의 함량이 일정해야 하며 연도로 배출되는 비산재를 관리해야 한다.

2) **계단식 화격자**는 병렬요동식 화격자의 단점을 보완한 것으로 2차 연소실을 설치하여 가연성물질을 완전연소 하며 쓰레기소각이나 저질탄연소에 적합하다. 가동화격자와 고정화격자가 서로 계산식으로 배열되어 있으며 화격자 틈새로 공기를 흡입하므로 틈새를 통해 낙진량이 없으나 연소 시 예열건조로 연료층을 두껍게 해서 연소하고 입도가 큰 연료는 파쇄하여 연소한다. 가격이 병렬요동식에 비해 높다.

3) **병렬요동식 화격자**는 폐기물의 흐름과 같은 방향으로 고정화격자와 가동화격자를 횡방향으로 나란히 배치하고 가동화격자를 전후로 왕복운동 시킨다. 비교적 강한 교반력과 이송력을 갖고 있어 일반폐기물의 소각에는 적당하나 화격자 눈의 메워짐이 별로 없어 폐플라스틱이나 건조된 sludge의 분말이 화격자 틈새로 떨어져 낙진량이 많고 냉각작용이 부족하다.

4) **역동식 화격자**는 고정화격자와 가동화격자의 방향이 계산식과 반대로 폐기물을 밑에서 위로 올리면서 이송, 교반하는 장치로 체류시간을 길게 유지할 수 있다. 대형 소각로에 사용하는 가동식 화격자 중 화격자 상에서 건조, 연소 및 후연소가 이루어지며 쓰레기의 교반 및 연소조건이 양호하고 소각효율이 매우 높으나 화격자의 마모가 많다는 단점을 가진다.

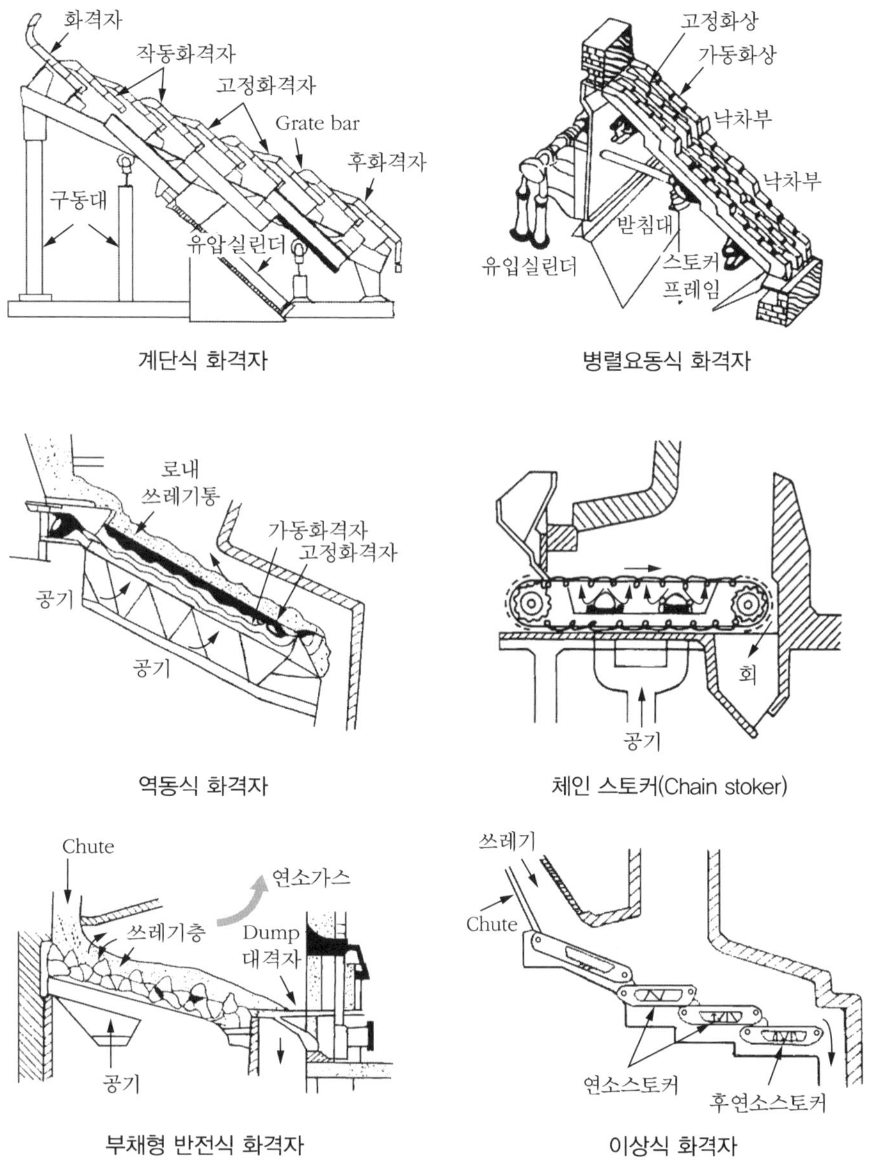

그림 7.2 계산식, 병렬요동식, 역동식, 체인 스토커, 부채형 반전식, 이상식

5) **체인 스토커**(Chain stoker)는 완전자동식으로 연소촉진을 위해 교반된 연소가스와 고속의 2차 공기를 불어넣어 연소하는 하급식 연소방법이다. 연소과정이 미착화탄 → 산화층 → 환원층 → 회층으로 변하여 연소되고, 연료층을 항상 균일하게 제어할 수 있고, 저품질 연료도 유효하게 연소시킬 수 있으나 설비비와 운전비가 비싸고 연료의 품질 변동에 적응성이 낮다. 일반적으로 쓰레기 소각로에 많이 사용된다.

6) **부채형 반전식 화격자**는 여러 개의 부채형 화격자를 병렬로 조합하여 부채형 화격자가 수평에서 수직방향으로 왕복함으로 폐기물을 이동시키며 교반력이 커서 저질 쓰레기의 소각에 적당하다.

7) **이상식**은 이송화격자만으로 구성되어 있어 교반, 반전시키는 별도 기능이 없으며 무한궤도형이다. 화격자 중 폰 롤 시스템(Von Roll System)은 일련의 왕복식 화격자들을 사용하여 폐기물을 소각로 내에서 이동시키면서 연소시킨다. 1965년 Frankfurt시에 설치한 소각로는 화격자로 3단으로 건조부, 주연소부와 후연소부로 구분되어 있으며 Von Roll사의 소각로 화격자 개발 과정은 종렬 전진화격자(L-Rost), 횡렬 전진화격자(Q-Rost)와 종렬과 횡렬을 종합하여 개발한 종렬 - 횡렬 전진화격자(QL-Rost), 그리고 1976년에 개발한 Roll 화격자(R-Rost)가 있다.

화격자 연소장치는 주로 도시폐기물을 소각 시 주로 사용되며 그림 7.3에 나타내었다. 소각기전은 폐기물이 화격자 위에서 연소하면 폐기물 표층에 불이 붙고 수분은 증발 건조하므로 연소를 계속하게 된다. 즉 폐기물 건조를 위한 건조대(건조 stoker), 발열산화반응을 하는 화연연소대(연소 stoker) 및 미연분의 연소가 일어나는 후연소대(후연소 stoker)로 나누어진다.

연소 시 공급공기는 화격자 아래서 연료 상 내부로 공급되는 1차 공기와 2차 연소실 입구에서 공급되는 2차 공기로 나누며 연소를 위해 공급되는 1차 공기는 화격자 자체의 냉각을 위해 200～250℃로 공급되면 2차 공기는 대기오염물질인 일산화탄소, 다이옥신류를 포함한 탄화수소류 등의 완전연소를 위해 공급된다.

▪ <u>화격자 스토크 연소방식</u>

① 상부주입식 연소장치는 휘발분이 많고 열분해 되기 쉬운 물질을 취급하는 경우에는 부적합하다.

② 하향식 연소는 상향식 연소에 비해 소각물의 양은 절반정도로 감소한다.

③ 경사 스토커 방식의 경우 수분이 많은 것이나 발열량이 낮은 것도 어느 정도 소각이 가능하다.

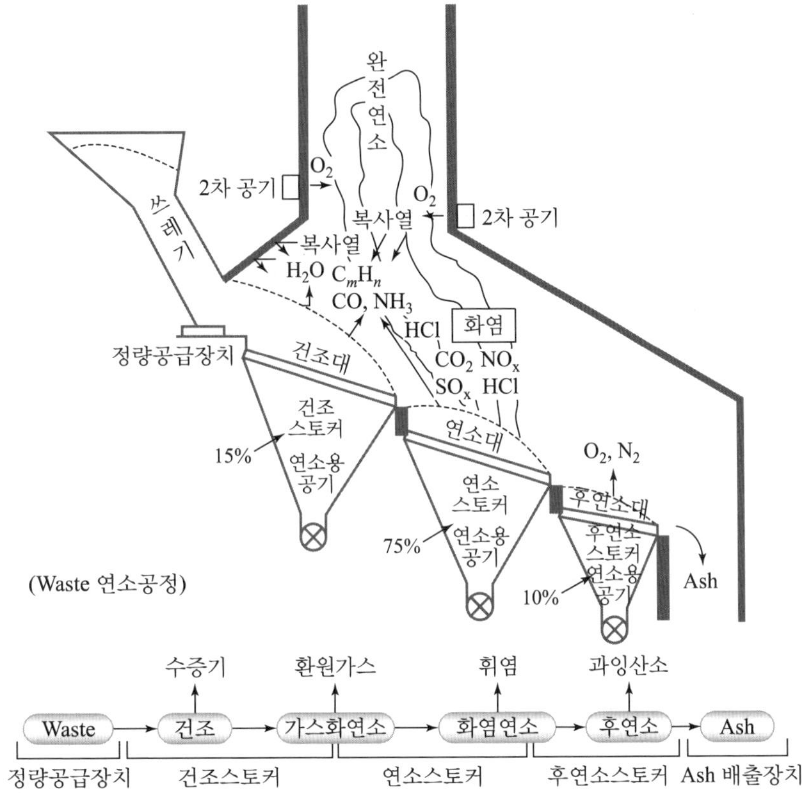

그림 7.3 스토커형 소각로에서의 폐기물 연소과정

출처) 이재도, "소각로용 화격자(Stoker) 국산화 기술 개발(Development of Domestic Casting Product Stoker for Refuse Incineration Plants)" 특정연구개발사업(중점국가연구개발사업), 한국기계연구원, 대한민국, 2002, pp14.
ボイラ研究(Journal of Japan Boiler Association) 第290号, Aug.1998, 4-15.
一般廢棄物を 處理する設備, 第2章 一般廢棄物を 處理する設備 P. 28-53.

- 화격자 스토크방식의 장점

① 폐기물의 전처리시설이 필요치 않아 도시폐기물소각에 많이 사용된다.

② 유동층연소장치에 비해 비산먼지량이 적고 노 내 제어가 용이하고 내구년한이 20년으로 매우 긴 편이다.

- 화격자 스토크방식의 단점

① 미세한 폐기물, PVC, 플라스틱등과 같은 용융성 폐기물소각에는 부적합하다.

② 과잉공기비가 1.6~2.5로 높고 연소가스의 배출량이 많은 편이다.

③ 체류시간이 길고 교반력이 약한 편이어서 국부가열이 발생할 염려가 있다.

④ 소각로의 가동 및 정지조작이 불편하다.

3. 유동층 연소장치(Fluidized bed combustion equipment)

유동층 연소는 화격자 스토크연소와 미분탄 연소방식의 중간 형태로 불활성입자층(규사 또는 석탄회)을 충전하여 다공질 분산판을 통해 하부에서 가압한 공기(1,200~3,500mH_2O, 200~500℃)를 압입 분산하여 불활성 입자층의 유동화(유동층 700~800℃)를 일으켜 쓰레기, 유기성오니 등을 연소시키는 방법이다.

화격자 스토커와 비교하면 유동층이 화격자의 역할을 하며 석탄과 같은 고체연료는 유동층 상부에서 투입하고 액체연료는 유동층 하부에서 압입 분산하여 연소시킨다. 유동층 연소장치를 그림 7.4에 나타내었다.

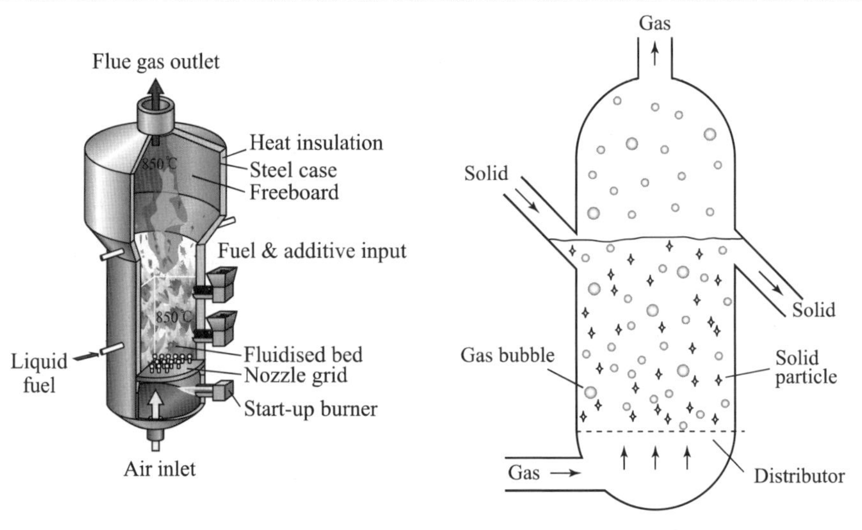

그림 7.4 유동층 연소장치

출처) https://upload.wikimedia.org/wikipedia/commons/3/37/Fluidized_Bed_Reactor_Graphic.JPG
http://wirbelschichtverbrennung.de/13.html

유동층 연소장치는 다음과 같은 특징을 가진다.

1) 장치적 측면

① 전열면적이 적고 미분탄장치가 필요 없으며 분탄을 그대로 투입하여 분탄의 체류시간을 짧게 유지할 수 있다. 반면에 고체연료 중 조대 고형물은 연소실 투입 전 약 50mm 정도의 입경 이하로 분쇄, 파쇄과정 등의 전처리과정이 필요하다.

② 장치를 소형화할 수 있어 건설비와 유지관리비용이 적게 드는 반면에 유동화에 따

른 압력손실로 인해 운전비용이 증가될 수 있다. 일반적으로 유동화가 행해지는 공기유속의 범위는 약 0.3～4m/sec 정도이다.

③ 유동층 연소에서 부하변동에 대한 적응성이 낮은 편이나 다음과 같은 방법으로 적응성을 높일 수 있다.

④ 공기 분산판을 분할하여 층을 부분적으로 유동시킨다.

⑤ 층 내의 연료비율과 층의 높이를 변화시킨다.

⑥ 유동층을 몇 개의 셀로 분할하여 부하에 따라 작동시키는 수를 변화시킨다.

⑦ 유동사는 모래(규사)와 같은 내열성 분립체로 비중이 작을수록 좋다.

⑧ 수시로 보충해 주어야 하며 공급이 쉽고 가격이 저렴해야 한다.

⑨ 유동사는 내마모성, 내열성, 불활성이어야 한다.

⑩ 용융점이 높고 입도분포가 균일해야 한다.

2) 연소적 측면

① 유동층에 의한 균일연소가 가능하여 연소효율이 높아 미연소분 배출이 적고 2차 연소실이 불필요하다. 반응시간과 소각시간이 짧아 연소실부하율의 크며 과잉공기율이 낮아 다른 형태의 소각로에서 보다 보조연료 사용량과 연소가스량이 적다.

② 높은 열용량을 갖는 균일 온도의 층 내에서는 화염 전파는 필요 없고 층의 온도를 유지할 만큼의 발열만 있으면 된다. 화염층을 작게 할 수 있다

③ 유동매체의 열용량이 커서 주방쓰레기, 슬러지 등 수분함량이 높은 고형물의 전소 및 혼소가 가능하며, 단기간 정지 후 가동 시에 보조연료 사용 없이 정상가동이 가능하며 열회수가 용이하다.

④ 연료의 층 내 체류시간이 길어 저발열량의 석탄도 완전연소가 가능하다.

⑤ 연소 시 발생할 수 있는 클링커(clinker: 고온에서 석탄재 등이 용융에 녹아 덩어리화 되는 것)의 생성에 따른 장애가 없다. 기계적 구동부분이 적어 고장률이 낮다.

3) 대기오염적 측면

① 공기비가 작아 질소산화물 등의 생성을 억제하고 미연분의 발생에 매우 적다. 반면에 유동화로 인해 다른 연소법에 비해 재와 미연탄소의 방출이 많다.

② 유동매체에 석회석 등의 탈황제를 사용하여 연소로 내 탈황도 가능하므로 별도의 배연탈황 설비가 불필요하며, 노 내에서 산성가스의 제거가 가능하다.

③ 연소온도가 미분탄연소로에 비해 낮아 NO_x 생성 억제에 효과가 있다.

일반적으로 유동층 연소장치는 주방쓰레기, 슬러지 등 수분함량이 높은 폐기물을 층 내에서 건조와 연소를 동시에 할 수 있음으로 함수율이 높은 슬러지와 도시폐기물처리에 적합하다.

4. 다단로 연소장치(Multi stage furnace)

다단로연소란 수분함량이 많은 하수슬러지, 분뇨 등 저열량 연료의 유기물을 탈수 후 유기성 고형오니를 상부로부터 주입하여 하단으로부터 공급되는 고온의 연소가스에 의해 연소하는 방법으로 6~8단 정리로 구조가 매우 간단하며 그림 7.5에 나타내었다.

1) 고형오니 등은 상부에서 하부로 이동하면서 건조 → 연소 → 고정탄소 → 연소재로 처리된다.

2) 다단로 연소장치의 특징은 열효율이 높고 열전달이 잘되어 국부연소를 피할 수 있으며 클링커가 생성되지 않는다. 그러나 980℃ 이상에서 운전할 경우 내화재가 손상될 수 있다.

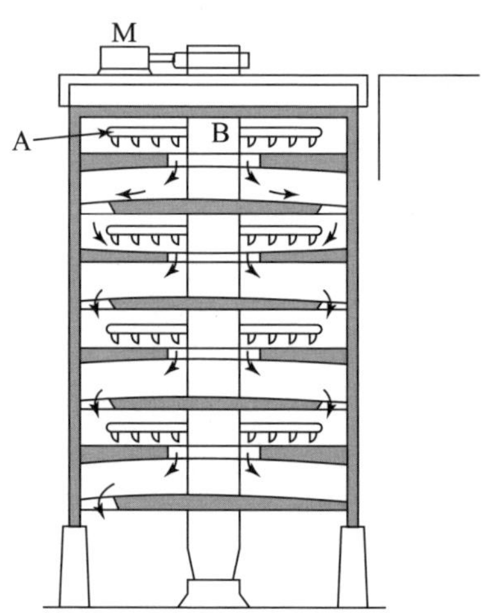

그림 7.5 다단로 연소장치

출처) http://terms.naver.com/imageDetail.nhn?docId=617701&imageUrl=http%3A%2F%2Fdbscthumb.phinf.naver.net%2F1965_000_1%2F20110511154705206_UKQH0GYMZ.jpg%2Fi69_i1.jpg%3Ftype%3Dm4500_4500_fst_n%26wm%3DY&cid=42322&categoryId=42322

5. 로터리킬른(Rotary kiln combustion)

회전로는 광물의 건조, 소성 등에 많이 사용해 오던 설비로서 내부에 내화벽돌 붙인 회전형 원통장치를 천천히 회전시키면 상부로부터 폐기물을 투입하여 열풍이나 불을 불어넣어 가열하는 노이다. 일반적으로 건조과정은 200~400℃, 연소에서 700~900℃의 온도를 사용한다.

초기에는 시멘트제조에 사용하였으나 고체상, 액체상의 유해폐기물 슬러지에 사용할 수 있으며 여러 가지 형태의 폐기물(고체, 액체, 슬러지 등)을 동시 소각할 수 있으며 그림 7.6에 나타내었다.

▪ 로터리킬른의 특징

① 회전로는 소각전처리가 크게 요구되지 않으며 조대한 폐기물을 그대로 소각할 수 있다.

② 건조효과가 좋고 착화온도가 매우 낮아 연소하기가 쉬우나 2차 연소실이 필요하다.

③ 소각 시 공기와의 접촉이 좋고 효율적으로 난류가 생성된다. 반면에 고온연소로 인하여 원통장치 내부의 내화재손상이 심해질 수 있다.

④ 미세분진 등 비산먼지가 많이 배출될 수 있다.

⑤ 또한 고무류와 같은 고점착성 폐기물에는 부적합하며 열효율은 35~40%로 비교적 낮지만 고장률은 적은 편이다.

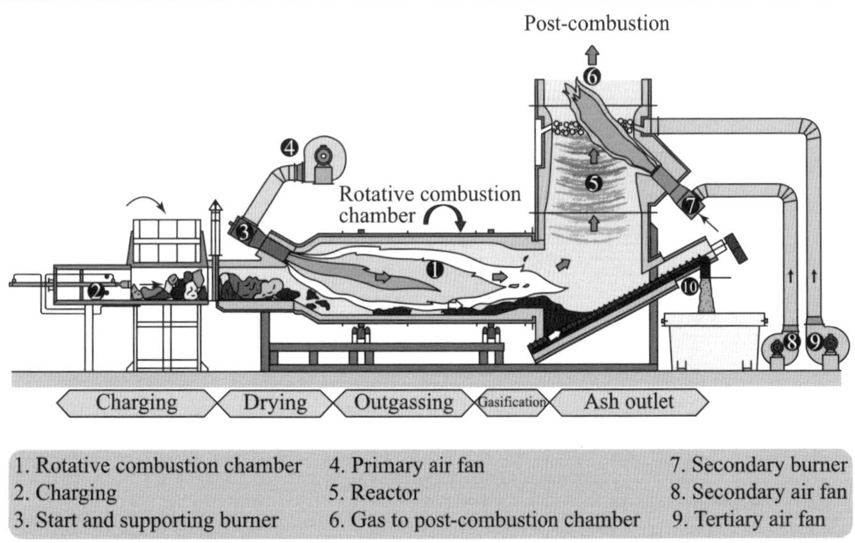

그림 7.6 로터리킬른

출처) http://www.jeag.com/home/products/rk-line.html

6. 미분탄연소(Pulverized coal combustion)

미분탄연소는 화력발전소나 시멘트 소성로와 같은 대형 대용량 연소시설에서 석탄으로 연소시키고자 할 때 가장 적합한 연소방식으로 고체연료의 효율성과 이용성을 극대화한 대용량 열 설비이다.

미분탄연소는 석탄을 미세하게 분쇄하여(미분탄) 연소시키는 연소법으로 기체연료의 연소 때와 유사한 불꽃을 얻을 수 있으나 기체연료와 연소기전은 매우 다르다. 미분탄의 미세한 정도는 0.15mm의 체를 보통 90% 이상(200mesh 채로는 50~80%) 통과할 수 있어야 한다. 미분탄은 노 내에서 복사에 의해 가열되며 건류, 휘발분연소, 코크스연소가 동시에 일어난다. 연소시간은 입자지름의 제곱에 비례하여 화염전파속도는 기체연료에 비해 커서 버너의 분출속도가 낮을 경우 역화의 위험이 있다. 따라서 미분탄의 분출속도가 커야 하므로 불꽃은 장염의 형태가 되고 불꽃을 단염화하기 위해선 2차 공기속도를 작게 하거나 혼합을 촉진해야 한다.

미분탄연소의 연소방법은 미분탄을 단위저장조나 중앙저장조에 저장해 두고 버너로 미분탄을 공급하는 저장식·연소식과 분쇄기에서 버너로 직접연료는 보내는 직접연소방식이 있다.

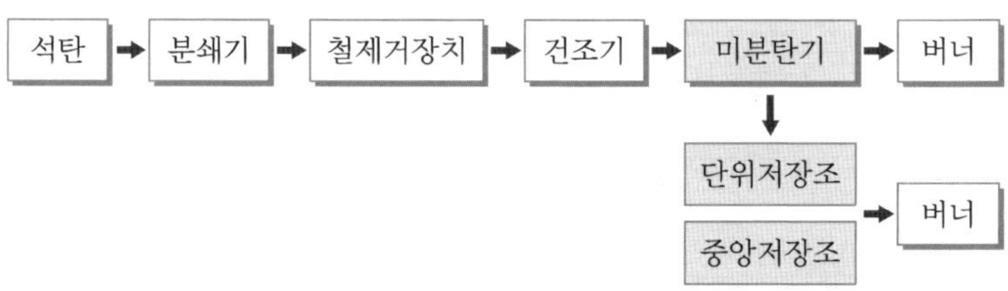

미분탄연소 버너는 L형 화염연소인 선회류 버너와 U형 화염연소인 편평류 버너로 나눈다.

1) 선회류 버너

선회류 버너는 접선기울기형 버너(tangential tilting burner)로 1차 공기와 혼합된 미분탄과 2차 공기가 선회하면서 분사되며 불꽃은 단염 형태이다. 1차 공기 및 석탄 주입관 끝은 10~30° 정도의 각도범위에서 조절할 수 있도록 되어 있다. 또한 화염을 상하로 이동시켜서 과열을 방지할 수 있도록 되어 있다.

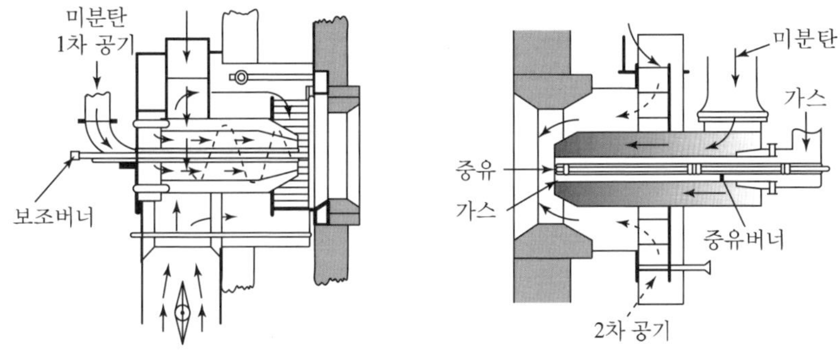

(a) 인터펜 버너(선회식)

(b) 선회식 혼소 버너

그림 7.7 선회식 버너

2) 편평류 버너

편평류 버너는 교차형 버너라고 하며 1차 공기, 미분탄혼합기와 2차 공기를 교차하여 혼합하는 구조로 역화방지를 위한 분출속도는 15～30m/sec이며 선회류 버너에 비해 불꽃이 길고 편평한 형태가 된다.

그림 7.8에 미분탄연소장치를 나타내었다.

3) 미분탄연소의 특징

① 장치적 측면

- 분쇄를 위한 분쇄기, 저장조 등 설비 및 유지비가 많이 든다.
- 분쇄기 및 배관 중에 폭발의 우려 및 수송관의 마모가 일어날 수 있다.
- 부하변동에 쉽게 적용할 수 있어 중소형 보일러보다는 대형과 대용량 설비에 적합하다.

② 연소적 측면

- 같은 양이 석탄에 비해 연료입자가 미세하여 표면적이 커지고, 공기와의 접촉이 양호하고 열전달이 좋아짐으로 적은 공기비로 완전연소가 가능하다.
- 사용연료의 범위가 넓고 화격자(스토커) 연소가 곤란한 점결탄이나 낮은 품질탄(저발열량탄)의 사용이 가능하다.
- 점화 및 소화 시 열손실이 적어 연소 효율이 높으며 연소조절이 용이하여 자동제어가 가능하다.
- 연소에 요하는 시간은 대략 입자 지름의 제곱에 비례하고, 화염전파속도는 기체연료에 비해 매우 크며, 때로는 10m/sec 정도까지 도달할 때가 있으며 버너로부

터 분출속도가 적을 때는 역화의 우려가 있다.

③ 대기오염적 측면

연소재가 모두 연소실로부터 연돌로 배출됨으로 재의 비산이 많아 연소실과 연돌 사이 전기집진기(ESP)와 같은 대기오염방지시설을 반드시 설치해야 한다.

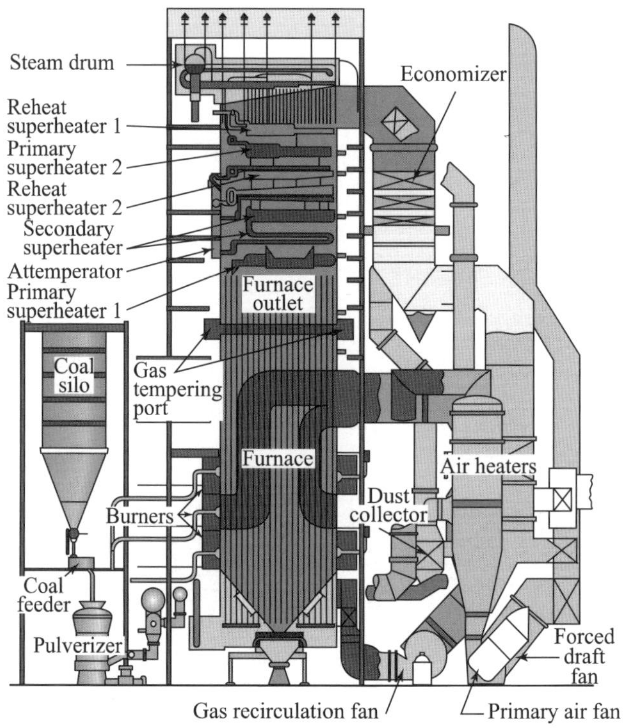

그림 7.8 미분탄 연소장치

출처) http://www.powermag.com/applying-cfd-to-optimize-furnaces-cofiring-biomass-and-the-impact-of-cofiring-on-scr/

7. 석탄슬러리 연소장치

석탄슬러리 연료는 석탄분말에 기름을 혼합한 COM과 물을 혼합한 CWM으로 대별된다.

1) COM 연소장치

① 중유와 석탄의 혼합보일러이기 때문에 중유전용 보일러는 별도의 개조가 꼭 요구된다.

② 중유보다는 미립화 특성이 양호하며 화염길이는 미분탄연소에 가까운 반면, 화염안

정성은 중유연소에 가깝다.

③ 연소실 내의 체류시간의 부족, 분사변의 폐쇄와 마모, 재의 처리 등에 주의할 필요가 있다.

2) COM 연소는 표면연소와 분해연소 시기로 나누며 표면연소 시기에서는 연소온도가 높아진 만큼 표면연소가 가속되며 분해연소 시기에서는 50wt%(w/w) 중유에 휘발분이 추가되는 형태로 되기 때문에 미분탄연소 보다는 분무연소에 더 가깝다.

3) CWM 연소에서 분해연소 시기에서는 30%의 물이 증발하여 증발열을 빼앗음과 동시에 휘발분과 산소를 희석하기 때문에 화염의 안정성이 좋다. CWM은 석탄분말과 물이 혼합된 연료로 장시간 저장 시 물과 석탄의 분리 등 문제가 발생하기 쉬우며 버너분무가 양호하고 연소효율이 높으나 수분에 의한 화염이 불안정화 될 수 있다. CWM장치를 그림 7.9에 나타내었다.

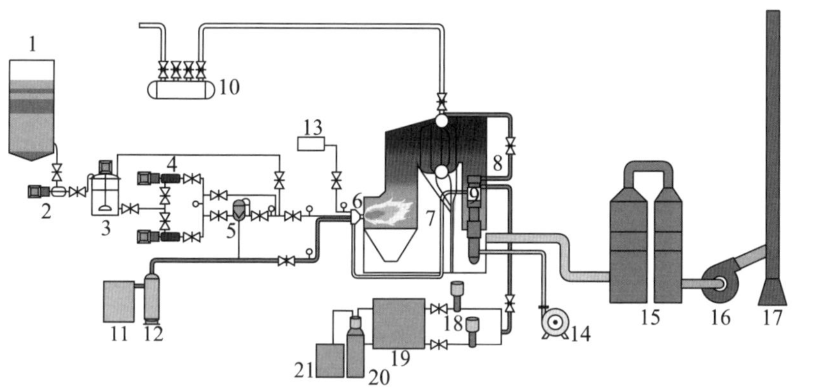

1. CWS Stroage Tank 2. CWS discharge pump 3. CWS stirrer 4. CWS feed pump 5. Filter
6. Burner 7. Boiler Proper 8. Economizer 9. Air preheater 10. Steam Distrabutor
11. Air compresser 12. Air storage tank 13. Oil Tank 14. Air blower 15. Dust filter
16. IDF 17. Chimney 18. Water Pump 19. Water Tank 20. Water Softner 21. Salt container

그림 7.9 CWM 연소장치

출처) http://www.steam-generator.com/coal-water-slurry-fuel-cwsf-steam-boilers-automization-type/

8. 연소장치의 저온부식 방지

보일러의 저온부식은 150℃ 이하의 전열면에 응축하는 황산, 질산 등에 의하여 발생된다. 보일러내 저온부식을 방지하는 방법을 연료적 측면과 연소적 측면으로 구분할 수 있다.

1) 연료적 측면

유황분이 적은 연료를 사용하거나 연료를 전처리하여 유황분을 제거한다.

2) 연소적 측면

① 연소가스 온도를 산노점 온도보다 높게 유지된다.
② 첨가제를 사용하거나 배기가스 중의 CO_2%를 올려 황산가스의 노점을 내린다.
③ 예열공기를 사용하거나 과잉공기를 줄여서 연소한다.
④ 분말상의 마그네시아 등을 2차 공기에 섞어 연소실 내에 불어넣는다.

저온부식이 일어날 수 있는 금속표면은 내식재료로 피복하는 또는 보온시공을 하는 것도 중요하다.

7.2 액체연료의 연소장치

액체연료의 연소는 기화(vaporization)연소방식과 중질유의 분무화(atomization)연소방식으로 나눌 수 있다.

- 기화연소는 가솔린, 등유, 경유 등이 액면에서 증발하여 연소하며 석유난로는 심지를 이용해 증발연소하게 된다.
- 반면에 중유와 같은 중질유는 비등점보다 열분해 온도 쪽이 낮은 성분이 많아 증발연소가 어려움으로 버너에 의해 분무화 하여 연소하게 된다.

1. 액체연료의 연소방식

1) 기화연소방식

기화연소방식은 심지식 연소, 연소증발식 연소, 연속포트식 형식으로 나눌 수 있다.

심지식 연소는 기화연소방식에 속하며, 주로 등유 연소장치에서 심지의 모세관 현상에 의해 증발연소 시키는 방식으로 점화 및 소화 시 공기와 혼합은 나쁜 그을음 및 악취를 발생시킨다.

2) 분무화연소방식

분무화연소방법은 분무장치(atomizer)에 의해 폐액을 미세한 액적 방울로 만들어 표면적을 증대시켜 소각로 내로 분사하여 증발가스화를 촉진시키면서 공기를 공급하여 연소속도 및 연소효율을 높이는 방식이다.

중질유와 같은 중유에 주로 사용하며 소각처리 적용대상 폐기물인 석유화학 공정에서 발생하는 수분함량이 높은 가연성 고농도 유기성 폐액, PCB와 같은 유해물질을 함유한 폐액 등을 소각할 경우 사용될 수 있다.

분무화연소 시 균일연소를 위해

① 연료의 분무입경을 작게 하여 표면적을 증가시키고 공기와의 접촉면적을 크게 한다.
② 분무지름을 작게 하기 위해선 분사압력, 분사속도가 중요하다.
③ 중유의 점도는 분무 시 20～25cst를 유지하고 중유점도를 낮추기 위해 85±5℃ 정도로 예열해야 한다.

분무식 기름버너는 넓은 부하범위, 점도가 높은 기름도 미립화가 가능해야 한다. 분무직경이 크면 그을음의 발생 원인이 되므로 일반버너는 300μm 이하가 표준이나 분무입자의 크기를 100μm로 하는 것이 이상적이다.

분무식 기름버너에는 유압식 버너, 회전식 버너가 있으며 고온의 공기나 과열증기를 노즐로 토출하여 액적을 분산 미립화하여 연소시키는 방법인 이류체 분무연소법(저압/고압식)이 있다. 저압공기식 버너는 소형가열로에, 고압기류식 버너는 대형가열로에 사용된다. 이 중 유량조절범위는 고압기류식 버너가 가장 크고 회전식 버너, 유압식 버너 순이 된다. 대표적인 액체연료 연소장치를 그림 7.10에 나타내었다.

2. 유압분무식 버너(Pressure atomizing oil burner)

펌프로 가압된 연료유가 선회실에서 선회하면서 미세한 노즐로 분출되어 미립화되는 방식으로 구조가 간단하여 유지 및 보수가 용이하며 대용량 버너 제작이 용이하다.

① 오일에 가해지는 압력이 가장 크며 연료의 점도가 크거나 유압이 5kg/cm^2 이하가 되면 분무화가 불량하다.
② 연료유의 분무각도는 압력, 점도 등으로 약간 달라지지만 40～90° 정도로 넓은 편이다.
③ 기름의 점도는 연료의 미립화에 영향을 주므로 기름의 온도를 높인다.
④ 유량조절범위는 다른 버너에 비해 적으며 환류식의 경우 1 : 3, 비환류식의 경우 1 : 2 정도여서 부하변동에 적응하기 어렵다.

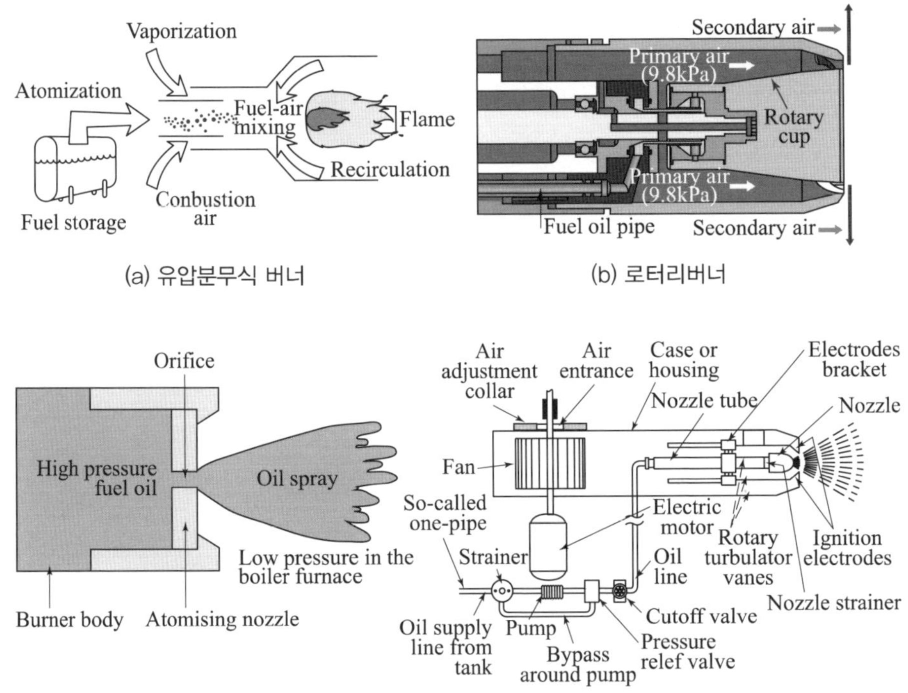

(a) 유압분무식 버너 (b) 로터리버너

(c) 고압기류분무식 버너 (d) 건타입버너

그림 7.10 액체연료의 연소장치

출처) http://www.oilheatamerica.com/knowledge-base/equipment/burners/
http://www.sunflame.net/english/core/010/
http://www.spiraxsarco.com/Resources/Pages/Steam-Engineering-Tutorials/the-boiler-house/boiler-efficiency-and-combustion.aspx
http://www.airheaters.info/oil-burner/gun-type-oil-burners-operating-principles.html

이 버너는 화염의 각도가 넓고 조절범위가 좁아 부하변동이 적은 발전용, 선박용 대형 보일러 시멘트 길린용 등에 사용한다.

3. 회전식 버너(Rotary burner)

고속으로 회전한 분무화통(축의 회전수 5천~6만rpm)에서 원심력으로 오일을 비산시키고 표면장력에 의해 미립화된 액적을 연소시키는 방법이다. 회전식 버너는 부속설비가 거의 없고 불꽃은 짧지만 안정된 연소를 얻을 수 있다.

① 연료유 분사유량은 직결식의 경우 1,000L/hr 이하이다.

② 유압은 $5kg/cm^2$ 전후로 분무각도는 약 40~80°이다.

③ 분무화 입경은 유압식 버너에 비해 큰 편이며 중유는 점도가 작을수록 분무상태가 좋아진다.
④ 유량조절범위는 1 : 5 정도로 상당히 넓어서 사용하기 용이하다.

주로 비교적 넓게 퍼지는 화염형태를 가지며 부하변동이 있는 중소형 보일러에 사용되며 입경이 큰 슬러지나 수분이 많은 폐유, 폐유기용제의 소각에 적합하다.

4. 고압기류 분무식 버너(High pressure steam or Air atomizing oil burner)

공기압 또는 고압의 증기압(2～10kg/cm^2)으로서 공기나 증기의 고속흐름에 의해 오일을 분무화하는 버너이다.

① 고압공기식이므로 고점도의 오일에도 사용가능하다.
② 분무에 필요한 1차 공기량, 즉 무화용 공기량은 이론연소공기량의 7～12% 정도이다.
③ 유량조절비는 1 : 10 정도로 광범위한 조절이 가능하며 분무각도는 20～30° 정도이다.

화염의 형태는 분무각이 좁으며 긴 화염 형태를 가진다. 유량조절 범위가 넓어 제강용 평로, 연소가열로, 유리용해로 등 고온가열로에 많이 사용된다.

5. 저압공기식 버너(Lower pressure air burner)

분무 매체는 공기이며 분무용 공기의 일부를 노즐이나 임펠러로 오일과 혼합해 가면서 분무구로 분출하는 버너이다.

① 구조가 간단하고 저렴하지만, 무화상태는 좋지 않다.
② 분무에 필요한 공기량은 이론연소 공기량의 30～50% 정도이다.
③ 유량조절범위는 1 : 5 정도이며, 유압 0.3～0.5kg/cm^2, 용량 2～300L/hr이다.
④ 분무각도 30～60°이며 비교적 좁으면서 짧은 화염형태를 가진다.
⑤ 연료분사범위는 200L/hr 정도로 소형 가열로에 적당하다.

6. 건타입버너(Gun type burner)

유압식 버너의 일종으로 공기분무식을 합한 장치로 생긴 모양이 권총과 유사하여 건타입으로 부르며 주로 소용량 보일러에 사용한다. 유압은 보통 7kg/cm^2 이상이며 연소가 양호하고, 열부하 변동에 대응하며 전자동 연소가 가능하다.

7.3 기체연료 연소장치

1. 기체연료의 연소방식

기체연료의 연소장치는 연료와 공기의 혼합형태에 따라 혼합기연소(부분예혼합형, 완전예혼합형)와 확산연소형으로 구분하며 그림 7.11에 나타내었다. 혼합기연소 중 부분예혼합형은 기체연료와 공기 일부를 혼합하고 나머지 공기는 연소실 내에서 연소시키는 장치이며, 완전예혼합형은 기체연료와 연소용 공기를 미리 혼합 후 연소시키는 장치이며 확산연소형은 기체연료와 연소용 공기를 연소실 내에 점차 혼합시키면서 연소하는 장치이다.

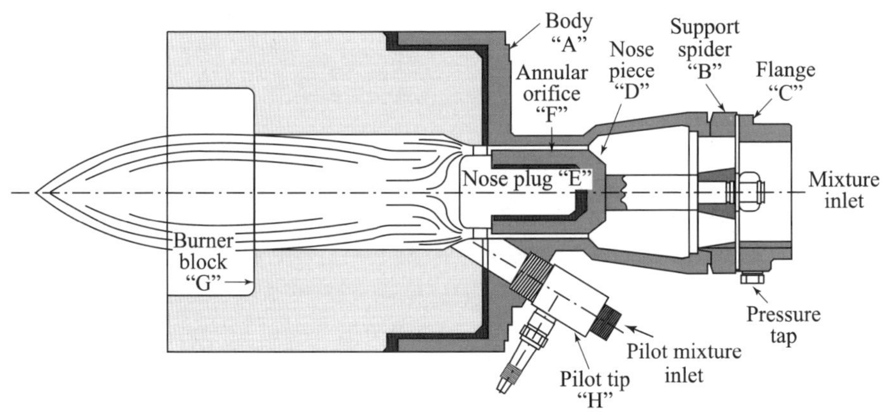

그림 7.11 예혼합 버너

출처) https://www.selas.com/product?id=59

2. 예혼합식 가스버너(Premixing gas burner)

시전혼합형 버너로 연료가스와 연소용 공기의 전량을 예혼합해서 벤투리관을 사용하며 연소실에 분사하여 연소시키는 방법으로 버너 출구의 가스속도는 12~25m/sec로 연소반응이 빠르고 연소효율은 거의 100%이며 연료와 공기의 혼합비가 변하지 않고 균일하게 연소한다.

예혼합식 가스버너의 특징

① 화염은 짧고 완전연소 되어 그을음 생성이 적으며 연소실 용적이 작다.
② 화염온도가 높아 고부하연소가 가능하므로 고온 가열용으로 적합하다.
③ 연료 유량의 조절비가 크며 노 내의 연소 분위기를 용이하게 조절할 수 있다.
④ 예혼합연소에 사용되는 고압버너는 기체연료의 압력을 $2kg/cm^2$ 이상으로 공급하므로 연소실 내의 압력은 정압(+)이며 혼합기의 분출속도가 느릴 경우 역화(flash back)의 위험이 있으므로 역화방지장치를 반드시 갖추어야 한다.

보일러의 경우 예혼합연소는 점화버너에 사용되며 예혼합연소에 사용되는 버너로 고압버너, 저압버너, 송풍버너 등이 있다.

1) 고압버너

기체연료의 압력을 $2kg/cm^2$ 이상으로 공급하므로 연소실 내의 압력은 정압(+)이어서 압축도시가스, 충전용 LPG가스, 부탄가스와 공기가 혼합하는 경우에도 1차 공기의 흡인량이 확보되므로 소형의 가열로에 사용되는 버너이다.

2) 저압버너

저압버너는 압력이 낮음으로 역화방지를 위해 1차 공기량을 이론공기량의 약 60% 정도만 흡입하고 2차 공기는 노 내의 압력을 부압(−)으로 하여 공기를 흡인하는 방식으로 가스압력이 $70 \sim 160mmH_2O$ 정도 확보되면 공기를 충분히 흡인하여 연소하므로 송풍기가 없어도 되며 가정용 및 소형 공업용으로 많이 사용한다. 특히 발열량이 높은 가스(LPG 또는 천연가스 등)는 노즐의 지름을 작게 하고 가스압력을 높여 공기의 흡인량을 크게 해야 한다.

(a) 저압버너 (b) 고압버너

그림 7.12 저압버너와 고압버너

3) 송풍버너

연소 시 연소용 공기를 가압해서 송입하는 형식으로 공기를 노즐로부터 취출하고 가스를 동시에 흡인 혼합해서 송입하는 경우와 가스와 공기를 혼합 후 송풍기로 송입하는 형식이 있다.

3. 부분예혼합연소 가스버너(Partial premixing type gas burner)

연소용 공기의 일부(1차 공기)를 미리 연료와 혼합하고, 나머지 공기(2차 공기)는 별도로 연소실 내에서 공급하여 연소가스는 노 내에서 2차 공기에 의해 확산연소함으로써 완전연소 시키는 연소방식으로 소형 또는 중형 버너로 널리 사용된다. 기체연료 또는 공기의 분출속도에 의해 생기는 흡인력을 이용하여 공기 또는 연료를 흡인하게 된다.

4. 확산연소식 버너

확산연소는 연소가스와 연소용 공기를 2개의 분출구에서 연소실의 확산에 의해 연료와 공기를 혼합되면서 연소시키는 방법으로 확산염(확산불꽃)은 층류염과 난류염으로 구분된다.

연료가 공기와 확산 혼합하여 연소 시 발생하는 불꽃을 확산불꽃 또는 확산염이라고 한다. 기체연료의 확산연소는 가스유속과 관련이 있으며 가스유속이 작으면 흐름이 층류상태가 되며 불꽃은 층류염이 되고 가스유속이 커지면 화염의 길이가 커지고 유속이 더욱 빨라지면 난류상태가 되어 난류염을 형성한다. 난류염은 화염이 흐트러지지 않고 짧아지지만 층류염과는 달리 화염길이는 가스유속이 증가해도 변하지 않는다. 즉 층류염은 가스유속에 비례하여 화염의 길이가 길어지나 확산염은 가스유속이 증가하여도 화염의 길이는 일정하다.

기체연료를 d의 지름을 가진 둥근관에서 분출 연소하여 나온 확산염의 길이는 L이라 하고 기체연료의 분출속도를 v라고 하면 v와 d가 작을 경우 기체의 흐름은 층류형태이며 불꽃의 길이는 $v \times d$와 비례하나 $v \times d$가 커지면 난류형태가 되어 불꽃의 길이는 일정해져 난류염을 형성한다. 즉, 층류염은 기체상호간 분자확산계수에 의해 난류염은 난류확산계수에 의해 지배된다.

난류에 의한 확산염의 형상은 연료가 일정할 경우 상사형이 되며 화염길이와 노즐의 비는 일산화탄소가 80, 수소가 140, 도시가스가 130, 아세틸렌이 175, 프로판이 300 정도이다.

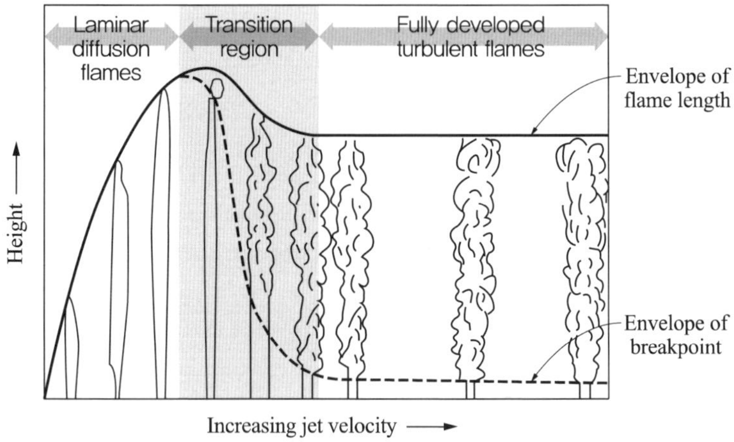

그림 7.13 자유제트확산화염의 천이과정

출처) Diffusion in laminar flame jets. Hottel H.C. and Hawthorne W.R.. In Proceedings of the Third Symposium (International) on Combustion, page 253–266, Baltimore, 1949.

확산연소법의 특성

① 예혼합연소에 비해 연료의 분출속도가 느리고 층류의 흐름을 가져 화염이 길다.

② 그을음이 발생하기 쉽다.

③ 역화의 위험이 없다.

④ 공기와 가스를 예열할 수 있는 연소방식이다.

확산연소의 연소과정은 확산속도에 비례하며 연소반응이 늦고 연소 부하율이 작고 화염은 길게 퍼지면 적황색이 되고 화염온도는 약 900℃로서 가스연소 중에서 가장 낮다.

확산연소는 주로 일산화탄소와 질소가 주성분인 발생로가스, 고로가스에 적용되는 연소방식이고, 메탄이 주성분인 천연가스에도 사용될 수 있다.

확산연소에 사용되는 버너는 포트형(pot type)과 버너형(burner type)이 있으며 확산형 가스버너는 가열로 등과 같이 화염의 길이와 휘도를 조절할 때에도 많이 사용된다.

1) 포트형

버너 자체가 노 벽과 내화재로 만든 단면적이 큰 화구에서 연소용 공기와 기체연료를 별도로 보내어 연소시키는 것으로 가스의 분출속도가 느리고 가스와 공기압을 높이지 못하는 경우에 사용하며 기체연료와 연소용 공기를 고온으로 예열할 수 있는 장점을 가진다.

특히 포트형 설계 시 주의사항은 다음과 같다.

① 가스 및 공기의 온도와 밀도를 고려하여 밀도가 큰 공기 출구는 상부에, 밀도가 작은 가스 출구는 하부에 배치되도록 하여 부력 차에 의한 혼합이 잘 일어나도록 한다.
② 포트형은 가스와 공기를 함께 가열할 수 있으며 노 내부에서 연소가 완료되도록 가스와 공기의 유속을 결정한다.
③ 포트 입구가 작으면 슬래그가 부착해서 막힐 우려가 있으며 구조상 가스와 공기압을 높이지 못하는 경우에 사용한다.
④ 천연가스와 같은 고발열량 탄화수소는 가스압력을 통해 노즐로부터 고속으로 분출하므로 주변 공기를 흡인하도록 한다.

2) 버너형

버너를 사용하여 연료를 태우는 장치로 확산형 가스버너는 역화의 우려가 없고 화염이 안정적이어서 보일러와 대량 가스를 사용할 때 적합하다.

고로가스와 같이 발열량이 낮은 가스를 연소할 경우 가스의 양이 공기량보다 많으므로 가스유로에 선회날개를 이용하여 혼합시킨 후 연소하는 선회형 버너가 있으며 메탄을 주성분으로 하는 천연가스와 같은 고발열량 연료를 연소시키는데 가장 적합한 방사형 버너가 있다.

■ 기체연료의 연소장치의 관리

기체연료는 고체·액체연료에 비해 특히 유의할 점은 폭발방지대책이다. 기체연료 연소 시 폭발방지를 위해서는 다음과 같은 점에 유의해야 한다.
① 점화 또는 재점화 시 노 내부의 가스를 충분히 배출시킨 후 점화한다.
② 연소용 2차 공기는 흡인식(내부압은 부압) 보다는 가압송풍식이 안전하다.
③ 배관의 누설 감시 및 환기를 철저히 한다.
④ 가스의 주입밸브는 완전히 잠근다.

■ 보염기(Flame stabilizer)

보염기는 화염안정화를 위해 사용하며 증기흐름을 차단하여 보염기의 하류부에 착화가 가능한 저속의 고온 순환역을 형성하는데 사용된다. 주로 공기유동에 대해 소용돌이를 발생시켜 화염의 순환영역을 만들어 화염을 안정화한다.
① 원추형 보염기는 원추의 가장자리에서 말려들게 한 소용돌이에 의하여 주로 보염작용을 한다.

② 축류형 보염기는 날개의 후방에 생기는 소용돌이에 의하여 보염 작용을 한다.

또한, 공기유동에 대해 연료를 역방향으로 분사하고 국부공기 유속을 화염전파속도보다 작게 한다.

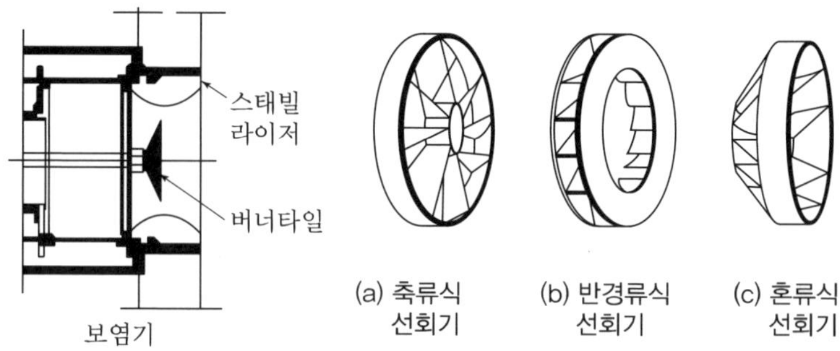

그림 7.14 보염기의 종류

5. 폐가스 소각장치

폐가스 소각로는 직접연소법과 접촉연소법으로 나누며 직접화염재연소기, 직접화염소각, 고온소각법 및 재생 열산화법과 재생 촉매산화법 등이 있다.

1) 직접화염재연소기

① 재연소기 설계 시 연료, 산소, 폐가스가 잘 혼합되도록 하고, 배기가스의 적정온도 유지를 위해 혼합연료의 양과 연소가스량 및 체류시간 등을 잘 조절하여야 한다.
② 설계 시 반응시간은 0.2～0.7초, 반응온도 650～870℃이다.
③ 이 방법은 가연성 폐가스의 배출량이 아주 많은 경우에 유용하며 황이나 염소화합물 등을 함유하고 있는 경우에는 SO_2, HCl 등과 같은 2차 오염물질이 발생될 수 있다.
④ 연소온도가 높아 thermal NO_x와 온실가스인 CO_2가 많이 발생될 수 있다.
⑤ 특히 열회수 장치가 없을 경우 보조연료비가 증가할 수 있다.

2) 직접화염소각

① 주로 폐가스 자체의 가연성 혼합물이 있는 경우 사용된다.
② 발열량이 낮은 폐가스(890kcal/L)에서도 조연용 연료로 연소가 가능하다.
③ 발열량이 아주 낮은 폐가스에서도 예열 시(320～370℃) 조연용 연료를 사용하지 않고 연소가 가능하다.
④ 대량의 가연성 폐가스를 처리할 경우에 사용이 편리하고 경제적이다.

일반적으로 직접산화법(Thermal Oxidation: TO)은 고온에서 산화 분해되는 VOC를 포함한 폐가연성 기체물질을 연소할 수 있는 방법이다. 열 연소에서 3T, 즉 연소온도(Temperature), 체류시간(residence Time) 및 난류혼합(Turbulence)이 매우 중요하다.

3) 고온소각법

일반적으로 폐가스의 완전연소를 위해서는 조연용 연료와 적절한 공기량의 필요하며 고온소각은 일반적으로 540～820℃에서 충분하며 480℃ 이하의 낮은 온도도 있으나, 완전연소를 위해선 1,200℃의 온도가 필요하다.

① 유기물과 희박공기의 혼합가스는 1L당 8.9～178kcal의 발열량을 가지므로 양호한 연소를 위해선 3T 조건이 중요하다.
② 폐기물의 체류시간은 0.25～1초이며 순수한 오염물질의 자연착화온도보다 수백도 높게 해야 한다.
③ 고온소각 시 통풍방식은 흡인 또는 압인통풍법을 사용한다.

4) 촉매산화법

촉매산화법은 VOC의 농도가 낮거나 저농도의 가연물질을 함유하는 폐가스에 사용할 수 있으며 고온연소법에 비해 반응온도가 낮아 NO_x의 발생을 저감할 수 있다.

① 촉매는 백금 및 팔라듐, 코발트계열을 사용하며 표면적이 크고 고온에서 일정한 밀도가 유지되어야 한다.
② 구리, 금, 은, 카드뮴 등은 촉매를 활성화 시키고 촉매수명을 연장하며 아연 등은 촉매독으로 작용한다.
③ 대부분의 촉매는 800～900℃ 이하에서 촉매역할이 활발하므로 촉매연소에서의 온도 상승은 50～100℃ 정도로 유지하는 것이 좋다.
④ 촉매연소기의 효율은 95% 이상이며 압력손실이 낮고 운영비가 적게 든다.

5) 재생 열산화법(Regenerative Thermal Oxidation: RTO)

폐가스 중 VOCs를 포함한 기체를 고온에서 연소하여 이산화탄소와 물로 전환시켜 주며 열회수는 열교환기를 사용하지 않고 세라믹 등의 축열재를 사용하여 열을 회수하는 방식이다.

재생 열산화방식의 특징

① 열회수율이 98%로 매우 높으며, VOCs를 포함한 폐가스가 800~1,000℃에서 직접연소 되거나 축열재 표면에서 접촉연소에 의해 완전히 제거된다.

② 세라믹의 내식성, 내열성으로 인해 장치수명이 길다.

③ 압력손실도 비교적 적고, 국부연소가 없어 NO_x 발생이 매우 적다.

6) 재생 촉매산화법(Recuperative Catalytic Oxidizer: RCO)

고온연소법에 비해 연소온도가 300~400℃로 비교적 낮은 온도에 VOCs 등의 폐가스를 열 산화하는 방법이다.

① 저농도의 가연물질과 공기를 함유하는 기체 폐기물에 대하여 적용된다.

② 보통 백금 및 팔라듐이 촉매로 쓰인다.

③ RCO는 온도가 낮은 대용량의 폐가스를 처리하거나 폐가스의 농도가 낮아 연소시키기 어려울 때 사용가능하나 촉매의 피독 현상으로 인해 RTO만큼 널리 이용되지는 못한다.

7.4 통풍장치(Ventilating device)

통풍장치는 연소장치에서 나오는 연소폐가스를 배출하기 위한 장치로 크게 자연통풍과 강제통풍으로 나누며 강제통풍은 압입통풍, 흡인통풍, 평형통풍방식으로 나눌 수 있으며 흡인통풍방식과 압입통풍방식을 그림 7.15에 나타내었다.

1. 통풍장치의 분류

1) 자연통풍은 보일러 등에서 발생하는 연기를 통풍기를 사용하지 않고 굴뚝 또는 배기통 내의 상부와 하부의 가스 비중차이에 의해 자연적으로 통풍하는 방법이다.

① 일반적으로 유속은 3~4m/sec이며 노 내압은 부압(−)을 형성한다.

② 굴뚝에서 자연통풍력을 증대하는 방법

- 연돌의 높이를 올려주고 굴곡부를 최소화한다.
- 연돌의 상부 단면적을 크게 한다.
- 굴뚝 외기의 온도와 내부의 연소가스의 온도차가 높을수록 부력이 증가한다.
- 연소가스의 온도가 높아질수록 연소가스의 밀도가 낮아져 통풍력은 증가하게 된다.

2) 흡인통풍방식(induced draft)은 압입통풍과는 반대로 노 내의 배출가스를 송풍기 등으로 끌어냄으로서 연소용 공기를 노 내로 유입시키는 방식이다.

① 연소실 내 압력은 대기압보다 낮은 부압(−)을 유지하므로 역화의 위험성이 없다.
② 통풍력이 높아 통풍저항이 큰 경우 적합하며 이젝터를 사용할 경우 동력을 사용하지 않아도 된다.
③ 반면에 연소실이 부압이므로 외부공기가 침입할 수 있음으로 연소용 공기를 예열 시에 적합하지 않다.
④ 송풍기의 소요동력이 크고 점검 및 보수가 용이하지 못하다.

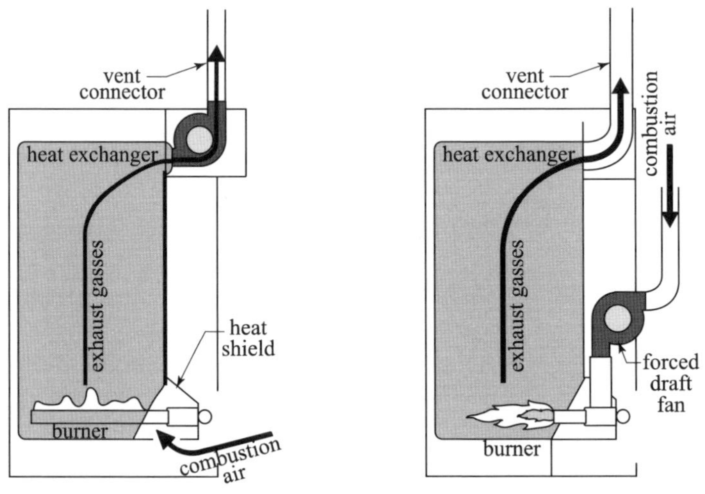

(a) 흡인통풍(induced draft fan) (b) 압입통풍(forced draft fan)

그림 7.15 흡인통풍방식과 압입통풍방식

출처) http://inspectapedia.com/heat/Draft_Inducer_Fan_Requirements.php

3) 압입통풍방식(forced draft)은 연소용 공기를 송풍기 등으로 가압하여 노 내로 압입하고 그 압력으로 배출가스를 대기로 방출하는 방식이다.

① 연소실 내 압력은 대기압보다 높은 정압(+)이어서 연소효율을 증대시킬 수 있다.
② 흡입통풍방식에 비해 소모동력이 적고 송풍기 고장이나 점검 및 보수가 용이하다.
③ 연소용 공기를 예열하는데 적합하다.
④ 반면에 연소실 내 압력이 대기압보다 높음으로 고온의 연소가스가 누출될 수 있다.
⑤ 역화의 위험성이 있고 연소실 벽이 손상될 수 있다.

4) 평형통풍방식(Balanced draft)은 압입, 흡인의 양방식을 동시에 행하는 방식으로 통풍력이 강하여 통풍손실이 큰 대형연소시설이나 폐기물 소각에 사용할 수 있다.
① 통풍설비는 압입송풍기, 공기예열기, 통풍 덕트, 유인송풍기, 배출가스 덕트, 굴뚝 등으로 구성되어 있다.
② 연소내의 정압과 부압을 조절할 수 있음으로 누설이나 외기침입을 억제할 수 있다.
③ 반면에 소음 발생이 심하고 시설비가 많이 들며 송풍기의 소요 동력이 크므로 유지 비용도 많이 든다.

2. 통풍력 계산

통풍력이 증가하면 연소상태는 좋아지나 연소율이 증가되어 연료의 소모가 많아지고 배출가스가 증대됨으로 연소로 내의 열손실이 커지게 된다.

통풍력은 공기의 비중량의 차이이므로 다음 식으로 구할 수 있다.

$$Z = H(\gamma_a - \gamma_g)\ [\mathrm{mmH_2O}]$$

여기에서 H는 굴뚝의 높이(m)이며 γ_a는 공기의 비중량(kg_f/m^3)이고 γ_g는 연소가스의 비중량(kg_f/m^3)이다. 여기에서 단위에 주의할 필요가 있다. kg_f는 kg중으로 중량 또는 힘을 나타내는 단위이다.

γ_a는 외기온도 t_a(℃)에서의 공기의 비중량이므로 온도 보정해 주어야 한다.

$$\gamma_a = \gamma_{ao} \times \frac{273}{273 + t_a}$$

이 식에서 γ_{ao}는 표준상태에서 공기의 비중량으로 약 $1.3kg_f/m^3$이 된다.

$$\gamma_a = 1.3 \times \frac{273}{273 + t_a} = \frac{355}{273 + t_a}$$

연소가스인 γ_g가 공기와 조성비가 동일하다고 가정한다면 표준상태의 공기비중량을 이용하여 연소가스온도 t_g에 대한 온도를 보정할 수 있다.

$$\gamma_g = \gamma_{ao} \times \frac{273}{273+t_g} = 1.3 \times \frac{273}{273+t_g} = \frac{355}{273+t_g}$$

따라서 통풍력 Z를 t_a와 t_g로 표시하면

$$Z = 355H\left(\frac{1}{273+t_a} - \frac{1}{273+t_g}\right) [\mathrm{mmH_2O}]$$

과년도 기출문제

7.1 고체연료 연소장치 관련 과년도 기출문제

1. 투입방식

01 화격자 연소 중 상부투입 연소(over feeding firing)에서 일반적인 층의 구성순서로 가장 적합한 것은?

가. 석탄층 → 건조층 → 건류층 → 환원층 → 산화층 → 재층 → 화격자
나. 화격자 → 석탄층 → 건류층 → 건조층 → 산화층 → 환원층 → 재층
다. 석탄층 → 건류층 → 건조층 → 산화층 → 환원층 → 재층 → 화격자
라. 화격자 → 건조층 → 건류층 → 석탄층 → 환원층 → 산화층 → 재층

풀이 가

2. 화격자소각로

02 모닥불이나 화재 등도 이 연소의 일종이며, 고정된 연료괴의 층을 연소용 공기가 통과하면서 연소가 일어나는 것으로 금속격자 위에 연료를 깔고 아래에서 공기를 불어 연소시키는 형태는?

가. 확산연소　　나. 분무화연소　　다. 화격자연소　　라. 표면연소

풀이 다

03 화격자식(스토커) 소각로에 관한 설명으로 옳지 <u>않은</u> 것은?

가. 휘발성분이 많고 열분해 되기 쉬운 물질을 소각할 경우에는 공기를 아래쪽에서 위쪽으로 통과시키는 상향연소방식을 사용하는 것이 효과적이다.
나. 경사 스토커 방식의 경우 수분이 많은 것이나 발열량이 낮은 것도 어느 정도 소각이 가능하다.
다. 체류시간이 길고 교반력이 약한 편이어서 국부가열이 발생할 염려가 있다.
라. 하향식 연소는 상향식 연소에 비해 소각물의 양은 절반 정도로 감소한다.

풀이 가

04 다음은 화격자 종류 중 폰 롤 시스템에 관한 설명이다. (   ) 안에 들어갈 말로 적합하지 않은 것은?

> 폰 롤 시스템(Von Roll System)은 일련의 왕복식 화격자들을 사용하여 폐기물을 소각로 내에서 이동시키면서 연소시킨다. 화격자는 (   ), (   ), (   )의 세부분으로 구성되어 있다.

가. 건조화격자　　나. 회전화격자
다. 연소화격자　　라. 후연소화격자

풀이 나

05 다음은 가동화격자의 종류에 관한 설명이다. (   ) 안에 알맞은 것은?

> (   )는 고정화격자와 가동화격자를 횡방향으로 나란히 배치하고 가동화격자를 전후로 왕복운동 시킨다. 비교적 강한 교반력과 이송력을 갖고 있으며, 화격자 눈의 메워짐이 별로 없어 낙진량이 많고 냉각작용이 부족하다.

가. 부채형 반전식 화격자　　나. 병렬요동식 화격자
다. 이상식 화격자　　라. 회전 롤러식 화격자

풀이 나

06 대형 소각로에 사용하는 가동식 화격자 중 화격자 상에서 건조, 연소 및 후연소가 이루어지며 쓰레기의 교반 및 연소조건이 양호하고 소각효율이 매우 높으나 화격자의 마모가 많은 것은?

가. 역동식 화격자　　나. 회전 롤러식 화격자
다. 부채형 반전식 화격자　　라. 계단식 화격자

풀이 가

07 고체연료 연소장치 중 하급식 연소방법으로 연소과정이 미착화탄 → 산화층 → 환원층 → 회층으로 변하여 연소되고, 연료층을 항상 균일하게 제어할 수 있고, 저품질 연료도 유효하게 연소시킬 수 있어 쓰레기 소각로에 많이 이용되는 화격자 연소장치로 가장 적합한 것은?

가. 포트식 스토커(Pot stoker)　　나. 플라즈마 스토커(Plasma stoker)
다. 로터리킬른(Rotary kiln)　　라. 체인 스토커(Chain stoker)

풀이 라

08 다음은 쓰레기 이송방식에 따라 가동화격자(Moving stoker)를 분류한 것이다. (　)안에 가장 알맞은 것은?

> (　) 화격자는 고정화격자와 가동화격자를 횡방향으로 나란히 배치하고, 가동화격자를 전후로 왕복운동 시킨다. 비교적 강한 교반력과 이송력을 갖고 있으며, 화격자의 눈이 메워짐이 별로 없다는 이점이 있으나, 낙진이 많고, 냉각작용이 부족하다.

가. 직렬식　　나. 병렬요동식　　다. 부채 반전식　　라. 회전 롤러식

풀이 나

09 다음은 화격자의 종류 중 폰 롤 시스템에 관한 설명이다. (　) 안에 들어갈 말로 적합하지 않은 것은?

> 폰 롤 시스템(Von Roll System)은 일련의 왕복식 화격자들을 사용하여 폐기물을 소각로 내에서 이동시키면서 연소시킨다. 화격자는 (　), (　), (　)의 세부분으로 되어 있다.

가. 건조 화격자　　나. 회전 화격자　　다. 연소 화격자　　라. 후연소 화격자

풀이 나

10 쓰레기 이송방식에 따른 각 화격자에 관한 설명으로 옳지 않은 것은?

가. 부채형 반전식 화격자는 교반력이 커서 저질쓰레기의 소각에 적당하다.
나. 역동식 화격자는 쓰레기 교반 및 연소조건이 양호하고 소각효율이 높으나 화격자의 마모가 많다.
다. 이상식 화격자는 건조, 연소, 후연소의 각 화격자를 수평으로 일직선상으로 배치한 것으로 내구성과 이송효율은 좋으나 혼합률은 낮다.
라. 병렬 요동식 화격자는 비교적 강한 이송력을 갖고 있고, 화격자 눈의 메워짐이 별로 없어 낙진량이 많고 냉각작용이 부족하다.

풀이 다

3. 유동층소각로

11 유동층 연소에 관한 설명으로 거리가 먼 것은?

가. 유동화가 행해지는 공기유속의 범위는 한정되어 있으며, 통상 0.3~4m/sec 정도이다.
나. 비교적 고온에서 연소가 행해지므로 열생성 NO_x가 많고 전열관의 부식이 문제가 된다.
다. 연료의 층 내 체류시간이 길어 저발열량의 석탄도 완전연소가 가능하다.
라. 유동매체에 석회석 등의 탈황제를 사용하여 노 내 탈황도 가능하다.

풀이 나

12 유동층 연소로에 사용되는 유동사의 구비조건으로 옳지 <u>않은</u> 것은?

가. 활성이 클 것　　나. 융점이 높을 것
다. 비중이 작을 것　　라. 입도분포가 균일할 것

풀이 가

13 석탄의 유동층 연소방식에 관한 설명으로 가장 거리가 <u>먼</u> 것은?

가. 화염층을 작게 할 수 있다.　　나. 건설비와 전열면적이 많이 든다.
다. 미분탄장치가 불필요하다.　　라. 부하변동에 쉽게 응할 수 없다.

풀이 나

14 유동층 연소시설의 일반적인 특성으로 옳지 <u>않은</u> 것은?

가. NO_x 생성억제에 효과가 있다.
나. 유동매체는 모래와 같은 내열성 분립체로 비중이 클수록 좋다.
다. 별도의 배연탈황 설비가 불필요하다.
라. 재나 미연탄소의 방출이 많고 부하변동에 따른 적응이 어렵다.

풀이 나

15 유동층 연소에 관한 설명으로 거리가 <u>먼</u> 것은?

가. 부하변동에 따른 적응성이 낮은 편이다.
나. 높은 열용량을 갖는 균일 온도의 층 내에서는 화염 전파는 필요 없고 층의 온도를 유지할 만큼의 발열만 있으면 된다.
다. 분탄을 미분쇄 투입하여 석탄 입자의 체류시간을 짧게 유지한다.
라. 주방쓰레기, 슬러지 등 수분함량이 높은 폐기물을 층 내에서 건조와 연소를 동시에 할 수 있다.

풀이 다

16 유동층 소각로에 관한 설명으로 옳지 <u>않은</u> 것은?

가. 유동매체의 열용량이 커서 액상물질과 고형물질 등 여러 가지 종류의 혼합연소가 가능하다.
나. 연소효율이 높아 미연분의 생성량이 적어 회분매립으로 인한 2차 공해가 감소된다.
다. 매체를 유동시키기 위한 과잉공기(50~80%)가 다량 소비되어 연소배출 가스량이 많다.
라. 대형의 고형폐기물은 노 내로 투입 전 파쇄(전처리)하여야 한다.

풀이 다

17 고체연료의 연소방법 중 유동층 연소법에 관한 설명으로 가장 거리가 <u>먼</u> 것은?
가. 연소온도가 미분탄연소로에 비해 높아 NO_x 생성억제에 불리하다.
나. 조대 고형물의 경우 투입을 위한 파쇄가 필요하다.
다. 노 내에서 산성가스의 제거가 가능하다.
라. 재나 미연탄소의 배출이 많다.

풀이 가

18 석탄의 유동층 연소방식에 관한 설명과 가장 거리가 <u>먼</u> 것은?
가. 미분탄장치가 필요하며, 화염층을 작게 할 수 있다.
나. 전열면적이 적게 든다.
다. 부하변동에 쉽게 응할 수 없다.
라. 다른 연소법에 비해 재와 미연탄소의 방출이 많다.

풀이 가

19 유동층 연소에서 부하변동에 대한 적응성이 좋지 않은 단점을 보완하기 위한 방법으로 가장 거리가 <u>먼</u> 것은?
가. 공기분산판을 분할하여 층을 부분적으로 유동시킨다.
나. 층 내의 연료비율을 고정시킨다.
다. 유동층을 몇 개의 셀로 분할하여 부하에 따라 작동시키는 수를 변화시킨다.
라. 층의 높이를 변화시킨다.

풀이 나

4. 로터리킬른

20 로터리킬른의 특징으로 가장 거리가 <u>먼</u> 것은?
가. 소각전처리가 크게 요구되지 않는다.
나. 소각재 배출시 열손실이 적고, 별도의 후연소기가 불필요하다.
다. 소각 시 공기와의 접촉이 좋고 효율적으로 난류가 생성된다.
라. 여러 가지 형태의 폐기물(고체, 액체, 슬러지 등)을 동시 소각할 수 있다.

풀이 나

5. 미분탄

21 미분탄연소에 관한 설명으로 옳지 <u>않은</u> 것은?
가. 부하변동에 쉽게 적용할 수 있으므로 대형과 대용량 설비에 적합하다.

나. 분쇄기 및 배관 중에 폭발의 우려 및 수송관의 마모가 일어날 수 있다.
다. 연소에 요하는 시간은 대략 입자 지름의 제곱에 반비례하고, 화염전파속도는 기체연료에 비해 적다.
라. 스토커연소에 비해 공기와의 접촉 및 열전달도 좋아지므로 작은 공기비로 완전연소가 가능한 편이다.

풀이 다

22 미분탄연소에 관한 설명으로 옳지 <u>않은</u> 것은?
가. 부하변동에 쉽게 적용할 수 있으므로 대형과 대용량 설비에 적합하다.
나. 노벽 및 전열면에 쌓이는 재를 최소화시킬 수 있으며 화격자 연소에 비하여 공기비는 동일 수준이다.
다. 연소제어가 용이하고, 점화 및 소화 시 손실이 적은 편이다.
라. 스토커연소에 비해 공기와의 접촉 및 열전달도 좋아지므로 작은 공기비로 완전연소가 가능한 편이다.

풀이 나

23 미분탄 연소장치에 관한 설명으로 옳지 <u>않은</u> 것은?
가. 설비비와 유지비가 많이 들고 재의 비산이 많아 집진장치가 필요하다.
나. 부하변동의 적응이 어려워 대형과 대용량 설비에는 적합지 않다.
다. 연소제어가 용이하고 점화 및 소화 시 손실이 적다.
라. Stokes 연소에는 적합하지 않는 점결탄과 저발열량탄 등도 사용할 수 있다.

풀이 나

24 다음 중 화력발전소나 시멘트 소성로와 같은 대형 대용량 연소시설에서 석탄으로 연소시키고자 할 때 가장 적합한 연소방식은?
가. 화격자연소　나. 미분탄연소　다. 유동층연소　라. 스토커연소

풀이 나

25 미분탄 연소장치에 관한 설명으로 옳지 <u>않은</u> 것은?
가. 점결탄, 저발열량탄 등과 같은 연료로 사용할 수 있다.
나. 연소제어가 용이하고 점화 및 소화 시 손실이 적다.
다. 부하변동에 쉽게 응할 수 없으며, 연소효율도 낮다.
라. 분쇄기 및 배관 중에 폭발이 일어날 우려가 있고 집진장치가 필요하다.

풀이 다

26 미분탄연소에 관한 설명으로 가장 거리가 먼 것은?

가. 반응속도에 영향을 주는 요인들이 많으나, 연소에 요하는 시간은 대략 입자지름의 제곱에 반비례 한다.

나. 같은 양의 석탄에서는 표면적이 대단히 커지고 공기와의 접촉 및 열전달도 좋아지므로 적은 공기비로 완전연소가 된다.

다. 재 비산이 많고 집진장치가 필요하다.

라. 점화 및 소화 시 열손실은 적고, 부하의 변동이 쉽게 적용할 수 있다.

풀이 가

27 미분탄연소로에 사용되는 버너 중 접선기울기형 버너(tangential tilting burner)에 관한 설명으로 거리가 먼 것은?

가. 선회흐름을 보일러에 활용한 것으로 선회버너라고도 하며, 연소로 외벽으로 화염을 분산·형성한다.

나. 사각연소로인 경우 각 보퉁이에 3~5개의 버너가 높이가 다르게 설치되어 있다.

다. 1차 공기 및 석탄 주입관 끝은 10~30° 정도의 각도범위에서 조절할 수 있도록 되어 있다.

라. 화염을 상하로 이동시켜서 과열을 방지할 수 있도록 되어 있다.

풀이 가

28 미분탄 연소방식의 특징으로 옳지 않은 것은?

가. 부하변동에 쉽게 적응할 수 있다.

나. 고효율이 요구되는 소규모 연소장치에 적합하다.

다. 비교적 저질탄도 유효하게 사용할 수 있다.

라. 연료의 접촉표면적이 크므로 작은 공기비로도 연소가 가능하다.

풀이 나

29 미분탄연소에 관한 설명으로 옳지 않은 것은?

가. 스토커연소에 적합하지 않은 점결탄과 저발열량탄도 사용가능하다.

나. 사용연료의 범위가 넓고, 적은 공기비로 완전연소가 가능하다.

다. 재 비산이 많고 집진장치가 필요하게 된다.

라. 배관 중 폭발의 우려나 수송관의 마모 우려가 없다.

풀이 라

6. 종합

30 다음 연소방식 및 연소장치에 관한 설명으로 거리가 먼 것은?

가. 확산연소는 화염이 길고 그을음이 발생하기 쉽다.

나. 예혼합연소는 혼합기의 분출속도가 느릴 경우 역화의 위험이 있으므로, 역화방지기를 부착해야 한다.

다. 유동층에서는 저열량연료, 점착성연료는 적용이 불가능하며, 탈황제의 주입 시 별도로 배연탈황설비가 필요하다.

라. 기화연소는 연료를 고온의 물체를 접촉 또는 충돌시켜 액체를 가연성 증기로 변환 후 연소시키는 방식이다.

풀이 다

31 연소장치의 특성에 관한 설명으로 옳지 않은 것은?

가. 유동층 연소는 다른 연소법에 비해 NO_x 생성 억제가 잘되고, 화염층을 작게 할 수 있으므로 장치의 규모를 작게 할 수 있다.

나. 산포식 스토커, 계단식 스토커에 의한 연소방식은 화격자 연소장치에 속한다.

다. 미분탄을 사용하는 연소시설에서는 화염의 전파속도는 기체연료에 비해 작으며, 만일 버너로부터 분출속도가 클 경우에는 역화의 우려가 발생할 수 있다.

라. 미분탄연소는 사용연료의 범위가 넓고, 스토커연소에 적합하지 않은 점결탄과 저발열량탄 등도 사용할 수가 있다.

풀이 다

7. 석탄슬러리(COM, CWM)

32 COM 연소장치에 대한 설명 중 가장거리가 먼 것은?

가. 중유전용보일러의 경우 별도의 개조 없이 COM을 연료로서 용이하게 사용할 수 있다.

나. 화염길이는 미분탄연소에 가까운 반면, 화염안정성은 중유연소에 가깝다.

다. 연소실 내의 체류시간의 부족, 분사변의 폐쇄와 마모, 재의 처리 등에 주의할 필요가 있다.

라. 중유보다 미립화 특성이 양호하다.

풀이 가

33 석탄슬러리 연료에 대한 설명으로 옳지 않은 것은?
가. 석탄슬러리 연료는 석탄분말에 기름을 혼합한 COM과 물을 혼합한 CWM으로 대별된다.
나. 표면연소 시기에서는 COM 연소의 경우 연소온도가 높아진 만큼 표면연소가 가속된다고 볼 수 있다.
다. 분해연소 시기에서는 CWM 연소의 경우 15wt%(w/w)의 물이 증발하여 증발열을 빼앗음과 동시에 휘발분과 산소를 희석하기 때문에 화염의 안정성이 좋다.
라. 분해연소 시기에서는 COM 연소의 경우 50wt%(w/w) 중유에 휘발분이 추가되는 형태로 되기 때문에 미분탄연소 보다는 분무연소에 더 가깝다.

풀이 다

8. 저온부식

34 다음 중 저온부식의 원인과 대책에 관한 설명으로 가장 거리가 먼 것은?
가. 연소가스 온도를 산노점 온도보다 높게 유지해야 한다.
나. 예열공기를 사용하거나 보온시공을 한다.
다. 저온부식이 일어날 수 있는 금속표면은 피복을 한다.
라. 250℃ 이상의 전열면에 응축하는 황산, 질산 등에 의하여 발생된다.

풀이 라

35 보일러에서 저온부식을 방지하기 위한 방법으로 가장 거리가 먼 것은?
가. 과잉공기를 줄여서 연소한다.
나. 가스온도를 산노점 이하가 되도록 조업한다.
다. 연료를 전처리하여 유황분을 제거한다.
라. 장치효면을 내식재료로 피복한다.

풀이 나

7.2 액체연료 연소장치 관련 과년도 기출문제

36 다음 연소장치 중 일반적으로 가장 큰 공기비를 필요로 하는 것은?
가. 미분탄버너 나. 수평수동화격자 다. 오일버너 라. 가스버너

풀이 나

1. 건타입버너

37 다음 중 건타입(gun type)버너에 관한 설명으로 <u>틀린</u> 것은?
가. 형식은 유압식과 공기분무식을 합한 것이다.
나. 유압은 보통 7kg/cm^2 이상이다.
다. 연소가 양호하고, 전자동 연소가 가능하다.
라. 유량조절 범위가 넓어 대용량에 적합하다.

풀이 라

2. 유류연소버너

38 유류버너 중 회전식 버너에 관한 설명으로 옳지 <u>않은</u> 것은?
가. 연료유의 점도가 작을수록 분무화 입경이 작아진다.
나. 분무는 기계적 원심력과 공기를 이용한다.
다. 유압식 버너에 비해 연료유의 분무화 입경이 1/10 이하로 매우 작다.
라. 분무 각도는 40~80° 정도로 크며 유량조절범위도 1:5 정도로 비교적 작은 편이다.

풀이 다

39 유류연소버너에 관한 설명으로 <u>틀린</u> 것은?
가. 유압분무식 버너 : 연료의 점도가 크거나, 유압이 5kg/cm^2 이하가 되면 분무화가 불량하다.
나. 회전식 버너 : 연료유 분사유량은 직결식의 경우 1,000L/hr 이하이다.
다. 고압기류 분무식 버너 : 분무각도는 30° 정도로 작은 편이며, 분무에 필요한 1차 공기량은 이론연소공기량의 7~12% 정도이다.
라. 저압기류 분무식 버너 : 비교적 좁은 각도의 긴 화염이며, 용량은 2,000~3,000L/hr로 주로 대형 가열로에 이용된다.

풀이 라

40 다음 유류연소버너의 종류로 가장 적합한 것은?

- 용도 : 부하변동이 있는 중소형 보일러에 주로 사용
- 유압 : 5kg/cm^2 전후
- 분무각도 : 약 40~80°
- 화염의 형식 : 비교적 넓게 퍼지는 화염

가. 고압공기식　　나. 유압식　　다. 회전식　　라. 건타입식

풀이 다

41 유류버너의 종류에 관한 다음 설명 중 가장 거리가 먼 것은?

가. 유압식 버너에서 연료유의 분무각도는 압력, 점도 등으로 약간 달라지지만 40~90° 정도이다.

나. 저압공기식 버너는 구조가 간단하고, 유량조절범위는 1 : 10 정도이며, 무화상태가 좋아서 대형가열로에 주로 사용한다.

다. 고압공기식 버너는 고점도 사용에도 가능하며, 분무각도가 20~30° 정도이며, 장염이나 연소 시 소음이 발생된다.

라. 회전식 버너의 유량조절범위는 1 : 5 정도이고, 유압식 버너에 비해 연료유의 분무화입경은 비교적 크다.

풀이 나

3. 고압공기식

42 다음은 어떤 버너에 관한 설명인가?

> 증기압 또는 공기압은 2~10kg/cm^2이고, 무화용 공기량은 이론공기량의 7~12% 정도이다. 유량조절비는 1 : 10 정도이며, 분무각도는 20~30° 정도이다.

가. 유압식 버너　　나. 회전식 버너
다. 저압공기분무식 버너　　라. 고압공기식 버너

풀이 라

43 다음 설명하는 연소장치로 가장 적합한 것은?

> - 증기압 또는 공기압은 2~10kg/cm^2이다.
> - 유량조절범위는 1 : 10 정도이다.
> - 분무각도는 20~30°, 연소 시 소음이 발생된다.
> - 대형가열로 등에 많이 사용된다.

가. 고압공기식 버너　　나. 유압식 버너
다. 저압공기식 버너　　라. 슬래그탭 버너

풀이 가

44 고압기류분무식 버너의 특징으로 거리가 먼 것은?

가. 분무각도는 60° 정도로 크고, 유량조절범위는 1 : 3 정도로 부하변동에 대한 적응이 어렵다.

나. 2~8kg/cm^2 정도의 고압공기를 사용하여 연료유를 무화시키는 방식이다.

다. 연료유의 점도가 커도 분무화가 용이한 편이다.

라. 분무에 필요한 1차 공기량은 이론연소공기량의 7~12% 정도하면 된다.

풀이 가

4. 유압분무식

45 액체연료의 연소장치 중 유압분무식 버너에 관한 설명으로 가장 거리가 <u>먼</u> 것은?
가. 대용량 버너 제작이 용이하다.
나. 분무각도가 40～90° 정도로 크다.
다. 연료의 점도가 크거나 유압이 5kg/cm^2 이하가 되면 분무화가 불량하다.
라. 유량조절범위가 넓어 부하변동 적응에 용이하다.

풀이 라

46 유압분무식 버너에 관한 설명으로 옳지 <u>않은</u> 것은?
가. 유량조절범위가 환류식의 경우 1 : 3, 비환류식의 경우는 1 : 2 정도여서 부하변동에 적응하기 어렵다.
나. 연료의 분사유량은 15～2,000kL/hr 정도이다.
다. 분무각도가 40～90° 정도로 크다.
라. 연료의 점도가 크거나 유압이 5kg/cm^2 이하가 되면 분무화가 불량하다.

풀이 나

47 액체연료의 연소장치인 유압분무식 버너에 관한 설명으로 가장 거리가 <u>먼</u> 것은?
가. 구조가 간단하여 유지 및 보수가 용이하다.
나. 대용량 버너 제작이 용이하다.
다. 유량조절범위가 넓어 부하변동이 용이하다.
라. 분무각도가 40～90° 정도로 크다.

풀이 다

48 다음 중 분무각도가 40～90° 정도로 크며, 유량조절범위가 다른 버너에 비해 적어 부하변동에 적응하기 어렵고, 대용량 버너제작이 용이한 유류버너 형태는?
가. 저압공기식 버너　　　　나. 고압공기식 버너
다. 회전식 버너　　　　라. 유압분무식 버너

풀이 라

5. 종합

49 액체연료의 연소장치에 관한 설명 중 옳지 <u>않은</u> 것은?
가. 건타입버너는 연소가 양호하고 소형이며 전자동 연소가 가능하다.
나. 저압기류 분무식 버너의 분무각도 30～60° 정도이고, 분무에 필요한 공기량은 이론연소공기량의 30～50% 정도이다.

다. 고압기류 분무식 버너의 분무에 필요한 1차 공기량은 이론연소 공기량의 7~12% 정도이다.
라. 회전식 버너는 유압식 버너에 비해 연료유의 입경이 작으며, 직결식은 분무컵의 회전수가 전동기의 회전수보다 빠른 방식이다.

풀이 라

50 연소방식 및 연소장치에 관한 설명으로 옳지 않은 것은?
가. 기화연소방식과 분무화 연소방식은 액체연료의 연소방식에 해당한다.
나. 충돌 분무화식에서 분무화 입경은 점도와 표면장력이 클수록 커진다.
다. 회전식 버너는 유압식 버너에 비해 연료유의 분무화 입경이 적으며, 내부혼합식의 경우 연료분사범위는 3,000~10,000L/hr 정도이다.
라. 고압기류 분무식 버너는 2~8kg/cm^2의 고압공기를 사용하여 연료유를 분무화 시키는 방식으로 분무각도는 30° 정도이다.

풀이 다

51 다음 중 유류 종류별 버너의 유량조절범위의 크기 순서로 옳은 것은? (단, 큰 순서>작은 순서)
가. 유압식>고압공기식>저압공기식　　나. 저압공기식>고압공기식>회전식
다. 고압공기식>회전식>유압식　　라. 회전식>저압공기식>고압공기식

풀이 다

52 액체연료의 연소장치에 관한 각 설명 중 옳지 않은 것은?
가. 고압기류 분무식 버너는 연료유의 점도가 커도 분무화가 용이하나 연소 시 소음이 크다.
나. 저압기류 분무식 버너의 연료분사범위는 200L/hr 정도로 소형설비에 주로 사용된다.
다. 증기 분무식 버너는 설비가 비교적 간단하고, 내부혼합식의 연료분사범위는 12~1,200L/hr 정도로 소형설비에 주로 사용된다.
라. 회전식 버너는 분무각도가 40~80° 정도이다.

풀이 다

53 액체연료의 연소방식을 기화(Vaporization)연소방식과 분무화(Atomization)연소방식에 해당하지 않는 것은?
가. 심지식 연소　　나. 반전식 연소　　다. 포트식 연소　　라. 증발식 연소

풀이 나

54 액체연료의 연소장치에 관한 설명으로 옳지 <u>않은</u> 것은?
가. 유압식 분무식 버너는 대용량 버너제작이 용이하다.
나. 고압기류 분무식 버너는 연소 시 소음이 큰 편이다.
다. 회전식 버너는 유압식 버너에 비해 분무화 입경이 작은 편이다.
라. 저압기류 분무식 버너에서 분무에 필요한 공기량은 이론연소 공기량의 30~50% 정도이면 된다.

풀이 다

55 액체연료가 미립화 되는데 영향을 미치는 요인으로 가장 거리가 <u>먼</u> 것은?
가. 분사압력　　나. 분사속도
다. 연료의 점도　　라. 연료의 발열량

풀이 라

56 액체연료의 연소방식에 관한 설명으로 옳지 <u>않은</u> 것은?
가. 심지식 연소는 기화 연소방식에 속하며, 주로 등유 연소장치에서 심지의 모세관 현상에 의해 증발연소 시키는 방식으로 점화 및 소화 시 공기와 혼합이 나쁜 그을음 및 악취가 발생한다.
나. 포트식 연소는 분무화 연소방식에 해당하며 휘발성이 좋지 않은 중질유 연소에 효과적이다.
다. 충돌 분무화식에서 분무화 입경은 연료의 점도와 표면장력이 클수록 커지므로 분무화입경을 작게 하기 위해서는 연료를 85±5℃ 정도로 예열해야 한다.
라. 이류체 분무화식은 증기 또는 공기의 분무화 매체를 사용하여 분무화 시키는 방식이다.

풀이 나

7.3 기체연료 연소장치 관련 과년도 기출문제

57 기체연료의 연소방식과 연소장치에 관한 설명으로 옳지 <u>않은</u> 것은?
가. 확산연소는 주로 탄화수소가 적은 발생로가스, 고로가스 등에 적용되는 연소방식이다.
나. 예혼합연소는 화염온도가 낮아 국부가열의 염려가 없고 연소부하가 작은 경우 사용이 가능하며, 화염의 길이가 길다.
다. 저압버너는 역화방지를 위해 1차 공기량을 이론공기량의 약 60% 정도만 흡입하고 2차 공기는 노 내의 압력을 부압으로 하여 공기를 흡인한다.
라. 예혼합연소에 사용되는 버너에는 저압버너, 고압버너, 송풍버너 등이 있다.

풀이 나

1. 직접화염 재연소기

58 다음은 직접화염 재연소기에 관한 설명이다. (　) 안에 알맞은 것은?

> 설계 시 반응시간은 (①), 반응온도는 (②), 혼합은 연료 및 산소 오염물질이 잘 혼합되도록 하고, 배기가스의 적정온도 유지를 위해 혼합연료의 양과 연소가스량 및 체류시간 등을 잘 조절하여야 한다.

가. ① 0.2~0.7초, ② 650~870℃　　나. ① 0.2~0.7초, ② 250~350℃
다. ① 15~30초, ② 650~870℃　　라. ① 15~30초, ② 250~350℃

풀이 가

2. 부분예혼합연소

59 연소용 공기의 일부를 미리 연료와 혼합하고, 나머지 공기는 연소실 내에서 혼합하여 확산연소시키는 연소방식으로 소형 또는 중형 버너로 널리 사용되는 기체연료의 연소방식은?
가. 부분연소　　나. 간헐연소　　다. 연속연소　　라. 부분예혼합연소

풀이 라

60 절충식 방법으로써 연소용 공기의 일부를 미리 기체연료와 혼합하고 나머지 공기는 연소실 내에서 혼합하여 확산연소 시키는 방식으로 소형 또는 중소형 버너로 널리 사용되며, 기체연료 또는 공기의 분출속도에 의해 생기는 흡인력을 이용하여 공기 또는 연료를 흡인하는 것은?
가. 확산연소　　나. 예혼합연소　　다. 유동층연소　　라. 부분예혼합연소

풀이 라

3. 연소방법

61 화염이 길고 그을음이 발생하기 쉬운 반면, 역화(back fire)의 위험이 없으며, 공기와 가스를 예열할 수 있는 연소방식은?
가. 예혼합연소　　나. 확산연소　　다. 플라즈마연소　　라. 컴팩트연소

풀이 나

62 다음 중 기체연료의 확산연소에 사용되는 버너 형태로 가장 적합한 것은?
가. 공기분무식 버너　　나. 심지식 버너　　다. 회전식 버너　　라. 포트형 버너

풀이 라

4. 예혼합연소

63 예혼합연소에 관한 설명으로 옳은 것은?

가. 혼합기의 분출속도가 느릴 경우 역화의 위험이 있으므로 역화방지기를 부착해야 한다.
나. 화염온도가 낮아 연소부하가 적은 경우에 효과적으로 사용가능하다.
다. 예혼합연소에 사용되는 버너로 선회버너, 방사버너가 있다.
라. 연소조절이 어렵고, 화염길이가 길다.

풀이 가

64 기체연료의 연소방식 중 예혼합연소에 관한 설명으로 옳지 <u>않은</u> 것은?

가. 연소기 내부에서 연료와 공기의 혼합비가 변하지 않고 균일하게 연소된다.
나. 화염의 길이가 길고, 그을음이 발생하기 쉽다.
다. 역화의 위험이 있어 역화방지기를 부착해야 한다.
라. 화염의 온도가 높아 연소부하가 큰 곳에 사용이 가능하다.

풀이 나

65 예혼합연소에 사용되는 버너 중 역화방지를 위해 1차 공기량을 이론공기량의 약 60% 정도만 흡입하고 2차 공기는 노 내의 압력을 부압(−)으로 하여 공기를 흡인하는 방식으로 가정용 및 소형 공업용으로 많이 사용되는 것은?

가. 고압버너　　나. 선회버너
다. 송풍버너　　라. 저압버너

풀이 라

5. 방사형버너

66 다음 중 기체연료의 연소장치로서 천연가스와 같은 고발열량 연료를 연소시키는데 가장 적합하게 사용되는 버너의 종류는?

가. 선회형버너　　나. 방사형버너
다. 회전식 버너　　라. 건타입버너

풀이 나

67 다음 중 확산연소에 사용되는 버너로서 주로 천연가스와 같은 고발열량의 가스를 연소시키는데 사용되는 것은?

가. 건타입버너　　나. 선회버너
다. 방사형버너　　라. 고압버너

풀이 다

6. 분무형버너

68 분무연소기에서 그을음이 생성되는 것을 방지하기 위한 방법으로 옳지 않은 것은?
가. 배기가스 재순환 등에 의해서 연소용 공기의 O_2 농도를 증가시켜 포위염(envelope flame) 형성을 조장한다.
나. 후류염(wake flame) 형성을 조장하여 예혼합화염에 가깝게 한다.
다. 큰 입경의 분무 액적이 생기지 않게 연료 분사밸브를 사용하여 연소를 균질하게 한다.
라. 주위 공기유속을 증대시켜 화염을 예혼합화염에 가깝게 한다.

풀이 가

7. 고압버너

69 기체연료의 압력을 2kg/cm^2 이상으로 공급하므로 연소실 내의 압력은 정압이며, 소형의 가열로에 사용되는 버너는?
가. 고압버너　나. 저압버너　다. 송풍버너　라. 선회버너

풀이 가

8. 확산형 가스버너

70 확산형 가스버너인 포트형 설계 시 주의사항으로 옳지 않은 것은?
가. 노 내부에서 연소가 완료되도록 가스와 공기의 유속을 결정한다.
나. 포트 입구가 작으면 슬래그가 부착해서 막힐 우려가 있다.
다. 고발열량 탄화수소를 사용하는 경우는 가스압력을 이용하여 노즐로부터 고속으로 분출케 하여, 그 힘으로 공기를 흡인하는 방식을 취한다.
라. 밀도가 큰 가스 출구는 하부에, 밀도가 작은 공기 출구는 상부에 배치되도록 하여 양쪽의 밀도차에 의한 혼합이 잘 되도록 한다.

풀이 라

71 확산형 가스버너 중 포트형에 관한 설명으로 옳지 않은 것은?
가. 포트형은 버너가 노 벽에 의해 분리되어 내화벽돌로 조립된 것으로 가스 분출속도가 높다.
나. 구조상 가스와 공기압을 높이지 못한 경우에 사용한다.
다. 가스와 공기를 함께 가열할 수 있다.
라. 가스 및 공기의 온도와 밀도를 고려하여 밀도가 큰 공기출구는 상부에, 밀도가 작은 가스 출구는 하부에 배치되도록 한다.

풀이 가

9. 보염기

72 화염을 유지하기 위한 보염기에 관한 설명으로 가장 거리가 먼 것은?

가. 원추형 보염기는 원추의 가장자리에서 말려들게 한 소용돌이에 의하여 주로 보염작용을 행한다.

나. 출류형 보염기는 축의 전방에 생기는 소용돌이에 의하여 주로 보염작용을 행한다.

다. 공기유동에 대해 소용돌이를 발생시켜 화염의 순환영역을 만들어 화염의 안정화를 꾀한다.

라. 공기유동에 대해 연료를 역방향으로 분사하고 국부공기 유속을 화염전파속도보다 작게 한다.

풀이 나

10. 종합

73 기체연료의 연소방법에 대한 설명으로 가장 거리가 먼 것은?

가. 확산연소는 화염이 길고 그을음이 발생하기 쉽다.

나. 예혼합연소에는 포트형과 버너형이 있다.

다. 예혼합연소는 화염온도가 높아 연소부하가 큰 경우에 사용이 가능하다.

라. 예혼합연소는 혼합기의 분출속도가 느릴 경우 역화의 위험이 있다.

풀이 나

74 다음 중 기체연료의 연소방식에 해당되는 것은?

가. 스토커연소　　나. 회전식버너(rotary burner)연소

다. 예혼합연소　　라. 유동층연소

풀이 다

75 다음 중 기체연료 연소장치에 해당하지 않는 것은?

가. 송풍버너　　나. 선회버너

다. 방사형버너　　라. 로터리버너

풀이 라

76 기체연료의 연소장치 및 연소방식에 관한 설명으로 옳지 않은 것은?

가. 확산연소는 주로 탄화수소가 적은 발생로가스, 고로가스에 적용되는 연소방식이고, 천연가스에도 사용될 수 있다.

나. 확산연소에 사용되는 버너 중 포트형은 기체연료와 공기를 다 같이 고온으로 예열할 수 있다.

다. 예혼합연소는 화염온도가 높아 연소부하가 큰 경우에 사용되고 화염길이가 길고, 그을음 생성이 많다.
라. 예혼합연소에 사용되는 고압버너는 기체연료의 압력을 $2kg/cm^2$ 이상으로 공급하므로 연소실 내의 압력은 정압이다.

풀이 다

11. 폐가스 소각

77 폐가스 소각과 관련한 다음 설명 중 가장 거리가 먼 것은?
가. 직접화염 재연소기의 설계 시 반응시간은 0.2~0.7초 정도로 하고, 이 방법은 연소온도가 높아 NO_x가 발생된다.
나. 직접화염 소각은 가연성 폐가스의 배출량이 적은 경우에 유용하며, 공기를 가하지 않고 폐가스 자체가 가연성 혼합물질로 되어 있는 경우에는 사용할 수 없다.
다. 촉매산화법은 고온연소법에 비해 반응온도가 낮은 편이다.
라. 촉매산화법은 저농도의 가연물질과 공기를 함유하는 기체 폐기물에 대하여 적용되며 보통 백금 및 팔라듐이 촉매로 쓰인다.

풀이 나

78 폐가스 소각과 관련한 다음 설명 중 가장 거리가 먼 것은?
가. 직접화염 재연소기의 설계 시 반응시간은 1~3초 정도로 하고, 이 방법은 다른 방법에 비해 NO_x 발생량이 적다.
나. 직접화염 소각은 가연성 폐가스의 배출량이 아주 많은 경우에 유용하다.
다. 촉매산화법은 고온연소법에 비해 반응온도가 낮은 편이다.
라. 촉매산화법은 저농도의 가연물질과 공기를 함유하는 기체 폐기물에 대하여 적용되며, 보통 백금 및 팔라듐이 촉매로 쓰인다.

풀이 가

79 촉매연소법에 관한 설명으로 옳지 않은 것은?
가. 배출가스 중의 가연성 오염물질을 연소로 내에서 팔라듐, 코발트 등으로 촉매를 사용하여 주로 연소한다.
나. 일반적으로 VOC의 함유량이 적은 가스에 사용된다.
다. 일반적으로 구리, 금, 은, 아연, 카드뮴 등은 촉매를 활성화 시키며 촉매수명을 연장시킨다.
라. 대부분의 촉매는 800~900℃ 이하에서 촉매역할이 활발하므로 촉매연소에서의 온도 상승은 50~100℃ 정도로 유지하는 것이 좋다.

풀이 다

7.4 통풍방식

80 통풍방식 중 흡인통풍에 관한 설명으로 가장 거리가 먼 것은?

가. 노 내압이 부압으로 냉기침입의 우려가 있다.
나. 송풍기의 점검 및 보수가 어렵다.
다. 연소용 공기를 예열할 수 있다.
라. 굴뚝의 통풍저항이 큰 경우에 적합하다.

풀이 다

81 NH_3를 제조하는 작업장(10m×100m×10m)에서 NH_3 4kg이 누출되어 전 작업장에 확산되었다. 이 때 송풍능력이 100m³/min인 송풍기를 사용하여 허용농도로 환기시키는데 소요되는 시간은? (단, $-d(A)/dt = k[A]$, NH_3 허용농도 25ppm)

풀이 1) 작업장 부피에 대한 NH_3 4kg의 분율을 구한 후 10^6을 곱하여 ppm을 계산한다.

$$NH_3\text{의 분율} \times 10^6 = \left(\frac{4\text{kg}}{10{,}000\text{m}^3} \times \frac{22.4\text{m}^3}{17\text{kg}}\right) \times 10^6 = 527.06\text{ppm}$$

2) 허용농도치를 만족하기 위해 t시간 후의 NH_3의 농도가 25ppm 내려가야 한다. 따라서 누출된 초기시간에 NH_3의 농도(A_o) 527.06ppm이며 t시간 후 농도(A_t) 25ppm이 되어야 한다.

주어진 식을 통하여 $-\dfrac{d[A]}{dt} = k[A]$식을 정적분하면 $\ln A_t - \ln A_o = kt$

$$\ln\left(\frac{A_t}{A_o}\right) = -kt$$

여기에서 $k = \dfrac{Q}{V}$가 된다.

따라서 최종식은 $\ln\left(\dfrac{A_t}{A_o}\right) = -\dfrac{Q}{V}t$

$$\ln\left(\frac{25\text{ppm}}{527.06\text{ppm}}\right) = -\frac{100\dfrac{\text{m}^3}{\text{min}}}{10^4\text{m}^3} \times t$$

$$\therefore\ t = 304.9\text{min}$$

$$\therefore\ t = 304.9\text{min} \times \frac{\text{hr}}{60\text{min}} = 5.08\text{hr}$$

82 294m^3 되는 방에서 문을 닫고 91%의 탄소를 가진 숯을 최소 몇 kg 이상 태우면 해로운 상태가 되겠는가? (단, 표준상태이며 공기 중 탄산가스의 부피가 5.8% 이상일 때 인체에 해롭다고 한다.)

풀이 1) 5.8%란 의미의 100Sm^{3}의 공간에 5.8Sm^{3}의 CO_2가 존재한다는 뜻이다. 따라서 실내공간의 294m^{3}의 부피를 고려하여 이에 대응하는 CO_2 부피를 계산한다.

$5.8Sm^3 : 100Sm^3$

$X : 294m^3$

$X = 17.05Sm^3$

2) 91%의 탄소를 태울 때 발생되는 CO_2량을 계산한다.

$$CO_2 = \frac{22.4}{12}C = \frac{22.4}{12} \times 0.91 = 1.7\frac{Sm^3}{kg_f}$$

3) $17.05Sm^3 = 1.7\dfrac{Sm^3}{kg_f} \times$ 숯 사용량(kg_f)

∴ 숯 사용량 $= 10.03kg_f$

83 공기 중의 CO_2 가스부피가 5%를 넘으면 인체에 해롭다고 한다. 지금 450m^3 되는 방에서 문을 닫고 80%의 탄소를 가진 숯 약 몇 kg을 태우면 인체에 해로운 상태로 접어들겠는가? (단, 기존 공기 중 CO_2 가스의 부피는 고려하지 않으며 표준상태를 기준으로 하고 탄소성분은 완전연소 해서 모두 CO_2로 된다.)

풀이 1) 인체에 해로운 CO_2농도는 5%이므로 이를 퍼센트 부피비로 표시하면 $\dfrac{5Sm^3}{100Sm^3}$ 의 의미를 갖는다. 따라서 방의 공간이 450m^{3}이므로 이에 대한 CO_2의 부피 %를 다시 구한다.

$$\frac{5m^3}{100m^3} \times 450m^3 = 22.5m^3$$

즉 22.5m^{3}의 의미는 이산화탄소의 농도가 5% 되기 위해선 450m^{3}의 방안에 이산화탄소량이 22.5m^{3}이 존재해야 한다는 뜻이다. 즉 연소공학적 측면에서 보면 탄소가 연소하여 이산화탄소를 22.5m^{3}을 생성한다는 것과 동일하다.

2) 80% 탄소가 연소되어 이산화탄소를 발생시키는 연소식은

$$CO_2 = \frac{22.4}{12}C = \frac{22.4}{12} \times 0.8 = 1.49\frac{Sm^3}{kg_f}$$

따라서 CO_2가 22.5m^{3}이 되기 위해 연소되는 숯의 양은

$$22.5Sm^3 = 1.49\frac{Sm^3}{kg_f} \times X \text{ (숯의 양, } kg_f)$$

∴ $X = 15.1kg_f$

CHAPTER 8

연소와 환경문제

8.1 연소와 기후변화

인구증가에 따른 석유석탄계에너지의 증가는 대기오염과 지구온난화현상을 유발하게 되었다. 특히 연소과정에서 배출되는 CO, SO_2, NO_x, HC, PM(Particulate Matters) 등은 대기오염을 일으키는 원인물질이 되었으며 석유석탄계에너지의 완전연소 시 발생되는 CO_2는 지구온난화 및 기후변화의 원인물질이 되었다(그림 8.1). 이산화탄소는 산업혁명 이전에는 약 280ppm이었으나 미국립해양대기청(NOAA)에 따른 2015년 3월에 지구의 월평균농도가 약 400ppm을 넘어섰다고 보고하였다.

우리나라의 대기환경보전법상에서는 이산화탄소를 온실가스와 기후생태계변화유발물질로 분류하며 기후생태계변화유발물질이란 "지구온난화 등으로 생태계의 변화를 가져올 수 있는 기체상물질로서 온실가스와 환경부령으로 정하는 물질"이다.

그림 8.1 석유석탄계에너지가 연소 시 발생하는 대기오염물질과 온실가스

기후변화의 발생원인은 크게 두 가지로 자연적 요인과 인위적 요인으로 구분할 수 있다. 자연적 원인으로는 태양복사에너지와 관련한 흑점의 변화, Milankovitch 효과, 화산폭발, 엘니뇨와 라니냐 등이 있으며 인위적 요인은 온실가스의 증가에 따른 지구온난화현상을 들 수 있다. 특히 6대 온실가스(Green House Gas: GHG)는 이산화탄소, 메탄, 아산화질소, 과불화탄소, 수소불화탄소, 육불화황으로 이산화탄소, 메탄, 아산화질소는 자연계와 연소와 같은 인위적 원인에 의해 발생하며 과불화탄소, 수소불화탄소, 육불화황은 반도체공정과 같은 산업공정에서 발생한다. 온실가스별 주요특성과 발생원을 표 8.1에 나타내었다. 이 표에서 지구온난화지수(Global Warming Potential: GWP)는 이산화탄소 1kg에 대응하는 각 온실가스가 지구온난화에 기여하는 정도를 표시한다.

표 8.1 온실가스별 온난화지수와 온난화기여도 및 주요 발생원

구분	온난화지수(GWP)	온난화기여도(%)	주요 발생원
CO_2	1	55	산업, 생활, 운송에서 이용하는 연료
CH_4	21	15	연료연소, 가축의 장내발효, 쓰레기 매립
N_2O	310	6	연료연소, 공업과정, 자동차 배기가스, 폐기물 소각, 하·폐수
HFCs	140～11,700	24	스프레이 제품의 분사제, 에어컨 냉매제
PFCs	6,500～9,200		전자부품 등 기밀성 시스템에 이용하는 불활성 액체, 반도체의 세정용
SF_6	23,900		전기 절연가스로 전기기계기구

1. TOE와 TC

온실가스와 관련하여 TOE(Ton of Oil Equivalent)와 TC(Ton of Carbon)와 TCO_2(Ton of CO_2)를 계산하는 방법을 소개한다. 먼저 TOE란 국제에너지기구(IEA: International Energy Agency)가 정한 단위로 석유환산톤을 의미한다. 즉 TOE는 10^7kcal로 정의하는데 이는 원유 1톤의 순발열량과 상응하는 열량이다. TOE로 환산 시 에너지열량 환산기준의 총발열량을 사용하여 환산한다. 에너지 열량환산기준은 표 8.2에 나타내었다.

$$\text{TOE} = \text{연료발열량(kcal)} \ / \ 10^7 \text{ kcal}$$

다음 예제를 통해 TOE를 계산해 본다.

예를 들어 휘발유 100L을 사용했을 경우 TOE를 계산하면

1) 휘발유는 1L당 7,780kcal의 발열량을 가짐을 알 수 있다. 따라서 휘발유 100L는 7,780×100kcal의 발열량을 가진다.

2) 연료사용량을 TOE로 환산하기 위해

   1 TOE : 10^7 kcal

   X : 778,000 kcal

   따라서 $X = 0.0778$TOE임을 알 수 있다.

다음에서는 TC(탄소톤)와 TCO_2(이산화탄소톤)를 계산해 본다.

$$\text{TC} = \text{해당 연료의 TOE} \times \text{탄소배출계수(Ton C/TOE)}$$

$$TCO_2 = \text{TC} \times 44/12 \ \text{(44: 이산화탄소 분자량, 12: 탄소의 원자량)}$$

여기에서 탄소배출계수는 IPCC(Intergovernment Panel on Climate Change) 자료인 표

8.3을 인용하도록 한다. IPCC의 탄소배출계수는 표 8.3에 나타내었다.

표 8.2 에너지열량 환산기준 (에너지법시행규칙 제5조 제1항 관련)〈개정 2011.12.30.〉

구분	에너지원	단위	총발열량			순발열량		
			MJ	kcal	석유환산톤 (10^{-3} toe)	MJ	kcal	석유환산톤 (10^{-3} toe)
석유 (17종)	원유	kg	44.9	10,730	1.073	42.2	10,080	1.008
	휘발유	L	32.6	7,780	0.778	30.3	7,230	0.723
	등유	L	36.8	8,790	0.879	34.3	8,200	0.820
	경유	L	37.7	9,010	0.901	35.3	8,420	0.842
	B-A유	L	38.9	9,290	0.929	36.4	8,700	0.870
	B-B유	L	40.5	9,670	0.967	38.0	9,080	0.908
	B-C유	L	41.6	9,950	0.995	39.2	9,360	0.936
	프로판	kg	50.4	12,050	1.205	46.3	11,050	1.105
	부탄	kg	49.6	11,850	1.185	45.6	10,900	1.090
	나프타	L	32.3	7,710	0.771	30.0	7,160	0.716
	용제	L	33.3	7,950	0.795	31.0	7,410	0.741
	항공유	L	36.5	8,730	0.873	34.1	8,140	0.814
	아스팔트	kg	41.5	9,910	0.991	39.2	9,360	0.936
	윤활유	L	39.8	9,500	0.950	37.0	8,830	0.883
	석유코크스	kg	33.5	8,000	0.800	31.6	7,550	0.755
	부생연료유1호	L	36.9	8,800	0.880	34.3	8,200	0.820
	부생연료유2호	L	40.0	9,550	0.955	37.9	9,050	0.905
가스 (3종)	천연가스(LNG)	kg	54.6	13,040	1.304	49.3	11,780	1.178
	도시가스(LNG)	Nm^3	43.6	10,430	1.043	39.4	9,420	0.942
	도시가스(LPG)	Nm^3	62.8	15,000	1.500	57.7	13,780	1.378
석탄 (7종)	국내무연탄	kg	18.9	4,500	0.450	18.6	4,450	0.445
	연료용 수입무연탄	kg	21.0	5,020	0.502	20.6	4,920	0.492
	원료용 수입무연탄	kg	24.7	5,900	0.590	24.4	5,820	0.582
	연료용 유연탄(역청탄)	kg	25.8	6,160	0.616	24.7	5,890	0.589
	원료용 유연탄(역청탄)	kg	29.3	7,000	0.700	28.2	6,740	0.674
	아역청탄	kg	22.7	5,420	0.542	21.4	5,100	0.510
	코크스	kg	29.1	6,960	0.696	28.9	6,900	0.690
전기 등 (3종)	전기(발전기준)	kWh	8.8	2,110	0.211	8.8	2,110	0.211
	전기(소비기준)	kWh	9.6	2,300	0.230	9.6	2,300	0.230
	신탄	kg	18.8	4,500	0.450	-	-	-

※ 비고

1. "총발열량"이란 연료의 연소과정에서 발생하는 수증기의 잠열을 포함한 발열량을 말한다.
2. "순발열량"이란 연료의 연소과정에서 발생하는 수증기의 잠열을 제외한 발열량을 말한다.
3. "석유환산톤"(toe: ton of oil equivalent)이란 원유 1톤이 갖는 열량으로 10^7 kcal를 말한다.
4. 석탄의 발열량은 인수식을 기준으로 한다.
5. 최종에너지 사용자가 사용하는 전기에너지를 열에너지로 환산할 경우에는 1kWh = 860 kcal를 적용한다.
6. 1cal = 4.1868J, Nm^3은 0℃ 1기압 상태의 단위체적(m^3)을 말한다.
7. 에너지원별 발열량(MJ)은 소수점 아래 둘째 자리에서 반올림한 값이며, 발열량(kcal)은 발열량(MJ)으로부터 환산한 후 1의 자리에서 반올림한 값이다. 두 단위 간 상충될 경우 발열량(MJ)이 우선한다.

휘발유의 경우 탄소배출계수는 0.783Ton C/TOE이다.

위의 예제에서 TC와 TCO_2를 계산해 보면 휘발유 100L에 대한 TOE는 0.08이므로

$$TC = \text{해당 연료의 TOE} \times \text{탄소배출계수(Ton C/TOE)}$$
$$= 0.0778 \times 0.783 = 0.0609 \text{ Ton of carbon}$$
$$TCO_2 = TC \times 44/12 \text{ (44: 이산화탄소 분자량, 12: 탄소의 원자량)}$$
$$= 0.0609 \times 44/12 = 0.223 \text{ Ton of } CO_2$$

표 8.3 IPCC의 탄소배출계수

연료 구분			탄소배출계수	
			(kg C/GJ)	Ton C/TOE
액체화석연료	1차 연료	원유	20.00	0.829
		천연액화가스(NGL)	17.20	0.630
	2차 연료	휘발유	18.90	0.783
		항공가솔린	18.90	0.783
		등유	19.60	0.812
		항공유	19.50	0.808
		경유	20.20	0.837
		중유	21.10	0.875
		LPG	17.20	0.713
		납사	20.00	0.829
		아스팔트(Bitumen)	22.00	0.912
		윤활유	20.00	0.829
		Petroleum Coke	27.50	1.140
		Refinery Feedstock	20.00	0.829
고체화석연료	1차 연료	무연탄	26.80	1.100
		원료탄	25.80	1.059
		연료탄	25.80	1.059
		갈탄	27.60	1.132
		Peat	28.90	1.186
	2차 연료	BKB & Patent Fuel	25.80	1.059
		Coke	29.50	1.210
기체화석연료		LNG	15.30	0.637
바이오매스		고체바이오매스	29.90	1.252
		액체바이오매스	20.00	0.837
		기체바이오매스	30.60	1.281

이산화탄소도 무색, 무취의 가스로 다양한 발생 메커니즘이 있으나 석유석탄계에너지의 연소와 관련하여 보면 고체·액체연료는 C와 기체연료의 CO와 C_mH_n이 연소하며 완전연소 할 경우 발생한다.

그림 8.2에서 보면 고체·액체연료는 연료 중의 C가 산소와 결합하여 CO_2를 생성하며 기체연료는 연료 중의 CO와 탄화수소류인 C_mH_n이 연소하여 각 각 CO_2를 생성하며 또한 연료 중에 있는 CO_2는 그대로 배출된다.

고체·액체연료 : $C + O_2 = CO_2$

기체연료 : $CO + \frac{1}{2}O_2 \Rightarrow CO_2$

$$C_mH_n + \left(m + \frac{n}{4}\right)O_2 \Rightarrow mCO_2 + \frac{n}{2}H_2O$$

$$CO_2 \Rightarrow CO_2$$

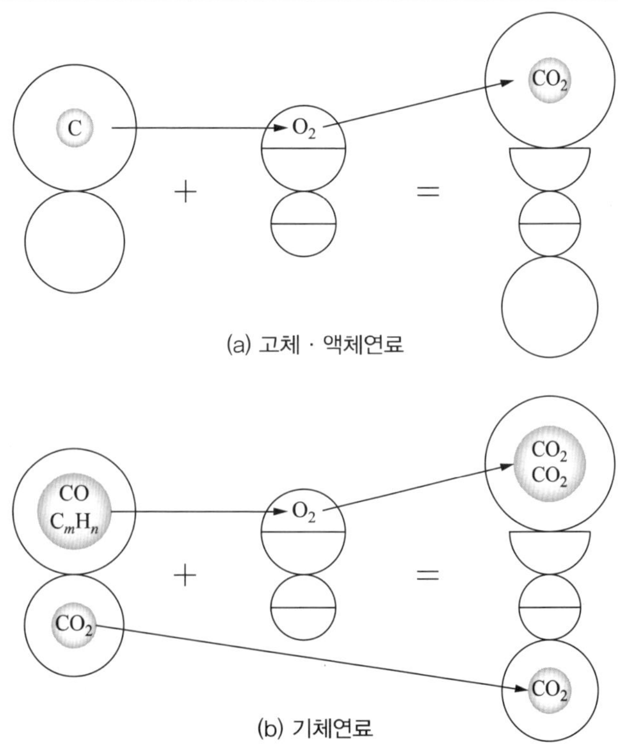

그림 8.2 고체·액체연료와 기체연료의 CO_2 생성과정

2. 이산화탄소 저감기술

CCS(Carbon Capture Storage) 기술은 화석연료를 연소하는 과정에서 발생되는 이산화탄소를 대기 중에 방출하지 않고 포집, 회수하여 격리시키는 기술이다. 즉 화력발전소, 제철소등에서 발생하는 연소가스 중 흡수, 흡착, 또는 막분리를 통해 이산화탄소를 분리 포집 후 파이프라인, 선반, 트럭을 이용해 수송하여 해저에 액체 이산화탄소를 직접 분사하여 해양 저장을 하거나 폐유전/가스전, 석유층이나 석탄층 등 지층 저장하거나 또는 바이오디젤, 플라스틱 원료, 비닐 원료 등으로 전환하는 기술이다.

IPCC(2005)는 CCS기술을 연소 전 포집(pre-combustion capture), 순산소연소(oxyfuel combustion), 연소 후 포집(post-combustion capture)법으로 구분하며 그림 8.3과 그림 8.4에 나타내었다.

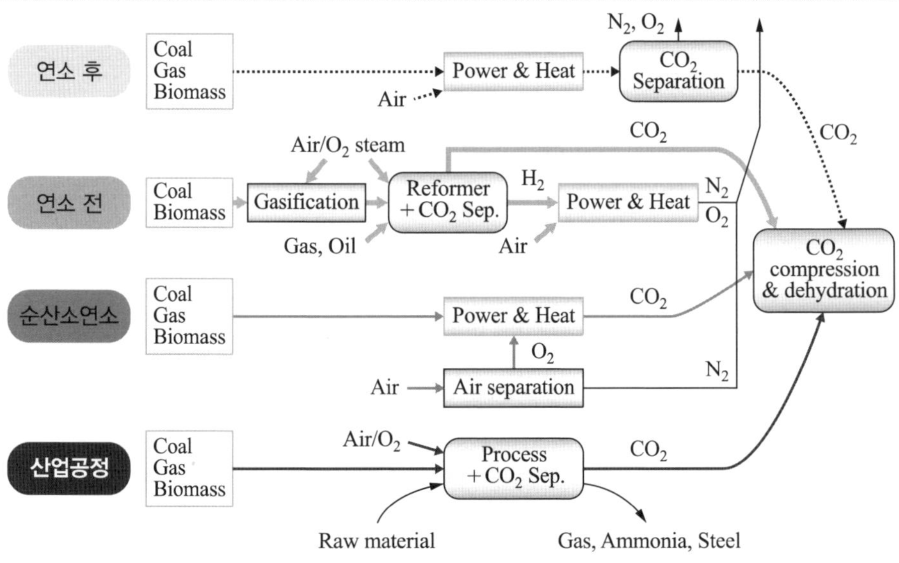

그림 8.3 CCS의 개요

출처) IPCC. 2005. *Carbon dioxide capture and storage*. Cambridge and New York: Cambridge University Press. http://www.ipcc.ch/pdf/special-reports/srccs/srccs_technicalsummary.pdf(accesseddecember7,2013)

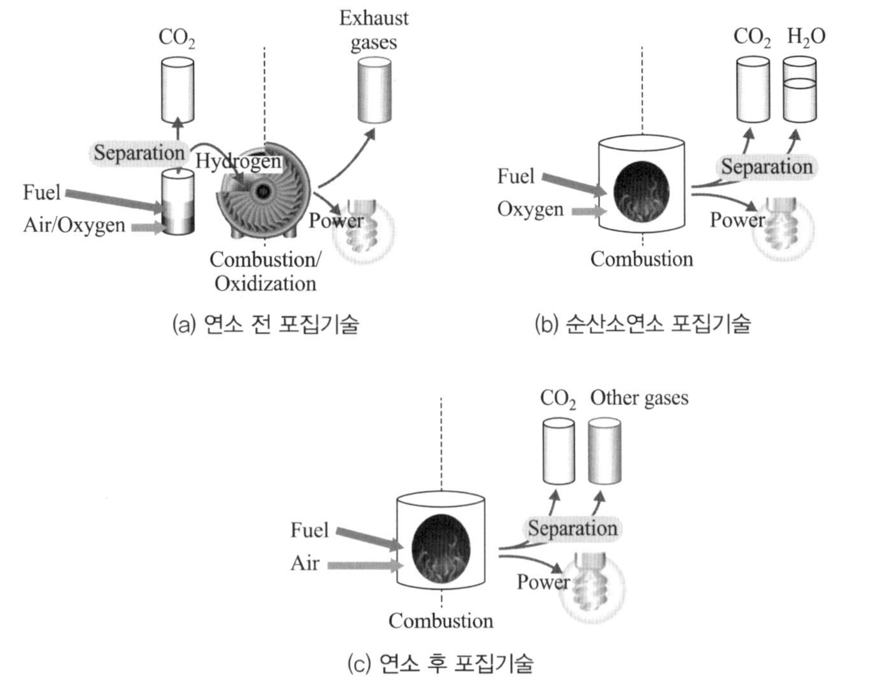

그림 8.4 이산화탄소 포집기술

출처) http://www.kcrc.re.kr/html/news.html

1) 연소 전 이산화탄소 포집기술

연소 전 포집기술은 연료를 직접 연소하기 전에 연료 중에 있는 탄소성분을 수증기 개질(Steam Reforming: SR), 부분산화(Partial Oxidation: PO), 또는 자열 개질반응(Auto Thermal Reforming: ATR) 등을 통해 가스화를 시켜 합성가스를 생산한 후 수성가스 전환반응(Water-gas Shift Reaction: WSR)을 통해 고온·고압의 CO_2와 H_2로 전환하여 이산화탄소를 포집하는 동시에 수소를 생산하는 것이다.

석탄이나 천연가스를 연료로 사용하는 공정에 유리하며, 특히 최근 고유가 시대에 석탄을 연료로 하는 천연가스화복합발전(Natural Gas Combined Cycle: NGCC) 또는 석탄가스화복합발전(Integrated Gasification Combined Cycle: IGCC)에 적용가능하나, 본 공정은 반드시 WSR과 CO_2 포집장치를 수반해야 효율적으로 가동될 수 있다.

2) 순산소연소 포집기술

순산소연소 포집기술은 연료를 공기로 연소하기 전에 공기분리장치 등을 통해 공기 중에 질소 성분을 배제한 순도 95% 이상의 산소와 재순환된 배기가스를 사용하여 미분탄을 연소시켜 이산화탄소와 물만으로 구성된 배기가스 중 물의 응축과정을 통해 CO_2의 농도를 극대화하여 CO_2를 분리 포집하는 기술이다.

공기 연소에 비해 매우 높은 온도 특성을 보이며 이로 인하여 전열 특성이 개선되어 열효율을 증대시켜 연료절감이 가능하다. 이 기술은 오래전부터 유리공업이나 철강공업에서 사용되어 왔으나 Abraham 등에 의해 석탄 발전에 응용하는 연구가 최초로 제안되었다. 현재 IGCC나 NGCC 공정 등의 이산화탄소 포집에 적용하기 위한 연구가 활발히 진행되고 있다.

3) 연소 후 이산화탄소 포집기술

연소 후 이산화탄소 포집기술은 기존의 연소시설에 적용하기 가장 용이한 방법으로 흡수제나 흡착제를 이용하여 이산화탄소를 분리 포집한다.

흡착공정은 PSA(Pressure Swing Adsorption), TSA(Temperature Swing Adsorption) 공정으로 나눌 수 있으며 흡착법은 부식의 문제가 없으며, 가동시간이 짧고 흡착제의 수명이 길며 손실이 적다는 장점이 있다.

흡수법은 액상의 흡수제를 이용하며 이산화탄소를 직접 반응시켜 기상에서 액상으로 물질이동을 시키는 방법으로 수산화칼슘, 수산화나트륨, 수산화칼륨, 석회석, 암모니아수 등의 무기염과 아민계 화학 흡수제를 이용하여 이산화탄소를 처리할 수 있다.

8.2 연소와 대기오염

연소과정에서 배출되는 대표적인 기체상 오염물질은 일산화탄소, 황산화물, 질소산화물이며 PM_{10}과 $PM_{2.5}$와 같은 입자상오염물질도 배출된다. 대기환경보전법상에서

- 가스는 “연소, 합성, 분해될 때에 발생하거나 물리적 성질로 인하여 발생하는 기체상 물질”로 정의하며,
- 입자상물질은 “물질이 파쇄, 선별, 퇴적, 이적될 때 그 밖에 기계적으로 처리되거나 연소, 합성, 분해될 때에 발생하는 고체상 또는 액체상의 미세한 물질”이라 정의하였다.

1. 황산화물

황산화물은 이산화황(SO_2)이 대표적이며 이산화황이 산화하여 삼산화황(SO_3)을 만들며 삼산화황은 물과 결합하여 황산(H_2SO_4)을 생성한다. 이들과 황산화물을 합쳐 SO_x라고 부른다. 이산화황은 무색으로 공기 중 약 0.5ppm 이상 존재하면 냄새를 인지할 수 있다. 일반적으로 이산화황 1 배출시 삼산화황은 1/40～1/80 비율로 생성된다. 황산화물은 산화제나 연료 탈색 등의 환원제로 사용되며 고정배출원에서는 감소하나 디젤을 이용하는 이동배출원에서는 증가하는 현상을 보인다. 주요 배출원 97% 이상이 석유석탄계의 연소과정에서 발생하며 북반구쪽이 전체 배출량의 93%를 차지한다. 이외 금속 제련 등 다양한 산업공정을 통해 배출되기도 한다.

1) 황산화물의 배출특성

2003년부터 2012년까지 SO_x 배출량을 그림 8.5에 나타내었다. SO_x는 국가의 저유황유 공급과 청정연료 사용정책을 통해 2003년까지 감소하는 추이를 보이나 2011년 이후 약간 증가하는 경향을 보여주었다. 2012년 자료를 보면 생산공정에서 28%로 배출원 기준으로 가장 높았으며 에너지산업연소, 비산업연소, 제조업연소가 약 54.6%를 차지하며 도로와 비도로 이동오염원이 전체배출량의 15.6%를 차지하였으며 이동오염원과 연소과정에 의한 SO_x 배출량은 총 배출량 대비 약 70%를 차지하였다. 2012년 기준 배출원별

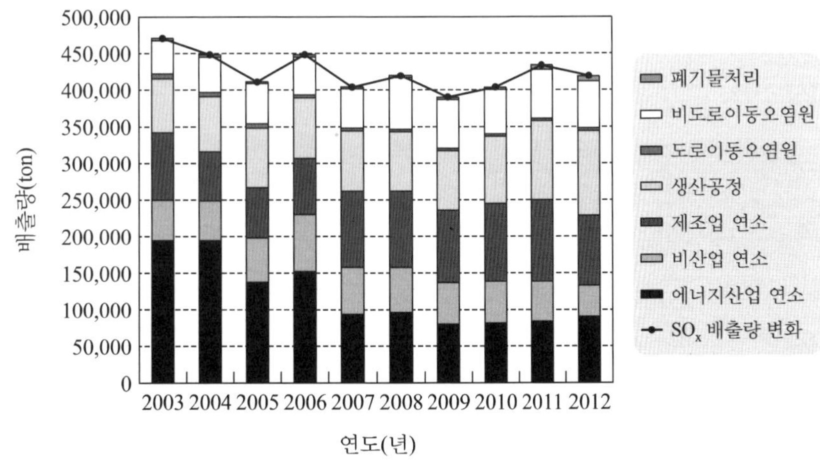

그림 8.5 연도별 배출원별 아황산가스의 배출량

출처) http://airemiss.nier.go.kr/nape/introduction/emission/airpollution/emission05.jsp?mm = 1&sm = 4&ssm = 1

SO_x의 기여도는 생산공정 > 제조업연소 > 에너지산업연소 > 비도로이동오염원 > 비산업연소 > 폐기물처리 > 도로이동오염원 순으로 높았다.

연소공학과 관련된 이산화황은 생성식을 다음과 같다. 고체·액체연료의 경우 연료 중 S가 연소하여 발생하며 기체연료는 아주 미량 존재하는 H_2S가 연소하여 SO_2를 발생시킬 수 있다.

$$\text{고체·액체연료} : S + O_2 \Rightarrow SO_2$$

$$\text{기체연료} : H_2S + \frac{3}{2}O_2 \Rightarrow H_2O + SO_2$$

- 고체·액체연료 중 S 성분은 중질유로 갈수록 황성분이 많아지며 등유, 경유, 중유 등에 존재하는 황 성분은 이산화황을 생성한다. 중질유를 제외한 석유와 같은 액체연료의 탈황은 황산이나 수산화나트륨용액을 이용한 흡수 및 활성탄을 이용한 흡착법을 사용해 왔으나 최근에선 수소화정제법을 사용한다. 수소화정제법은 액체연료 중의 다양한 형태의 황 성분을 고온, 고압 하에서 촉매를 이용하여 사슬 또는 고리모양의 황화물과 수소를 반응시켜 분자가 분해하여 탄화수소와 황화수소로 변환시켜 황 성분을 제거하는 방법이다.
- 기체연료의 경우 발생로가스, 수성가스, 석탄건류가스 등 도시가스용 기체연료를 만드는 과정에서 황화수소가 만들어질 수 있다. 도시가스의 경우 수산화철과 반응시켜 황화수소를 황화철로 고정하거나 탄산나트륨을 이용하여 습식 세정하여 제거한다.

2) 황산화물의 저감기술

일반적인 배연탈황법(FGD: Flue Gas Desulfurization)은 습식법과 건식법으로 나눈다.

- 습식법은 연소가스 내 SO_x를 석회류, 암모니아, 수산화나트륨과 반응시켜 흡수하여 제거하는 방법이다.
- 건식법은 활성탄과 탄산염 등과 연소가스를 접촉시켜 SO_x를 흡착하는 방법이다.

특히 고체·액체연료 중 석탄과 같이 황성분이 많은 연료를 사용하는 화력발전소나 1종 이상의 공장 등 대형 보일러를 사용할 경우 배연탈황장치를 이용한다.

(1) 건식 석회석주입법

연소로에 석회석($CaCO_3$)을 가루형태로 주입하여 900～1,000℃의 반응온도에서 SO_2와 흡수 반응시켜 분말형태의 황산칼슘($CaSO_4$: 석고)으로 SO_2를 제거하는 건식탈황법으로 소규모 보일러나 노후 보일러에 많이 사용하며 반응과정은 소성, 흡수, 산화과정을 거친다.

소성반응 : $CaCO_3 \rightarrow CaO + CO_2$

흡수와 산화 총괄반응 : $CaCO_3 + SO_2 + \frac{1}{2}O_2 \rightarrow CaSO_4 + CO_2$

$$CaO + SO_2 + \frac{1}{2}O_2 \rightarrow CaSO_4$$

① 건식 석회석주입법의 장점은

- 석회석 값이 저렴하여 재생장치가 필요 없으므로 부대시설비가 적게 든다.
- 기존시설에 그대로 적용할 수 있으며 석회석의 분쇄 및 주입장치만 필요하다.
- 건식법이므로 배기가스온도를 높게 유지할 수 있으며 pH의 영향을 받지 않는다.

② 건식 석회석주입법의 단점은

- 연소로 내의 접촉시간이 짧고 석회분말과의 반응률이 낮아 탈황효율이 40%로 낮으며 과량의 석회석을 투입하여 높은 제거율을 기대하기 어렵고 과잉의 석회석에 따른 고형폐기물량이 증대될 수 있다.
- 석회석은 재와 반응하여 스케일을 생성하므로 압력손실이 증대되고 열전달이 낮아진다.
- 미반응 석회석 가루는 ESP 등의 집진효율을 낮추며 집진기의 부담을 크게 한다.

(2) 석회수세정법(lime scrubbing)

건식 석회석주입법의 단점을 보완한 습식법으로 액체상 흡수제를 사용하여 반응면적을 크게 하고 재순환하여 SO_x를 제거하는 방법으로 탈황효율은 약 90% 정도이다. 그림 8.6에서 볼 수 있듯이 석회석을 이용한 습식공정은

첫째, 습식세정기(흡수탑)에 석회석의 슬러리를 사용하는 것으로 석회석 분해가 어렵고 SO_x와 석회석의 반응이 느린 단점을 가진다.

둘째, limestone 같은 생석회(CaO)를 사용하는 것으로 석회석에 비해 흡수효율을 좋으나 석회석의 소성이 문제가 된다.

셋째, 석회석을 보일러에 주입하는 방법이 있으나 흡수탑 내 향류를 사용할 수 없고 보일러에 fouling 효과를 일으킨다.

석회수세정법의 일반 반응식은 SO_2가 CaO나 $CaCO_3$와 $CaSO_3$ 또는 일부 산화되어 $CaSO_4$를 만든다.

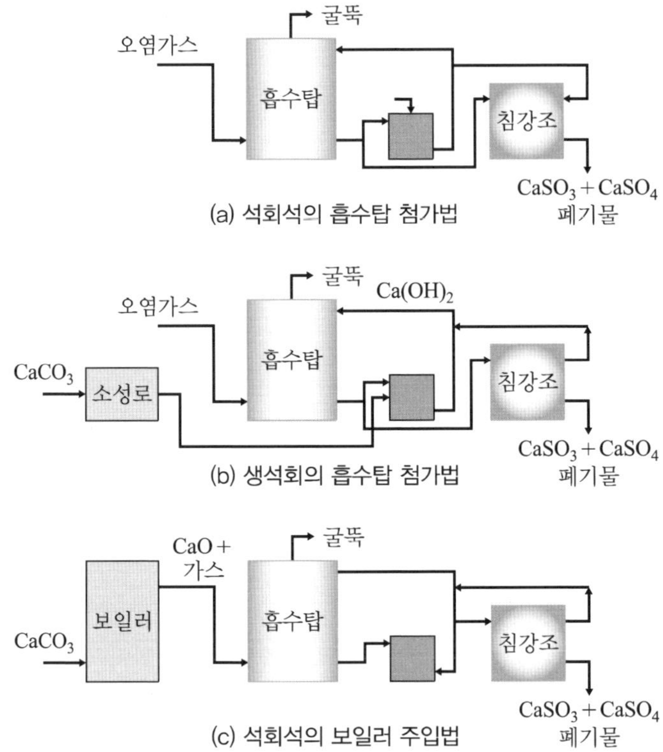

그림 8.6 석회수세정법의 공정사례

$$CaO + H_2O \rightarrow Ca(OH)_2$$

$$Ca(OH)_2 + CO_2 \rightarrow CaCO_3 + H_2O$$

$$CaCO_3 + CO_2 + H_2O \rightarrow Ca(HCO_3)_2$$

$$Ca(HCO_3)_2 + SO_2 + H_2O \rightarrow CaSO_3 \cdot 2H_2O \Downarrow + 2CO_2$$

$$\therefore\ SO_2 + CaCO_3 + 2H_2O + \frac{1}{2}O_2 \rightarrow CaSO_4 \cdot 2H_2O + CO_2$$

① 석회수세정법의 장점으로는
- 건식에 비해 탈황효율이 높고, 습식세정기를 사용함으로 SO_x와 분진을 동시에 제거함으로 집진시설이 필요 없다.
- 석회석을 습식세정기에 주입할 경우 소규모 소용량 시설에서도 적용 가능하다.

② 석회수세정법의 단점으로는
- 흡수액으로 인한 배기가스가스가 50℃ 이하로 냉각되며, 통풍력 저하와 배

연확산이 나쁘고 압력손실이 높아 동력소모량이 크다.

- 세정기의 관내에 부식현상과 스케일링이 발생되며 고형폐기물이 증가될 수 있다.

또한 세정기 내의 스케일링을 방지하기 위해선 석고농도를 5% 이상 유지하여 석고의 결정화를 촉진하고 세정액 pH의 변동폭을 적게 하며 흡수액량의 늘리고 세정기내에 불필요한 장치를 설치하지 않는다.

그림 8.7은 흡수제로 석회석을 이용한 대표적 FGD장치로 limestone(석회석)을 분쇄하여 물과 혼합하여 limestone slurry와 습식세정장치를 이용한 하여 SO_x를 제거한다. 이때 SO_x는 석회석과 반응하여 이산화탄소와 아황산칼슘을 생성한다. 또한 슬러리는 습식세정기의 흡수제 층으로 이동하여 황산염으로 변하고 칼슘과 반응하여 석고(gypsum, 황산칼슘)를 생성하며 반응생성물인 석고는 건축용 보드 등으로 재활용하거나 매립하게 된다. 또한 limestone을 이용한 습식세정장치는 SO_x, NO_x 등을 90% 이상 제거할 수 있으며 소각과정에서 발생하는 수은, 셀레늄 등의 중금속을 석회석슬러리에 흡수되어 제거할 수 있다. 반면에 습식세정에 따른 폐수가 발생하므로 폐수처리설비가 필요하며 난분해성물질이 함유 시 폐수처리비용이 증대될 수 있다.

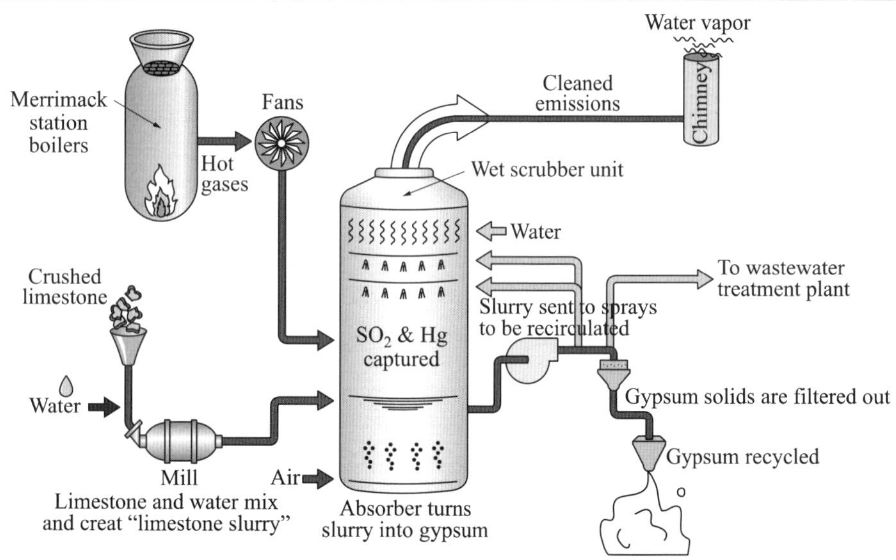

그림 8.7 배연탈황장치

출처) https://www.eversource.com/Content/nh/about/major-projects-infrastructure/clean-air-project

(3) 건식탈황법

배연가스를 분말이나 Pellet 형태의 촉매층을 통과시키는 방법으로써, 습식 공정에 비해 용수사용이 거의 없고 SO_2 제거 후 배출가스의 온도변화가 거의 없어 재가열이 필요 없다는 장점이 있으나 반응속도가 느리기 때문에 반응영역 확장에 따른 대형장치가 필연적이며 SO_2 제거율이 낮고 경제성이 떨어지는 단점이 있다.

2. 질소산화물

1) 질소산화물의 배출특성

대기 중의 질소산화물은 다양한 형태로 존재하며 NO와 NO_2를 합쳐서 NO_x라고 부른다. 일산화질소(NO)는 무색무취의 기체이며 대기 중 산소와 결합하여 이산화질소(NO_2)를 생성한다. 이산화질소는 적갈색의 기체로 인체에 매우 해로운 물질이다.

2003년부터 2012년까지 연도별 NO_x 배출량을 그림 8.8에 나타내었다. 질소산화물은 2009년까지 감소하다 이후 다소 증가하는 추이를 보여준다. 2012년 NO_x 총 배출량을 살펴보면 도로이동오염원이 약 32%, 비도로이동오염원이 약 21%로 전체 배출량의 53%가 이동오염원에 의해 발생됨을 알 수 있다. 또한 에너지산업연소, 비산업연소, 제조업연소가 약 40%를 차지하여 연소과정에 의한 NO_x 배출량은 총 배출량 대비 약 93%를 차지하였다. 2012년 기준 배출원별 NO_x의 기여도는 도로이동오염원 > 비도로이동오염원 >

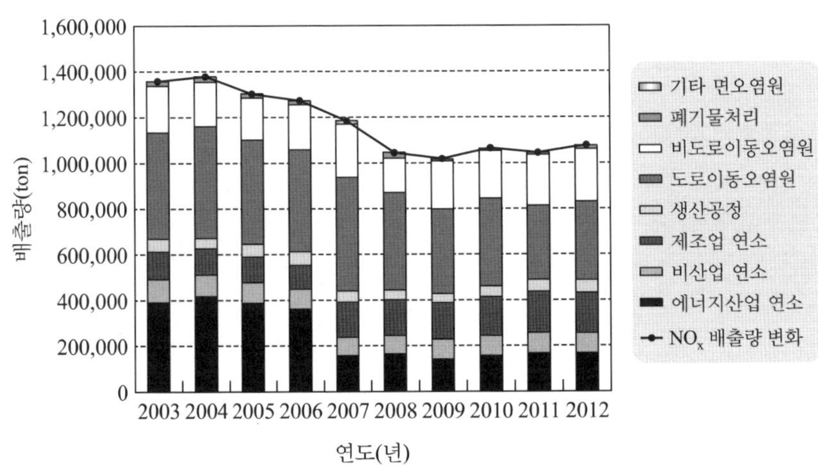

그림 8.8 연도별 배출원별 질소산화물의 배출량

출처) http://airemiss.nier.go.kr/nape/introduction/emission/airpollution/emission05.jsp?mm = 1&sm = 4&ssm = 1

에너지산업연소 > 제조업연소 > 비산업연소 > 생산공정 > 폐기물처리 > 기타면오염원 순으로 높았다.

질소산화물의 주요 발생원은 연소과정과 도로이동오염원에서 주로 발생하는 것을 볼 수 있다. 연소공학에서 연료 중의 질소나 공기 중의 질소는 질소가스형태로 대기 중으로 배출된다는 가정하여 연소반응식을 세우고 연소가스량을 계산하나 실제적으로 질소는 산소와 반응하여 질소산화물을 만든다. 질소산화물은 생성기전은 다음과 같이 3가지 기전에 의해 발생한다.

(1) NO_x의 생성기전

NO_x의 생성기전은 크게 3가지로 나누면 각 특성은 다음과 같다.

- Fuel NO_x
  - 연료 중의 N과 같은 유기질소는 공기 중의 N_2에 비해 결합력이 작아 쉽게 산소와 반응하여 NO와 같은 질소산화물을 만든다. 즉, 연료 중의 질소가 산소와 반응하여 생성된 NO를 fuel NO_x라고 부른다.
  - 일반적으로 고체연료인 석탄의 N 함유율은 0.5 ~ 2%이며 중유와 같은 액체연료에서 0.1 ~ 0.5%의 질소를 함유한다.

- Thermal NO_x
  - 연소가스 중에 N_2는 연료 중 질소 외에 공기 중에 들어있는 N_2에 의해서 발생된다.
  - 연소용 실제 공기 중 N_2는 1,000℃ 이상의 고온이 되면 연소가스 중 과잉산소와 결합하여 질소산화물을 생성한다. 이를 thermal NO_x라고 부르며 Zeldovich 반응 기구설을 따른다.
  - 특히 연료 희박상태인 경우(공연비가 1보다 작거나 공기비가 1보다 큰 경우) NO 생성은 화염대 후류에서 행해지므로 Zeldovich NO라 불린다. 일반적인 thermal NO_x의 생성기전은 다음과 같다.

$$N_2 + O \leftrightarrow NO + N$$
$$N + O_2 \leftrightarrow NO + O$$
$$N_2 + O_2 \leftrightarrow 2NO$$

공기 중 질소가 산소와 반응한다고 해서 연소반응이라고 할 수 없다. 이 화학반응은 흡열반응으로 진행된다. 따라서 연소공학식에서는 산소와의 반응을 무시하고 질소는 질소가스로 생성되는 식을 사용하게 된다.

- Thermal NO_x의 생성은 연소온도와 과잉공기량에 의해 영향을 받으며 그림 8.9에 나타내었다. 이론적으로 연소온도가 가장 높은 경우는 이론공기량을 사용했을 때(완전연소)이다.
  - 실제공기량이 이론공기량보다 매우 많은 때는 완전연소는 되나 연료량이 적어 온도가 단열화염온도(adiabatic fuel temperature) 보다 낮아져 질소산화물의 생성량이 작아지게 된다.
  - 반대로 실제공기량이 이론공기량보다 적어 연료가 풍부한 상태가 되면 질소와 반응할 수 있는 산소가 적어지고 단열화염온도도 낮아져 질소산화물의 생성량도 적어지게 된다.
  - 산소량과 단열화염온도를 고려 시 이론공기량이 보다 약간 많은 과잉공기 공급되었을 때 NO 생성은 가장 높아진다.
  - 고체·액체연료 및 기체연료의 공기비가 1.2에서 2사이이므로 대부분의 연소공정에 thermal NO_x가 발생된다고 볼 수 있다. 특히 기체연료의 경우 연료 중의 N_2 함량이 적음으로 대부분의 NO_x가 thermal NO_x 형태로 배출된다고 볼 수 있다.
- 일반적으로 thermal NO_x를 저감하기 위한 방법은 다음과 같다.
  - 화염온도와 산소농도를 조절함으로써 thermal NO_x를 저감할 수 있다.
  - 특히 화염온도를 낮추는 방법으로 화염형상을 변경하는 방법으로 화염을 분할하거나 막상으로 얇게 늘려서 열손실을 증대시킨다.

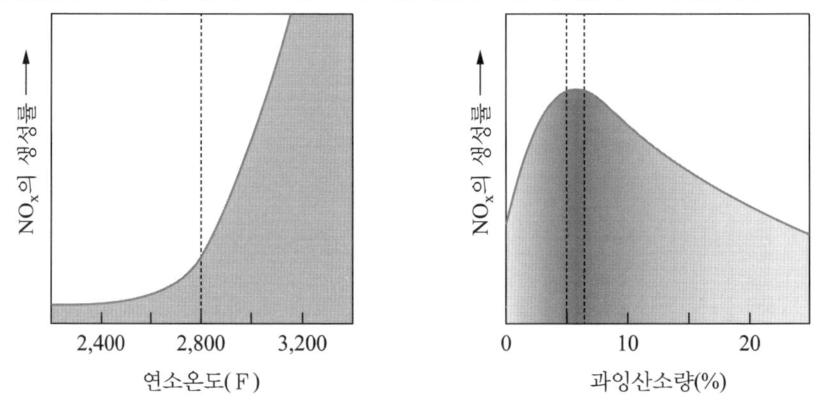

그림 8.9 연소온도와 과잉산소량에 따른 질소산화물의 생성

출처) Source: Allied Environmental Technologies, Inc. http://www.americancoalcouncil.org/?page=nox

- 완만혼합을 통해 연소를 길게 하므로 화염온도를 낮출 수 있다.
- 산소농도를 조절하기 위해 희박예혼합연소를 통해 이론공연비 보다 공기를 희박하게 하여 연소시킨다.
- 배기가스를 재순환하여 최고화염농도와 산소농도를 줄임으로써 thermal NO_x의 생성을 감소시킬 수 있다.

- Prompt NO_x
  - 화염내부에서 C, C_mH_n, N이 CN, HCN, NO로 빠르게 변환 후 산소와 반응하여 질소산화물을 생성한다. 이를 prompt NO_x라 부른다.
  - Prompt NO_x는 thermal NO_x에 비해 낮은 연소온도, 공기가 부족한 상태에서도 상대적으로 많이 발생되나 전체 NO_x 생성량에 비해 상대적으로 매우 적게 발생한다.
  - Prompt NO_x의 생성기전은 다음과 같다.

$$C + N_2 \leftrightarrow CN + N$$
$$C_mH_n + N_2 \leftrightarrow HCN + N$$
$$N + O_2 \leftrightarrow NO + O$$

연료와 관련하여 질소 함량이 낮은 연료를 사용하는 것이 바람직하나 연소과정을 통해 보면 연소 조건 등을 조절하여 연소가스의 체류시간, 연소온도와 과잉공기 중 산소농도를 제어하고 연소방법의 개선을 통해 질소산화물을 저감할 수 있다. 일반적으로 질소산화물 저감방안은 연소 조절에 의한 방법과 배기가스 중 NO_x의 처리법으로 나눌 수 있다.

2) 연소조절에 의한 NO_x 저감기술

질소산화물 생성과 관련하여 과잉공기, 연소가스, 노 내 체류시간 등 연소조건을 변경하는 기술이다. 연소조건 변경기술에 의한 질소산화물의 저감효율을 10~25% 정도이다.

(1) 저과잉공기 연소기술(Low Excess Air firing: LEA)

- 연료의 완전연소를 위해 10~20%의 과잉공기를 사용하는데 질소산화물의 생성은 과잉공기 중 산소와의 반응에 기인하므로 실제공기량을 적게 주입하여(공기비 1.05~1.10) 질소와 산소의 반응 기회를 낮추는 방법이다.
- 과잉공기가 작아질 경우 CO와 그을음 생성에 주의해야 한다.
- 동시에 예열공기온도와 화염온도는 낮출 수 있는 방법이며 저감효율은 10~25% 정도이다.

(2) Over Fire Air(OFA) 연소기술

- 연소과정에서 고체·액체연료, 기체연료별 사용하는 공기비는 일정하게 주입되나 이 기술은 공기를 단계적으로 주입하여 질소산화물을 저감하는 방법이다.
- 2차 연소공간이 필요하며 저감효율은 10～20% 정도이다.

(3) 배기가스 재순환 기술(Flue Gas Recirculation: FGR)

- 연소가스가 배기되기 전 재순환하여 질소산화물을 저감하는 기술이다.
- 연소용 공기에 일부 냉각된 배기가스(소요공기량의 10～15%)가 연소실 내에 유입되면 불꽃을 냉각시키고 산소농도가 낮아 연소가 지연되어 불꽃은 길어지게 된다.
- 따라서 불꽃의 최고온도가 낮아져 NO_x의 생성량이 감소하며 저감효율은 10～25% 정도이다.
- 이 방법의 단점은 연료 중 질소가 산화하여 생기는 NO_x 제거에는 효과가 없으며 재순환에 의해 배기가스량이 증가되는 것이다.

배기가스의 일부를 연소실 내에 공급하여 잔류가스성분을 증가시켜 연소실의 연소온도를 낮추어 질소산화물을 저감시키는 배기가스 재연소 기술도 있다.

(4) 2단 연소법

- 저 NO_x 연소법으로 연소가스의 체류시간을 조절하거나 연소영역에서 산소농도와 화염온도를 조절하는 방법으로 연소온도를 낮게 하고 국부가열을 예방하며 산소량을 낮게 하여 저산소연소를 통해 thermal NO_x와 fuel NO_x의 생성을 억제하는 기술이다.
- 이 방법은 버너부분에는 연소용 공기를 적게 공급(이론공기량의 85～95%)하여 불완전연소 시키고 버너 윗부분에서 부족한 공기를 약 10～15% 더 공급하여 완전연소 시키는 방법이다.

이 과정에서 불완전연소와 복사열의 전달의 증가로 인해 화염온도가 낮아져 NO_x 생성이 감소된다. 2단 연소에 의한 저감효율은 약 10～30%이며 설치비와 운영비가 적다.

(5) 수증기 분무와 연료의 전환

연소로 내 수증기를 분무해서 산소와 수소의 흡열 분해 반응을 통해 NO_x를 저감할 수 있는 방법이며, NO_x는 석탄>석유>가스 순으로 많이 발생하므로 연료의 전환이나 연소 중 질소함유량을 줄임으로서 NO_x의 발생량을 저감할 수 있다.

3) 배기가스 중 NO_x 처리기술

배기가스 중의 NO_x를 화학적으로 처리하여 제거하는 방법을 배연탈질기술이라 부른다. 배연탈질기술은 황산, 알칼리용액, 황산 제1철을 이용한 흡수법이 있으며 활성탄을 이용한 흡착법과 무촉매환원법, 촉매환원법 등이 있다.

연소가스를 직접 처리하는 대표적인 기술로 SCR과 SNCR이 있으며 이를 그림 8.10과 특징별 비교를 표 8.4에 나타내었다.

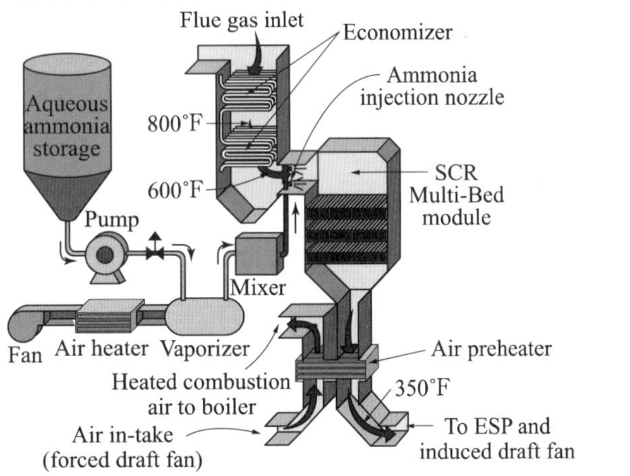

(a) SCR시스템

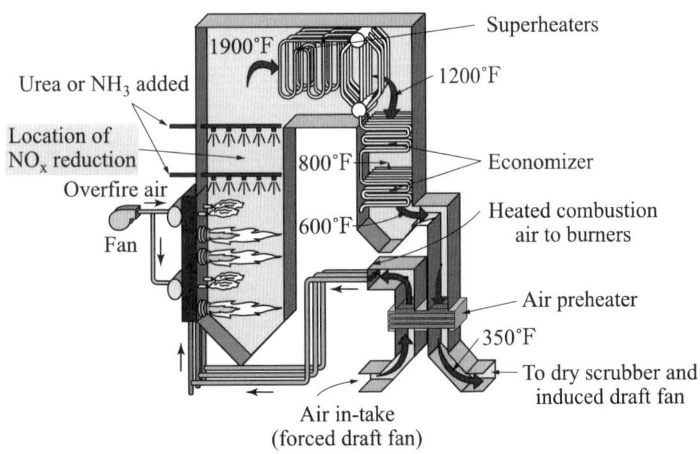

(b) SNCR시스템

그림 8.10 SCR과 SNCR시스템

출처) http://www.americancoalcouncil.org/?page = nox, http://www.americancoalcouncil.org/?page = nox

표 8.4 SCR과 SNCR의 비교

	SCR (선택적 촉매 환원법)	SNCR (선택적 무촉매 환원법)
촉매	담체 : r-Al_2O_3, TiO_2, SiO_2, Zeolite 부촉매 : V_2O_5, MnO, CuO, Fe_2O_3 등	없음
환원제	NH_3, $(NH_2)_2CO$, H_2S 등	NH_3, 요소수[$(NH_2)_2CO$]
NH_3 slip	낮음(5~10ppm) (백연현상이 적음)	높음(10~100ppm) (NH_3 slip에 의한 백연현상)
반응식	※ $4NO + 4NH_3 + O_2 \rightarrow 4N_2 + 6H_2O$ (산소 공존 시) ※ NO 1mol, NH_3 1mol이나 실제운전 시 NH_3의 첨가량은 1.1~1.2mol 사용 $6NO + 4NH_3 \rightarrow 5N_2 + 6H_2O$ $6NO_2 + 8NH_3 \rightarrow 7N_2 + 12H_2O$ $2NO + (NH_2)_2CO + 0.5O_2$ $\rightarrow 2N_2 + CO_2 + 2H_2O$ $NO + H_2S \rightarrow 0.5N_2 + S + H_2O$ (Claus process)	$2NO + 2NH_3 + 0.5O_2$ $\rightarrow 2N_2 + 3H_2O$ $2NO + (NH_2)_2CO + 0.5O_2$ $\rightarrow 2N_2 + CO_2 + 2H_2O$
반응온도	300~400℃	850~950℃
제거효율	약 90%	약 30~70%
설치/유지비용	촉매탑, 환원제주입설비 등 설치공간 필요, 촉매가 고가이며 수명이 짧음.	SCR에 비해 설치 및 운영비가 적음.
다이옥신제거	촉매에 따라 가능성 있음.	거의 없음
특징	촉매교체 등 운전비가 많이 들고 먼지, SO_x에 영향을 받으며 압력손실이 높음.	장치가 간단하고 운전보수가 용이하며 다양한 가스성상에 적용 가능함.

(1) 선택적 촉매 환원기술(Selective Catalytic Reduction: SCR)

- 배기가스에 포함된 NO_x를 Zeolite계, 알칼리토금속계, 희토류계 촉매와 TiO_2, WO_3, V_2O_5 등의 부촉매하에서 NH_3, Urea, CO, HC 등의 환원제와 반응시켜 무해한 N_2와 H_2O로 환원시키는 반응이다.
- SCR공정에서 반응온도는 매우 중요하며 175~290℃ 저온영역에서는 귀금속촉매를, 260~450℃의 중온영역에서는 전이금속을 이보다 높은 고온영역에서는 Zeolite를 사용한다.

(2) 선택적 비촉매 환원기술(Selective Non-Catalytic Reduction: SNCR)

- 촉매를 사용하지 않고 암모니아 또는 Urea와 같은 환원제만을 투입하여 질소산화물을 질소와 수증기로 환원하는 방법이다.
- 촉매를 사용하지 않으므로 활성화에너지가 매우 높아 반응온도 850~1,100℃의 고온 조건이 필요하며 저감효율은 40~70% 정도이다.

8.3 연소와 내연기관

질소산화물을 포함한 CO, HC, SO_x, CO_2의 대표적 배출원은 도로이동오염원인 자동차이다. 자동차의 주 연료는 석유계 화석연료로 주성분은 탄화수소류(C_mH_n)이며 기타물질이 미량 포함되어 있다. 자동차 연료는 크게 액체연료인 가솔린(휘발유)과 경유(디젤)와 기체연료인 CNG, LPG 등으로 나눌 수 있다.

1. 자동차 연료의 특성

1) 가솔린(Gasoline)

원유를 분별 증류하는 과정에서 탄소수가 C_4~C_{12} 사이를 추출하여 만들어지며 비등점은 40~75℃로 상온에서 증발하기 쉬워 휘발유라고도 부른다.

(1) 인화성이 좋아 불완전연소 시 폭발을 일으킬 위험이 있으므로 내폭제인 사에틸납(Tetra Ethyl Lead: TEL)을 미량 첨가하여 사용한다. 내폭제는 안티노킹제라고 하며 연료의 완전연소를 도와주는 물질로 옥탄가 향상제라고도 한다.

(2) 사에틸납의 유해성으로 인해 MTBE(Methyl Tertiary Butyl Ether)을 내폭제로 사용하며 MTEB가 들어 있는 가솔린을 무연휘발유라고 한다.

옥탄가(Octane number)

1. 가솔린 노킹 정도를 평가하는 지표이다.
2. 아이소옥탄(C_8H_{18})의 옥탄가를 100, 노말헵탄(C_7H_{16})의 옥탄가를 0으로 정한 후, 휘발유 같은 안티노크성을 갖는 혼합표준연료(아이소옥탄과 노말헵탄의 혼합물)에 함유된 아이소옥탄의 부피를 %로 표시한다.
3. 옥탄가가 높다는 것으로 안티노크성이 높고 가솔린 엔진의 압축비를 높게 함으로 연소효율을 증가시킨다는 의미를 가진다.

특히 가솔린엔진은 연료와 공기가 압축된 상태에서 스파크 플러그에 의해 폭발되는 불꽃점화방식으로 연소실 내의 혼합기의 온도와 압력이 급격히 상승되면 자연 착화하여 이상 폭발현상인 노킹현상이 발생될 수 있다.

(1) 노킹현상을 방지하기 위해 옥탄가 향상제로는 에테르계열의 METB, ETBE(Ethyl Tert Butyl Ether) 등과 방향족아민, MMT(Methylcyclopentadienyl Manganese

Tricarbonyl) 등이 많이 사용된다. 일반적으로 Aromatics류 > Olefins류 > Parffins류 순으로 옥탄가가 높다.

(2) N-Paraffine에서는 탄소수가 증가할수록 옥탄가가 저하하여 C_7에서 옥탄가는 0이 되면 iso-Paraffine에서는 methyl 측쇄가 많을수록 옥탄가는 증가한다.

(3) 방향족 탄화수소의 경우 벤젠고리의 측쇄가 C_3까지는 옥탄가가 증가하지만 그 이상이면 감소한다.

2) 경유(Light oil)

원유를 분별 증류하는 과정에서 탄소수가 $C_{10} \sim C_{15}$ 사이로 추출하여 만들어지며 비등점은 250~350℃로 디젤엔진의 연료로 사용되어 디젤오일이라고도 부른다. 경유의 착화온도 약 350℃로 경유의 착화성은 세탄가로 표시하며 세탄가가 높을수록 착화성이 높다.

세탄가(Cetane number)

1. 세탄가는 α-메틸나프탈린($C_{11}H_{10}$)과 *n*-세탄($C_{16}H_{34}$)의 혼합물에 함유된 *n*-세탄의 부피를 %로 표시한다.
2. 세탄가가 높으면 연소효율이 좋아져 연소소음과 유해배출가스를 감소시키며 시동성이 좋아지고 미연탄화수소의 생성 크게 준다.
3. 일반적으로 세탄가는 노말-파라핀, 올레핀, 나프텐, 아이소파라핀, 방향족 순으로 낮아진다. 이는 옥탄가가 낮은 순과 반대이다.
4. 세탄가 향상제로는 유기질산염인 아밀질산, 에틸헥실질산, 니트로소화합물, 과산화물 등이 사용된다.

2. 연료별 내연기관의 특성

1) 내연기관별 특성 비교

자동차는 실린더 내부에서 연료와 산소를 연소시켜 고온·고압 하의 연소가스가 팽창하여 피스톤을 움직이게 하는 내연기관으로 이 때 연소는 연료가 가지는 화학에너지를 운동에너지로 바꾸어주는 역할을 하게 된다. 그림 8.11에 4행정 사이클 내연기관의 피스톤위치를 나타내었다.

(1) 가솔린자동차의 실린더 내 피스톤은 연료와 공기를 흡인하는 흡입하여 압축 후 점화플러그에 의해 폭발(연소)을 일으켜 동력전달을 전달하고 연소가스를 배기하는 순서로 이루어진다.

(2) 반면에 디젤자동차는 먼저 공기를 고온 고압에서 압축 후 경유를 분사하여 연소하게 된다.

따라서 가솔린자동차는 연료와 공기의 예혼합연소로 점화플러그에 의한 불꽃점화방식이며, 디젤자동차는 고온·고압 하의 공기에 연료를 분사하여 자기발화하는 압축점화방식으로 확산연소에 가깝다. 표 8.5에 가솔린기관과 디젤기관의 특성을 비교하여 나타내었다.

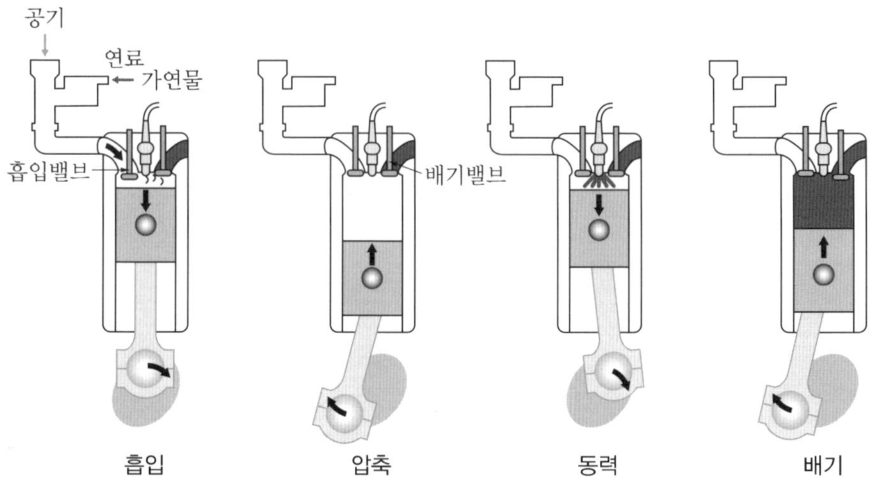

그림 8.11 4행정 사이클 내연기관

출처) https://www.amsoil.com/articlespr/article_2cycleapplications.aspx

표 8.5 가솔린기관과 디젤기관의 특성 비교

특성		가솔린기관	디젤기관
연료공급방식		압축 전 연료공기혼합(예혼합) 연소실 바깥에서 인젝트로 공급	공기압축 후 연료공급(확산연소) 연소실 내에서 인젝트로 공급
열효율		25~32%	32~38%
점화방식		전기점화	자기착화
사용연료		휘발유 자기착화온도 높음 인화점 낮음	경유 자기착화온도 낮음 인화점 높음
연소실(실린더) 직경		제한적(노킹 때문에 160mm 이하)	제한 없음 - 고출력
유해배출가스		CO, HC, NO_x 현재 TWC기술로 해결 장래기술 : Lean-Burn&DeNO_x	PM, NO_x, CO, HC (PM, NO_x가 문제) 장래기술 : 고압연료분사&DeNO_x
기타	수명	짧다	길다
	중량	가볍다	무겁다
	소음·진동	적다	크다

출처) 조경두, 자동차 대기오염 실태조사 및 개선방안, 인천발전연구원, 2003년, pp21

디젤엔진은 흡인공기를 압축한 후 연료가 분사되어 자체 폭발하는 압축점화방식이다. 압축비는 가솔린엔진에 비해 약 1.5배 정도 높아 15~20(가솔린 8~15) 정도이다. 압축비는 실린더 최대용적으로 연소실체적과 피스톤행정체적의 합을 연소실체적으로 나누어 준 값이다. 압축비가 높을수록 연소효율은 좋아져 연비가 향상된다.

2) 노킹의 원인 및 대책

가솔린엔진과 디젤엔진과 같은 내연기관에서 피스톤의 위치에 따라 이상폭발현상인 노킹현상이 나타난다. 가솔린엔진은 표면착화 또는 자연발화에 의해서 노킹현상이 나타나며 디젤엔진은 착화지연현상으로 인해 노킹현상이 발생된다. 노킹현상을 방지하기 위해서는 세탄가 향상제를 주입하는 것이 좋다. 가솔린엔진과 디젤엔진의 노킹현상 발생원인과 방지대책은 서로 상반됨으로 서로 비교하여 이해하는 것이 좋다. 즉, 가솔린은 착화가 너무 잘 되어 노킹현상이 발생하며 디젤은 착화가 지연되어 노킹현상이 발생한다. 이를 정리하면 표 8.6에 나타내었다.

표 8.6 자동차 연료의 노킹의 원인 및 방지대책

<table>
<tr><th>연료</th><th>노킹 원인</th><th>노킹 방지</th></tr>
<tr><td rowspan="3">가솔린</td><td>• 연료의 인화성이 클 경우
(착화점이 낮을 경우)</td><td>• (높은 온도에서 스스로 불이 잘 안 붙는 성질)인 옥탄가가 높은 연료를 사용하거나 옥탄가 향상제 및 안티노킹제를 첨가한다.</td></tr>
<tr><td>• 혼합기 온도 압력이 높은 경우</td><td>• 혼합기의 온도와 압력을 낮추어 자연 착화 방지한다.
• 화염속도를 크게 하며 불꽃진행거리를 짧게 한다.</td></tr>
<tr><td colspan="2">발생지점 : 피스톤이 상사점을 향해 올라올 때</td></tr>
<tr><td rowspan="4">경유</td><td>• 연료에 인화성이 작을 경우
(착화점이 높을 경우)
• 연료의 낮은 세탄가 : 착화성이 낮아, 착화지연기간이 길어짐</td><td>• (낮은 온도에서 스스로 불이 잘 붙는 성질)인 세탄가가 높은 연료 사용
• 세탄가가 높은 연료를 사용할 것(40~60)</td></tr>
<tr><td>• 압축공기의 온도와 압력이 낮을 경우
• 연소실의 낮은 압축비 : 착화지연기간이 길어지며 연료량 증가를 유발
• 연소실의 낮은 온도 : 착화지연기간이 길어짐</td><td>• 압축공기의 온도와 압력을 높여 자연착화촉진
(흡입공기의 온도와 압축비를 높일 것)
• 분사시기를 상사점 부근까지 늦추고 실린더 내의 온도와 압력을 상승시켜 착화 지연을 최대한 짧게 할 것
• 연료의 착화온도는 낮게, 실린더 벽의 온도는 높게 할 것</td></tr>
<tr><td>• 연료 분사량의 과다 : 잔여 연료가 발생하며, 다음 착화 시의 연료량에 더해져 압력상승 유발</td><td>• 분사를 시작할 때 분사량을 적게 하고 연료입자를 작게 할 것
• 실린더 내의 공기와 기름입자의 점도를 높일 것
• 연료 분사량의 적절한 제어
• 실린더 내의 와류 발생</td></tr>
<tr><td colspan="2">발생지점 : 피스톤이 상사점을 지나 하사점을 향해 내려갈 때</td></tr>
</table>

3. 자동차의 배출허용기준과 배출특성

1) 내연기관별 대기오염물질의 배출특성

자동차의 연소과정에서 발생되는 대기오염물질은 CO, NO_x, HC와 같은 가스상 오염물질과 PM 등과 같은 입자상 오염물질로 구분할 수 있으며 CO_2, CH_4, N_2O 등의 온실가스와 VOCs, 알데하이드, PAHs 등 유해대기오염물질을 배출한다.

자동차의 대기오염물질의 배출경로는 배기관, 블로바이가스, 연료탱크의 증발가스 등이다.

※ 블로바이가스는 가솔린엔진에서 압축 또는 폭발행정 중에서 피스톤과 실린더 사이에서 누출되는 가스로 주로 탄화수소류이며 크랭크케이스로부터 배출된다.

대부분의 대기오염물질은 배기관을 통해 배출되나 탄화수소류는 배기관을 통해 약 60%, 블로바이가스에서 약 20%, 증발가스를 통해 약 20% 정도가 배출된다.

또한 가솔린자동차와 경유자동차는 사용연료가 각기 다르므로 배출되는 대기오염물질의 특성도 다르다. 일반적으로 자동차에 의한 배출오염물질의 오염기여도를 보면

(1) SO_2는 경유차 92%, 가솔린차 8%,
(2) NO_x는 경유차가 80%, 휘발유차 20%,
(3) CO는 경유차가 37%, 가솔린차가 37%,
(4) HC는 경유차가 33%, 가솔린차가 67%,
(5) PM은 100% 경유차에서 배출된다.

즉 SO_2, NO_x, PM은 경유차가 CO와 HC는 가솔린차에서 배출량이 가장 높다.

또한 사용연료별 운전조건에 따라 배출오염물질의 특성이 달라지게 된다(표 8.7).

(1) CO와 HC는 공회전상태에서 가솔린자동차에서 배출량 크며 경유자동차에서는 적게 배출된다.
(2) NO_x는 가솔린과 경유자동차의 모두 가속과 정속상태에서 가장 많이 배출된다.
(3) HC는 가솔린자동차의 감속상태에서 가장 많이 배출된다.

표 8.7 자동차 운전조건에 따른 오염물질 배출농도

연료 구분	운전조건	CO(%)	HC(ppm)	NO_x(ppm)
가솔린	정지가동	4.0~10.0	300~2,000	50~1,000
	가속(0~40 km/h)	0.7~5.0	300~600	1,000~4,000
	정속(40 km/h)	0.5~4.0	200~400	1,000~3,000
	감속(40 km/h)	1.5~4.5	1,000~3,000	5~50
LPG	정지가동	2.0~5.0	150~1,000	40
	가속(0~40 km/h)	0.7~2.5	300~600	1,200~2,000
	정속(40 km/h)	0.4~1.0	200~400	4.500
	감속(40 km/h)	1.5~4.0	2,000~4,000	60
경유	정지가동	0.0	300~500	50~70
	가속(0~40 km/h)	0.0~0.1	200	800~1,000
	정속(40 km/h)	0.0	90~150	200~1,000
	감속(40 km/h)	0.0	300~400	30~55

출처) 조경두, 자동차 대기오염 실태조사 및 개선방안, 인천발전연구원, 2003년, pp22

2) 내연기관별 배출허용기준

자동차는 제작차 배출허용기준(제62조 관련)으로 대기환경보전법 시행규칙 별표 17(시행 2016.3.29)(환경부령 제645호)에 규정되어 있다. 제작년도별 기준이 상이함으로 휘발유, 가스자동차는 2016년 1월 1일 이후 적용된 배출허용기준을 사용하였으며(표 8.8) 경유자동차는 2014년 1월 1일 이후 적용된 배출허용기준(표 8.9)을 나타내었다.

(1) 휘발유, 가스자동차의 배출허용기준항목은 일산화탄소, 질소산화물, 폼알데하이드, 탄화수소로 탄화수소는 배기관가스, 블로바이가스, 증발가스로 나누어 배출허용기준을 정하고 있다.

(2) 반면에 경유자동차는 일산화탄소, 질소산화물, 탄화수소 및 질소산화물, 입자상물질, 입자개수에 대한 배출허용기준을 정하고 있다.

따라서 연료의 종류에 따라 배출되는 대기오염물질의 성상이 다름을 알 수 있다.

표 8.8 휘발유, 가스자동차 배출허용기준(2016년 1월 1일 이후)

차종		일산화탄소	질소산화물	탄화수소(배기관가스) 및 질소산화물	탄화수소		폼알데하이드	측정방법
					블로바이가스	증발가스		
경자동차, 소형 승용·화물 자동차, 중형 승용·화물 자동차	기준 1	2.61g/km 이하	-	0.100g/km 이하	0g/1주행	0.35g/테스트 이하	0.0025g/km 이하	CVS-75 모드
		5.97g/km 이하	-	0.087g/km 이하	-	-	-	US06 모드
		2.0g/km 이하	-	0.062g/km 이하	-	-	-	SC03 모드
	기준 2	1.31g/km 이하	-	0.078g/km 이하	0g/1주행	0.35g/테스트 이하	0.0025g/km 이하	CVS-75 모드
		5.97g/km 이하	-	0.075g/km 이하	-	-	-	US06 모드
		2.0g/km 이하	-	0.044g/km 이하	-	-	-	SC03 모드
	기준 3	1.06g/km 이하	-	0.044g/km 이하	0g/1주행	0.35g/테스트 이하	0.0025g/km 이하	CVS-75 모드
		5.97g/km 이하	-	0.075g/km 이하	-	-	-	US06 모드
		2.0g/km 이하	-	0.044g/km 이하	-	-	-	SC03 모드
	기준 4	1.06g/km 이하	-	0.031g/km 이하	0g/1주행	0.35g/테스트 이하	0.0025g/km 이하	CVS-75 모드
		5.97g/km 이하	-	0.075g/km 이하	-	-	-	US 06 모드
		2.0g/km 이하	-	0.044g/km 이하	-	-	-	SC03 모드
	기준 5	0.625g/km 이하	-	0.019g/km 이하	0g/1주행	0.35g/테스트 이하	0.0025g/km 이하	CVS-75 모드
		5.97g/km 이하	-	0.031g/km 이하	-	-	-	US06 모드
		2.0g/km 이하	-	0.012g/km 이하	-	-	-	SC03 모드
	기준 6	0.625g/km 이하	-	0.0125g/km 이하	0g/1주행	0.35g/테스트 이하	0.0025g/km 이하	CVS-75 모드
		5.97g/km 이하	-	0.031g/km 이하	-	-	-	US06 모드
		2.0g/km 이하	-	0.012g/km 이하	-	-	-	SC03 모드
	기준 7	0g/km 이하	-	0g/km 이하	0g/1주행	-	0g/km 이하	CVS-75 모드

대형 승용·화물자동차, 초대형 승용·화물자동차	4.0g/kWh 이하	0.40 g/kWh 이하	0.14g/kWh 이하	0g/1주행	-	-	WHTC 모드

※ 비고

1. 휘발유 또는 가스 사용 자동차는 휘발유·알코올 및 가스를 섞어서 사용하거나 병용하는 자동차와 전기자동차 중 보조동력원으로 휘발유 등 다른 연료를 사용하는 자동차를 포함한다.
2. 위 표의 폼알데하이드 기준은 알코올만을 연료로 사용하는 자동차 또는 알코올을 혼합하여 사용하는 자동차에 한정하여 적용한다.
3. 소형승용자동차(휘발유 사용 자동차만 해당한다)의 저온(－6.7℃) 시동 시 일산화탄소 배출허용기준은 6.3g/km 이하로 한다.
4. 대형승용·화물자동차 및 초대형승용·화물자동차의 배기관가스는 NMHC로 측정하고, 그 밖의 자동차의 배기관가스는 NMOG(NMHC로 측정할 경우에는 NMHC 측정값에 1.04를 곱한 값을 NMOG 측정값으로 한다)와 질소산화물을 합한 값으로 측정한다.
5. 대형승용·화물자동차 및 초대형승용·화물자동차(가스 자동차만 해당한다)의 메탄 배출허용기준은 0.5g/kWh 이하로 한다.
6. 대형승용·화물자동차 및 초대형승용·화물자동차의 암모니아(NH_3)의 배출허용기준은 10ppm 이하로 한다.
7. 2019년 12월 31일까지 출고되는 자동차의 경우에는 '사'목의 기준을 적용할 수 있으며, 이 경우 위 표의 기준 1, 기준 2, 기준 5의 탄화수소(배기관가스) 및 질소산화물의 기준을 함께 적용할 수 있다.
8. 2019년 12월 31일까지 인증을 받은 경자동차, 소형승용·화물자동차, 중형승용·화물자동차 중 인증을 받은 다음 해부터 2년 이내에 출고되는 차량의 결함확인검사에는 다음 표를 적용한다.

	일산화탄소	탄화수소 (배기관가스) 및 질소산화물	탄화수소		폼알데하이드	측정방법
			블로바이 가스	증발가스		
기준1	2.61g/km 이하	0.100g/km 이하	0g/1주행	0.35g/테스트 이하	0.0025g/km 이하	CVS-75 모드
	5.97g/km 이하	0.122g/km 이하	-	-	-	US06 모드
	-	-	-	-	-	SC03 모드
기준2	1.31g/km 이하	0.078g/km 이하	0g/1주행	0.35g/테스트 이하	0.0025g/km 이하	CVS-75 모드
	5.97g/km 이하	0.105g/km 이하	-	-	-	US06 모드
	-	-	-	-	-	SC03 모드
기준3	1.06g/km 이하	0.061g/km 이하	0g/1주행	0.35g/테스트 이하	0.0025g/km 이하	CVS-75 모드
	5.97g/km 이하	0.105g/km 이하	-	-	-	US06 모드
	-	-	-	-	-	SC03 모드
기준4	1.06g/km 이하	0.044g/km 이하	0g/1주행	0.35g/테스트 이하	0.0025g/km 이하	CVS-75 모드
	5.97g/km 이하	0.105g/km 이하	-	-	-	US06 모드
	-	-	-	-	-	SC03 모드
기준5	0.625g/km 이하	0.027g/km 이하	0g/1주행	0.35g/테스트 이하	0.0025g/km 이하	CVS-75 모드
	5.97g/km 이하	0.043g/km 이하	-	-	-	US06 모드
	-	-	-	-	-	SC03 모드

기준6	0.625g/km 이하	0.018g/km 이하	0g/1주행	0.35g/테스트 이하	0.0025g/km 이하	CVS-75 모드
	5.97g/km 이하	0.043g/km 이하	-	-	-	US06 모드
	-	-	-	-	-	SC03 모드

9. 경자동차, 소형승용·화물자동차, 중형승용·화물자동차 중 환경부장관이 정하여 고시하는 자동차에 대하여는 CVS-75 모드를 갈음하여 IM240 모드로 시험할 수 있다.
10. 외국의 자동차제작자가 아닌 자로부터 자동차를 수입하는 자동차수입자에 대하여는 위 표의 기준 2를 적용한다.
11. 전기만을 동력으로 사용하는 자동차와 수소연료전지자동차의 경우 배출가스 항목에 대하여 0g/km를 적용한다.
12. 대형승용·화물자동차 및 초대형승용·화물자동차의 탄화수소(배기관가스) 및 질소산화물의 배출허용기준은 탄화수소만을 측정하여 적용한다.
13. 경자동차, 소형승용·화물자동차, 중형승용·화물자동차의 증발가스 배출허용기준은 2018년 1월 1일부터 연차적으로 적용하되, 그 적용비율은 다음과 같으며, 해당 연도의 출고비율을 초과한 경우에는 초과대수를 다음 해의 출고대수로 인정하고, 미달한 경우에는 미달한 출고비율의 2배를 다음 해에 추가한다.

적용기간	2016	2017	2018	2019	2020	2021	2022	2023	2024	2025
출고비율(%)	0	0	30	30	80	80	100	100	100	100

14. 경자동차, 소형승용·화물자동차, 중형승용·화물자동차의 고속도로(Highway) 주행모드의 배출허용기준은 CVS-75 모드의 탄화수소(배기관가스) 및 질소산화물 기준 이하로 한다.
15. 경자동차, 소형승용·화물자동차, 중형승용·화물자동차의 CVS-75 모드의 입자상물질 배출허용기준은 0.002g/km 이하로 한다. 다만, 2020년 12월 31일까지 인증을 받은 경자동차, 소형승용·화물자동차, 중형승용·화물자동차 중 인증을 받은 다음 해부터 2년 이내 출고되는 차량의 결함확인검사의 입자상물질 배출허용기준은 0.004g/km 이하로 한다.
16. 제15호 본문 및 단서의 배출허용기준은 2017년 1월 1일(연간 출고대수가 4,500대 이하인 자동차제작자의 경우에는 2021년 1월 1일)부터 연차적으로 적용하고, 그 적용비율은 다음 표와 같다. 이 경우 해당 연도의 출고비율을 초과한 경우에는 초과대수를 다음 해의 출고대수로 인정하고, 미달한 경우에는 미달한 출고비율의 2배를 다음 해에 추가한다.

적용기간	2016	2017	2018	2019	2020	2021	2022	2023	2024	2025
출고비율(%)	0	10	20	40	70	100	100	100	100	100

17. 경자동차, 소형승용·화물자동차, 중형승용·화물자동차의 US06 모드의 입자상물질 배출허용기준은 0.006g/km 이하로 한다. 다만, 2020년 12월 31일까지 인증을 받은 경자동차, 소형승용·화물자동차, 중형승용·화물자동차 중 인증을 받은 다음 해부터 5년 이내 출고되는 차량의 결함확인검사의 입자상물질 배출허용기준은 0.011g/km를 적용한다.
18. 제17호 본문 및 단서의 배출허용기준은 2017년 1월 1일(연간 출고대수가 4,500대 이하인 자동차제작자의 경우에는 2021년 1월 1일)부터 연차적으로 적용하고 그 적용비율은 다음 표와 같다. 이 경우 해당 연도의 출고비율을 초과한 경우에는 초과대수를 다음 해의 출고대수로 인정하고, 미달한 경우에는 미달한 출고비율의 2배를 다음 해에 추가한다.

적용기간	2016	2017	2018	2019	2020	2021	2022	2023	2024	2025
출고비율(%)	0	10	20	40	70	100	100	100	100	100

19. 외국의 자동차제작자가 아닌 자로부터 수입되는 자동차에는 입자상물질 배출허용기준을 적용하지 아

니한다.
20. SC03 모드로 인증을 받은 사항은 배출가스 결함확인검사 대상에서 제외한다.
21. 위 표의 증발가스 시험을 위한 세부 연료기준은 환경부장관이 별도로 고시한다.
22. 상기 증발가스 규정에도 불구하고, 총중량 2.7톤 이하의 다목적형 승용차 및 화물자동차는 0.5g/테스트를, 그리고 총중량 2.7톤 초과의 다목적형 승용차 및 화물자동차는 0.75g/테스트의 기준을 적용한다.
23. 대형승용·화물자동차 및 초대형승용·화물자동차의 결함확인검사에는 다음 표를 적용한다. 이 경우 탄화수소는 배기관가스로서 NMHC와 메탄을 포함하는 THC로 측정한다.

출고 기간	일산화탄소	질소산화물	탄화수소	측정방법
2016년 1월 1일 이후 2016년 12월 31일까지	8.0g/kW·h	0.6g/kW·h	1.28g/kW·h	환경부장관이 고시
2017년 1월 1일 이후	6.0g/kW·h	0.6g/kW·h	0.96g/kW·h	

24. 자동차제작자는 US06 모드 및 SC03 모드의 배출허용기준 대신 별표 19의2 제3호나목3)의 합산모드 평균 배출허용기준을 선택하여 적용할 수 있으며, 이 경우에는 2016년 12월 31일까지 환경부장관이 고시하는 절차에 따라 승인을 받아야 한다.
25. 차량 총중량 4톤 미만인 대형승용·화물자동차는 중형승용·화물자동차의 기준 및 측정방법을 적용할 수 있고, 이 경우 배출가스 보증기간은 중형승용·화물자동차의 보증기간을 적용한다.

표 8.9 경유자동차(2014년 1월 1일 이후)

차종	구분	일산화탄소	질소산화물	탄화수소 및 질소산화물	입자상물질	입자개수	측정방법
경자동차 소형 승용차 중형 승용차		0.5g/km 이하	0.08g/km 이하	0.17g/km 이하	0.0045g/km 이하	6×10^{11} #/km 이하	ECE-15 및 EUDC 모드
소형 화물차 중형 화물차	RW≤ 1,305kg	0.5g/km 이하	0.08g/km 이하	0.17g/km 이하	0.0045g/km 이하	6×10^{11} #/km 이하	
	1,305kg < RW≤ 1,760kg	0.63g/km 이하	0.105g/km 이하	0.195g/km 이하	0.0045g/km 이하	6×10^{11} #/km 이하	
	RW > 1,760kg	0.74g/km 이하	0.125g/km 이하	0.215g/km 이하	0.0045g/km 이하	6×10^{11} #/km 이하	
대형 승용차·화물차		1.5g/kWh 이하	0.40g/kWh 이하	0.13g/kWh 이하	0.01g/kWh 이하	8×10^{11} #/kWh 이하	WHSC
초대형 승용차·화물차		4.0g/kWh 이하	0.46g/kWh 이하	0.16g/kWh 이하	0.01g/kWh 이하	6×10^{11} #/kWh 이하	WHTC

※ 비고
1. 경유 사용 자동차는 경유에 다른 연료를 사용하는 자동차를 포함하며, 이 경우 탄화수소는 NMHC로 측정한다.
2. RW(Reference Weight)는 시험중량으로서 공차중량에 운전자 중량(75kg)을 뺀 상태에서 100kg을 더한 수치로 한다.
3. 경자동차, 소형승용차, 중형승용차, 소형화물차, 중형화물차, 대형승용차 및 대형화물차의 경우, 다음 표의 시험중량과 측정방법을 적용한 경우 해당 차종의 기준을 적용한다.

시험중량	RW ≤ 2,380kg	2,380kg < RW ≤ 2,840kg	RW > 2,840kg
측정방법	ECE-15 및 EUDC 모드	제작자가 선택	WHSC, WHTC

4. 블로바이가스는 배출허용기준을 0g/1주행으로 하여 적용한다. 다만, 터보차저, 펌프, 블로어 및 슈퍼차저가 장착된 원동기는 탄화수소 및 질소산화물 배출허용기준을 적용한다.
5. 경자동차, 소형승용차, 중형승용차 및 시험중량이 1,305kg 미만인 소형 및 중형화물차에 대하여는 2014년 9월 1일부터 적용하되, 2014년 8월 31일까지 인증을 받고 2014년 9월 1일부터 2015년 8월 31일까지 출고되는 자동차는 위 바목의 기준을 적용한다.
6. 시험중량이 1,305kg을 초과하는 소형 및 중형 화물차에 대하여는 2015년 9월 1일부터 적용하되, 2015년 8월 31일까지 인증을 받고 2015년 9월 1일부터 2016년 8월 31일까지 출고되는 자동차는 위 바목의 기준을 적용한다.
7. 2013년 12월 31일까지 인증을 받고 2014년 1월 1일부터 2014년 12월 31일까지 출고되는 대형승용·화물 및 초대형승용·화물에 해당하는 자동차는 위 바목의 기준을 적용한다.
8. 대형승용·화물 및 초대형승용·화물에 해당하는 자동차는 WHSC 모드, WHTC 모드 모두 만족하여야 하며, 탄화수소 및 질소산화물의 배출허용기준은 탄화수소만을 측정하여 적용하고, 이 경우 THC로 측정한다.
9. 대형승용·화물 및 초대형승용·화물의 암모니아(NH_3)의 배출허용기준은 10ppm 이하로 한다.
10. 자동차제작자가 위 표 및 비고의 적용일 이전에 제작된 자동차임을 소명한 자동차로서 위 표 및 비고의 적용일부터 90일(대형 및 초대형 화물의 경우에는 180일) 이내에 출고되는 자동차에 대해서는 제작 당시의 기준을 적용한다.
11. 위 표의 기준에 따라 인증을 받고 2016년 1월 1일 이후 출고되는 대형승용차·화물차 및 초대형승용차·화물차의 결함확인검사에는 다음 표를 적용한다. 이 경우 탄화수소는 배기관가스로서 NMHC와 메탄을 포함하는 THC로 측정한다.

출고 기간	일산화탄소	질소산화물	탄화수소	측정방법
2016년 1월 1일 이후	6.0g/kW·h	0.92g/kW·h	0.24g/kW·h	환경부장관이 고시
2017년 1월 1일 이후	6.0g/kW·h	0.69g/kW·h	0.24g/kW·h	

4. 내연기관별 배출가스 처리기술

자동차 배출가스 저감기술은 가솔린자동차의 경우 CO, HC, NO_x의 배기가스를 제거하기 위해 사용되며 경유자동차는 CO, HC, NO_x외 PM을 제거하기 위해 사용된다. 배출가스 저감기술은 공연비 및 점화시기제어, 희박연소, 배기가스재순환, PVC 제어 등 배출 및 발생억제기술이 있으며 배기가스 후 처리기술로 가솔린자동차는 삼원촉매장치, 경유자동차는 DOC 및 DPF 장치가 있다.

1) 가솔린자동차

가솔린자동차는 희박연소로 통한 NO_x 감소시키는 방법, 산화촉매에 의한 CO, HC 저감방식, 배기가스 재순환, 점화시기와 흡배기 밸브 제어를 통한 NO_x 저감, 전자제어식 연료분사 장치 삼원 촉매시스템을 통한 CO, HC, NO_x 저감기술이 있다. 본 기술 중 가장 많이 사용되는 기술은 삼원촉매 전환장치이다.

(1) 삼원촉매 전환장치(TCCS: Three-way Catalytic Conversion System)

가솔린 내연기관의 배기가스 후처리기술로 두 개의 촉매층을 직렬로 연결하여 CO, HC, NO_x를 처리하는 방법으로 그림 8.12에 나타내었다.

- 삼원촉매 전환장치는 허니컴 구조의 세라믹 모노리스(담체)에 귀금속 촉매인 백금(Pt), 팔라듐(Pd), 로듐(Rh)을 담지하여 사용한다. 귀금속 촉매는 Rh/Pt(1 : 5)의 비율로 사용하거나 Pt/Rh/Pd의 삼원촉매를 사용한다. 특히 Pt은 CO, HC를 Rh은 NO의 반응을 촉진시킨다. Pd는 CO와 HC의 반응개시온도에는 유리하나 NO_x와 황성분에 의한 성능저하에 불리하다. 촉매는 약 300℃ 이상이 되어야 반응을 시작하며 약 550℃ 이상에서 정화효율이 높다. 촉매반응온도가 너무 높은 경우 열적노화가 진행 되서 담체층이 녹고 유효면적이 감소한다.
- 그림 8.12에서 볼 수 있듯이 삼원촉매 전환장치의 반응단계는 2단계로 나눌 수 있으며
  - 1단계는 공기희박상태에서 환원촉매층을 통과시켜 NO를 N_2로 환원시키는 단계이며

$$2NO \rightarrow N_2 + O_2$$
$$2NO_2 \rightarrow N_2 + 2O_2$$

  - 2단계는 공기를 첨가하면서 산화촉매층을 통과시켜 CO와 HC를 CO_2와 H_2로 산화시키는 단계이다.

$$2CO + O_2 \rightarrow 2CO_2$$
$$HC + O_2 \rightarrow CO_2 + H_2O$$

이때 로듐은 환원촉매로 백금은 산화촉매로 작용한다. 가솔린자동차용 삼원촉매는 산화-환원기능을 동시에 가지며 배기가스 중 유해성분은 미연소성분인 HC와 CO는 NO_x가 산화제로 작용하여 물과 이산화탄소로 바뀌며 반면에 고온에서 발생하는 NO_x는 HC와 CO가 환원제 역할을 하여 무해한 질소와 이산화탄소로 바뀌게 된다.

- 삼원촉매 전환장치의 효율적인 작동을 위해서는 적절한 공연비를 유지하는 것이 매우 중요한다. 그림 8.12에서 보면 가솔린의 이론적 공연비는 14.7을 1로 기준으로 하며 보면 CO, NO_x, HC의 3성분의 전환율이 80% 이상을 유지하는 공연비의 폭은 0.1～0.14 정도이며 삼원촉매 전환장치의 적절한 공연비 범위는 약 14.48～14.62로 공연비로는 약 0.14가 되면 과잉공기율로는 약 0.01 즉 공기비

로는 1±0.005가 된다. 촉매의 오염물질의 전환율이 50%일 때의 촉매온도를 라이트오프(light-off) 온도라 하며 Pt/Rh는 약 500℃이며 Pd는 약 400℃이고 일반적인 촉매의 라이트오프 온도는 약 250~300℃이다.

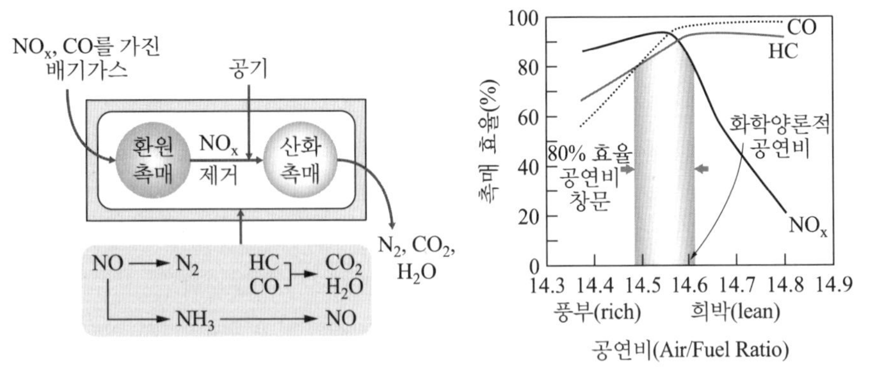

그림 8.12 삼원촉매장치

출처) http://mechteacher.com/3-way-catalytic-converter/, http://www.blackthorn.net/gas-engines/

2) 경유자동차의 배기가스 처리기술

경유자동차의 배기가스 처리기술은 HC, CO, NO_x 처리 장치 외에 PM을 제거하기 위한 장치가 필요하다. 일반으로 다음과 같은 방법을 통해 경유자동차의 배기가스를 처리할 수 있다.

(1) 터보과급과 배기재순환(EGR) : 공기량 증가로 출력증대

(2) NO_x 환원시스템으로 요소를 배기열로 가수분해하여 생성된 암모니아로 NO_x를 선택 환원하는 시스템으로 NO_x와 PM을 동시 제거 가능하며 연비개선이 유효한 요소선택환원시스템과 촉매상에 흡수 저장된 NO_x를 연료를 과잉공급하여 환원하는 시스템인 요소흡장시스템을 사용한다. 요소흡장시스템을 연료와 과잉 공급되므로 연비는 악화된다.

(3) 전자제어식 고압분사 시스템과 연소제어 : 커먼레일 시스템 고압으로 연료와 공기의 혼합이 촉진되어 PM 제거에 효과적이다.

(4) 디젤산화촉매(DOC)와 디젤 PM필터(DPF시스템) : 백금계 산화촉매는 가용성 유기성분을 산화하고 HC와 CO를 동시제거하고 DPF(Diesel Particulate Filter)를 통해 배기가스 중 PM을 처리하는 후처리 시스템이다.

경유자동차의 대표적인 후처리기술은 디젤산화촉매(DOC: Diesel Oxidation Catalyst)와 매연여과장치인 DPF(Diesel Particulate Filter trap)이다. 이를 그림 8.13에 나타내었다.

(1) DOC는 백금 또는 팔라듐과 같은 귀금속 촉매를 이용하여 경유자동차 배기가스 중 HC, CO, 용해성유기물, PM 및 악취 등을 제거한다.

(2) DPF는 세라믹필터, 금속필터 등을 이용하여 배기가스 중 PM을 포집 후 연소하여 제거하는 배기가스 후처리 시스템으로 DOC(Diesel Oxidation Catalyst)와 함께 사용한다. 그림 8.13에서 볼 수 있듯이 DOC에서 CO, NO, HC를 1차 제거하고 DPF의 구성은 필터, 재생장치, 제어장치로 구성되며 재생방식에 따라 1세대, 2세대, 3세대 기술로 나누어진다. 표 8.10과 표 8.11에 DPF의 재생방식 및 특성과 문제점 및 대책에 대해 정리하였다.

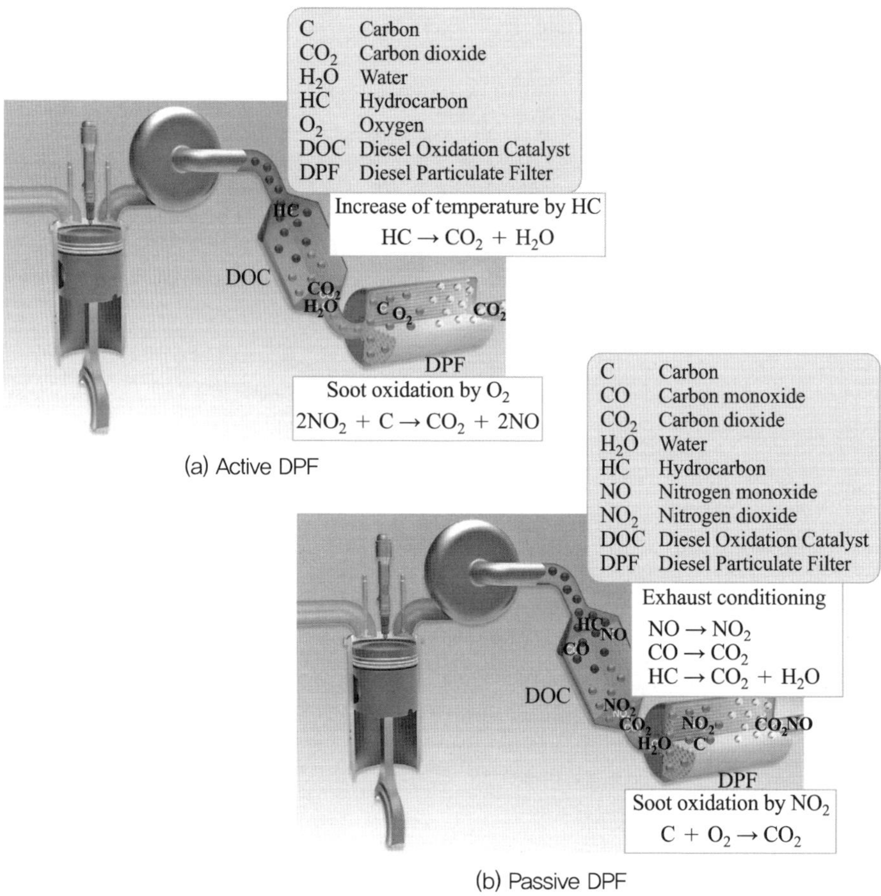

그림 8.13 DOC 및 DPF시스템

출처) http://www.tdperformance.co.uk/services/dpf-removal

표 8.10 DPF의 재생방식과 특징

단계	특징	장치 종류	장점	단점
1세대 기술	강제재생방식 (Active regeneration)	• 전기히터방식 • 버너방식 • 트로틀링방식	• 재생확실	• 구조복잡 • 잦은 고장 • 고가
2세대 기술	자연재생방식 (Passive regeneration)	• 촉매방식 • 첨가제방식	• 연속재생 • 구조간편	• 낮은 배출가스 온도에서 작동불가 • 소형경유자동차에 적용 곤란
3세대 기술	복합방식 (Passive + Active regeneration)	• 엔진제어보조방식 • 전기히터보조방식	• 재생확실 • 연속재생	• 보조재생기술 이용

출처) 이해수, 김민용, 이종섭, 이원영, 강경호, 신진실 운행차용 PM 및 NO_x 저감 후처리장치 개발; 탄화수소 SCR을 이용한 PM/NO_x 동시 저감 장치 개발, 차세대핵심환경기술개발, 환경부, 2007년

표 8.11 DPF의 문제점 및 대책

구분	문제점	대책
배출가스 온도 영향	• 엔진의 배출가스 온도가 장치의 성능을 좌우 • 일반 도로주행 시에는 연속적인 재생 불가능	• PM이 250℃ 정도의 낮은 온도에서 재생되도록 촉매 또는 첨가제를 개발 • 전기히터나 버너 또는 엔진조정 등의 추가적인 보조열원을 사용하는 방법
필터에 축적되는 재(ash)의 영향	• 시간경과에 따른 회분의 축적 양이 계속 증가되고 이는 배압을 증가시키는 원인이 됨 • 필터의 substrate와 쉽게 반응 • 1,000℃ 이상의 과도한 열에 노출되는 경우 회분은 소결되어 필터의 통로를 막고 필터를 균열시키고 용융시키는 원인이 됨	• 고압의 물 또는 공기로 회분을 불어내어 필터 내부를 주기적으로 청소하거나 필터재료가 내열성을 가지도록 해야 함 • 필터의 용적을 키움
비제어 이상금속연소 (Stochastic combustion)	• 배출가스 온도가 너무 낮아 재생이 부진하면 필터 내에 PM이 증가되며, 이로 인하여 배압이 증가되고 결국 필터가 막힘 • 급격한 열 발생으로 인한 필터 내의 온도가 급상승하여 필터는 균열 또는 용융 등의 손상을 받음	• 연소제어장치 개발 • 이상금속연소 현상을 피하는 기술 개발
초저황경유(ULSD) 보급 문제	• 입자상 물질을 증가시킴 • 황성분에 의한 촉매 성능 저하	• 초저황경유의 30ppm 보급

출처) 이해수, 김민용, 이종섭, 이원영, 강경호, 신진실 운행차용 PM 및 NO_x 저감 후처리장치 개발; 탄화수소 SCR을 이용한 PM/NO_x 동시 저감 장치 개발, 차세대핵심환경기술개발, 환경부, 2007년

과년도 기출문제

8.1 SO_2와 NO_x 관련 과년도 기출문제

1. SO_2 관련문제

■ SO_2 배출량 계산법

① 연소방정식을 통해 연료 $1kg_f$당 발생하는 SO_2의 양을 계산한다.

$$SO_2 = \frac{22.4}{32}S\left[\frac{Sm^3}{kg_f}\right] \text{ or } SO_2 = \frac{64}{32}S\left[\frac{kg}{kg_f}\right]$$

② 시간당 사용되는 연료량을 고려한다.

$$\text{시간당 연료 사용량} = \frac{\text{연료사용량}}{\text{시간}}\left[\frac{kg_f}{hr}\right]$$

③ ①과 ②식을 곱하면 시간당 발생되는 SO_2의 배출량이 계산된다.

$$\text{체적 : } SO_2 \text{ 배출량} = \frac{22.4}{32}S \times \frac{\text{연료사용량}}{\text{시간}}$$

$$\text{단위}\left[\frac{Sm^3}{hr}\right] = \left[\frac{Sm^3}{kg_f}\right] \times \left[\frac{kg_f}{hr}\right]$$

$$\text{중량 : } SO_2 \text{ 배출량} = \frac{64}{32}S \times \frac{\text{연료사용량}}{\text{시간}}$$

$$\text{단위}\left[\frac{kg}{hr}\right] = \left[\frac{kg}{kg_f}\right] \times \left[\frac{kg_f}{hr}\right]$$

※ 1시간당 발생되는 SO_2의 배출량(Sm^3, kg)을 의미함.

※ 체적(Sm^3) ⇔ 중량(kg) 변환식

$$\text{체적} \Rightarrow \text{중량 : } Sm^3 \times \frac{1kmol}{22.4Sm^3} \times \frac{\text{분자량}kg}{1kmol} = kg$$

$$\text{중량} \Rightarrow \text{체적 : } kg \times \frac{1kmol}{\text{분자량}kg} \times \frac{22.4Sm^3}{1kmol} = Sm^3$$

④ S가 연소하여 배기가스 중 SO_2와 SO_3로 생성된 경우

③식에서 SO_2 또는 SO_3의 조성분율을 곱한다.

01 중유 중 황 함량이 3%인 것을 6,400kg/hr로 연소할 때 5분 동안 생성되는 황산화물의 양(Sm^3)은? (단, 중유 중 황은 모두 SO_2로 되며 표준상태 기준임)

풀이 황산화물의 발생량을 구하고 중유 사용량과 시간을 보정한다.

1) $SO_2 = \frac{22.4}{32}S = \frac{22.4}{32}\times 0.03 = 0.021\frac{Sm^3}{kg_f}$

2) 중유 6,400kg/hr를 연소 시

$$SO_2 = 0.021\frac{Sm^3}{kg_f}\times 6400\frac{kg_f}{hr} = 134.4\frac{Sm^3}{hr}$$

3) 5분 동안 생성되는 황산화물의 양?

$$SO_2 = 134.4\frac{Sm^3}{hr}\times\frac{hr}{60min}\times 5min = 11.2Sm^3$$

만약 위 문제에서 5분간 생성되는 황산화물의 양을 kg으로 구하면?

1) $SO_2 = \frac{64}{32}S = \frac{64}{32}\times 0.03 = 0.06\frac{kg}{kg_f}$

2) $SO_2 = 0.06\frac{kg}{kg_f}\times 6,400\frac{kg_f}{hr}\times\frac{hr}{60min}\times 5min = 32kg$

또는 황산화물의 부피가 $11.2Sm^3$이므로 kg으로 단위전환을 하면

$$11.2Sm^3\times\frac{1kmol}{22.4Sm^3}\times\frac{64kg}{1kmol} = 32kg$$

02 황 함유량이 질량 %로 1.4%인 중유를 매시 109톤 연소시킬 때의 SO_2 배출량(Sm^3/hr)은? (단, 표준상태이며 황은 100% 반응하며 이 중 5%는 SO_3로 배출되면 나머지는 SO_2로 배출된다.)

풀이 1) 중유 109톤 연소 시 배출되는 SO_2량을 계산한다. 체적을 이용하여

$$SO_2 = \frac{22.4}{32}S = \frac{22.4}{32}\times 0.014 = 0.0098\frac{Sm^3}{kg_f} \text{ (중유 1kg당)}$$

$$SO_2' = 0.0098\frac{Sm^3}{kg_f}\times 109\frac{ton}{hr}\times\frac{1,000kg_f}{ton} = 1068.2\frac{Sm^3}{hr}$$

2) S가 연소하여 SO_3로 5% 배출됨으로 SO_2로는 95%가 배출된다.

$$\therefore\ SO_2' = 1,068.2\frac{Sm^3}{hr}\times 0.95 = 1,014.79\frac{Sm^3}{hr}$$

03 유황 함유량이 1.5%인 중유를 시간당 100톤 연소시킬 때 SO_2의 배출량(Sm^3/hr)은? (단, 표준상태 기준, 유황은 전량이 반응하고, 이 중 5%는 SO_3로서 배출되며, 나머지는 SO_2로 배출된다.)

풀이 1) 중유 100톤 연소 시 배출되는 SO_2량을 계산한다. 체적을 이용하여

$$SO_2 = \frac{22.4}{32}S = \frac{22.4}{32}\times 0.015 = 0.0105\frac{Sm^3}{kg_f} \text{ (중유 1kg당)}$$

$$SO_2{}' = 0.0105\frac{Sm^3}{kg_f}\times 100\frac{ton}{hr}\times\frac{1000kg_f}{ton} = 1050\frac{Sm^3}{hr}$$

2) S가 연소하여 SO_3로 5% 배출됨으로 SO_2로는 95%가 배출된다.

$$\therefore\ SO_2{}' = 1{,}050\frac{Sm^3}{hr}\times 0.95 = 997.5\frac{Sm^3}{hr}$$

04 유황 함유량이 1.6%(W/W)인 중유를 매시 100톤 연소시킬 때 굴뚝으로부터 SO_3 배출량(Sm^3/hr)은? (단, 유황은 전량이 반응하고 이 중 5%는 SO_3로서 배출되며 나머지는 SO_2로 배출된다.)

풀이 1) 중유 100톤 연소 시 배출되는 SO_2량을 계산한다. 체적을 이용하여

$$SO_2 = \frac{22.4}{32}S = \frac{22.4}{32}\times 0.016 = 0.0112\frac{Sm^3}{kg_f} \text{ (중유 1kg당)}$$

$$SO_2{}' = 0.0112\frac{Sm^3}{kg_f}\times 100\frac{ton}{hr}\times\frac{1{,}000kg_f}{ton} = 1{,}120\frac{Sm^3}{hr}$$

2) S가 연소하여 SO_3로 5% 배출됨으로 SO_2로는 95%가 배출된다.

$$\therefore\ SO_3{}' = 1{,}120\frac{Sm^3}{hr}\times 0.05 = 56\frac{Sm^3}{hr}$$

05 S함량 3%의 벙커 C유 100kL를 사용하는 보일러에 S함량 1%인 벙커 C유로 30% 섞어 사용하면 SO_2 배출량은 몇 % 감소하는가? (단, 벙커 C유 비중 0.95, 벙커 C유 중 S는 모두 SO_2로 전환됨)

풀이 1) 고체·액체연료인데 100kL의 부피로 주어져 있음으로 비중을 이용해 중량으로 바꾼다.

※ 비중이 주어진 문제의 대부분은 비중을 이용해 체적을 질량으로 질량을 체적으로 바꾸라는 뜻이다.

$$\text{비중} = \frac{\text{대상물질의 밀도}}{\text{기준물질의 밀도}}$$

여기서 대상물질이 기체인 경우 기준물질은 공기의 밀도($1.29kg/m^3$)가 되며 대상물질이 고체 또는 액체인 경우 물의 밀도($1{,}000kg/m^3$)를 사용하면 된다.

$$0.95 = \frac{\text{벙커 C유 밀도}}{1{,}000\frac{\text{kg}}{\text{m}^3}} \Rightarrow \text{벙커 C유 밀도} = 950\frac{\text{kg}}{\text{m}^3}$$

따라서 100kL를 중량(kg)으로 바꾸면 $100\text{kL} \times \frac{\text{m}^3}{\text{kL}} \times \frac{950\text{kg}}{\text{m}^3} = 95{,}000\text{kg}$이 된다.

2) S함량 3%의 벙커 C유 100kL를 사용하는 보일러의 SO_2 발생량은?

$$SO_2 = \frac{22.4}{12}S = \frac{22.4}{12} \times 0.03 = 0.056\frac{\text{Sm}^3}{\text{kg}_f}$$

벙커 C유 95,000kg을 연소하므로

$$SO_2 = 0.056\frac{\text{Sm}^3}{\text{kg}_f} \times 95{,}000\text{kg}_f = 5{,}320\text{Sm}^3$$

3) S함량 1%인 벙커 C유로 30% 섞어 사용 시

$$SO_2 = \frac{22.4}{12} \times 0.03 \times 0.7 + \frac{22.4}{12} \times 0.01 \times 0.3 = 0.0448\frac{\text{Sm}^3}{\text{kg}_f}$$

벙커 C유 95,000kg을 연소하므로

$$SO_2 = 0.0448\frac{\text{Sm}^3}{\text{kg}_f} \times 95{,}000\text{kg}_f = 4{,}256\text{Sm}^3$$

4) 감소율

$$\text{감소율} = \frac{5{,}320 - 4{,}256}{5{,}320} \times 100 = 20\%$$

※ $\text{감소율} = \left(\frac{C_i - C_o}{C_i}\right) \times 100$

$$\text{감소율}(\%) = \left[\frac{(0.03 \times 100) - (0.03 \times 70 + 0.01 \times 30)}{(0.03 \times 100)}\right] \times 100 = 20\%$$

06 3%의 황이 함유된 중유를 매일 100kL 사용하는 보일러에 황 함량 1.5%인 중유를 30% 섞어 사용할 때, SO_2 배출량은 몇 % 감소하겠는가? (단, 중유의 황 성분은 모두 SO_2로 전환, 중유 비중 1.0으로 가정함)

가. 30%　　나. 25%
다. 15%　　라. 10%

풀이

$$\text{감소율} = \left(\frac{C_i - C_o}{C_i}\right) \times 100$$

$$\text{감소율}(\%) = \left[\frac{(0.03 \times 100) - (0.03 \times 70 + 0.015 \times 30)}{(0.03 \times 100)}\right] \times 100 = 15\%$$

07 S함량 2.5%인 벙커 C유 100kL를 사용하는 보일러에 S함량 5.5%인 벙커 C유를 50% 섞어서(S함량 2.5%인 벙커 C유 50kL+S함량 5.5%인 벙커 C유 50kL) 사용한다면 S의 배출량은 약 몇 % 증가하겠는가? (단, 황은 전량 배출되며 벙커 C유의 비중은 0.95, %는 무게 기준이다.)

풀이 증가율 $\eta\% = \dfrac{(2.5\% \times 0.5 + 5.5\% \times 0.5) \times 100\text{kL} \times \dfrac{10^3}{\text{kL}} \times \dfrac{0.95\text{kg}}{\text{L}}}{2.5\% \times 1 \times 100\text{kL} \times \dfrac{10^3\text{L}}{\text{kL}} \times \dfrac{0.95\text{kg}}{\text{L}}} \times 100$

$= 160\%$

$\therefore\ 160 - 100 = 60\%$

2. NO_x 관련문제

08 질소산화물(NO_x) 생성 특성에 관한 설명으로 가장 거리가 먼 것은?

가. 일반적으로 동일 발열량을 기준으로 NO_x 배출량은 석탄>오일>가스 순이다.
나. 연료 NO_x는 주로 질소성분을 함유하는 연료의 연소과정에서 생성된다.
다. 천연가스에는 질소성분이 거의 없으므로 연료의 NO_x 생성은 무시할 수 있다.
라. 고정오염원에서 배출되는 질소산화물은 주로 NO_2이며, 소량의 NO를 함유한다.

풀이 라

09 연소 시 발생되는 NO_x는 원인과 생성기전에 따라 3가지로 분류하는데, 분류항목에 속하지 않는 것은?

가. Fuel NO_x　　나. Noxious NO_x
다. Prompt NO_x　　라. Thermal NO_x

풀이 나

10 연료의 연소 시 질소산화물(NO_x)의 발생을 줄이는 방법으로 가장 거리가 먼 것은?

가. 예열연소　　나. 2단연소
다. 저산소연소　　라. 배기가스 재순환

풀이 가

11 열생성 NO_x(Thermal NO_x)를 억제하는 연소방법에 관한 설명으로 가장 거리가 먼 것은?
가. 희박예혼합연소 : 당량비를 높여 NO_x 발생온도를 현저히 낮추어(2,000K 이하) prompt NO_x로의 전환을 유도한다.
나. 화염형상의 변경 : 화염을 분할하거나 막상으로 얇게 늘려서 열손실을 증대시킨다.
다. 완만혼합 : 연료와 공기의 혼합을 완만하게 하여 연소를 길게 함으로써 화염온도의 상승을 억제한다.
라. 배기재순환 : 팬을 써서 굴뚝가스를 로의 상부에 피드백 시켜 최고 화염온도와 산소농도로 억제한다.

풀이 가

12 Thermal NO_x를 대상으로 한 저 NO_x 연소법으로 가장 거리가 먼 것은?
가. 배기가스 재순환
나. 연료대체
다. 희박예혼합연소
라. 수분사와 수증기분사

풀이 나

13 연소 반응 시 공기 중의 질소를 기원으로 하며, Zeldovich mechanism에 의해 질소산화물이 생성되는 기구는?
가. Prompt NO_x
나. Circulation NO_x
다. Thermal NO_x
라. Fuel NO_x

풀이 다

14 연소물을 연소하는 과정에서 질소산화물(NO_x)이 발생하게 된다. 다음 반응 중 질소산화물(NO_x) 생성과정에서 발생하는 prompt NO_x의 주된 반응식으로 가장 적합한 것은?
가. $N+NH_3 \rightarrow N_2+1.5H_2$
나. $N_2+O_5 \rightarrow 2NO+1.5O_2$
다. $CH+N_2 \rightarrow HCN+N$
라. $N+N \rightarrow N_2$

풀이 다

8.2 내연기관 관련 과년도 기출문제

15 다음 중 옥탄가가 가장 낮은 물질은?
가. 노말 파라핀류
나. 아이소 올레핀류
다. 아이소 파라핀류
라. 방향족 탄화수소

풀이 가

16 옥탄가(Octane number)에 관한 설명으로 옳지 않은 것은?

가. *Iso*–Octane과 *n*–Octane, *Neo*–Octane의 혼합표준연료의 노킹정도와 비교하여 공급 가솔린과 동등한 노킹정도를 나타내는 혼합표준연료 중의 *Iso*–Octane(%)를 말한다.

나. *N*–Paraffine에서는 탄소수가 증가할수록 옥탄가가 저하하여 C_7에서 옥탄가는 0이다.

다. *Iso*–Paraffine에서는 methyl 측쇄가 많을수록, 특히 중앙부에 집중할수록 옥탄가는 증가한다.

라. 방향족 탄화수소의 경우 벤젠고리의 측쇄가 C_3까지는 옥탄가가 증가하지만 그 이상이면 감소한다.

풀이 가

17 자동차 내연기관의 공연비와 유해가스 발생 농도와의 일반적인 관계를 옳게 설명한 것은?

가. 공연비를 이론치보다 높이면 NO_x는 감소하고 CO, HC는 증가한다.

나. 공연비를 이론치보다 낮추면 NO_x는 감소하고 CO, HC는 증가한다.

다. 공연비를 이론치보다 높이면 NO_x, CO, HC 모두 증가한다.

라. 공연비를 이론치보다 낮추면 NO_x, CO, HC 모두 감소한다.

풀이 나

18 다음 중 가솔린자동차에 적용되는 삼원촉매기술과 관련된 오염물질과 거리가 먼 것은?

가. SO_x　　나. NO_x

다. HC　　라. CO

풀이 가

19 불꽃점화기관에서 발생되는 노킹현상을 방지하기 위한 방법으로 옳지 않은 것은?

가. 불꽃진행거리를 길게 하여 말단가스가 고온·고압에 노출되는 시간을 길게 한다.

나. 혼합기의 자기착화온도를 높게 하여 용이하게 자발화하지 않도록 한다.

다. 화염속도를 크게 한다.

라. 말단 가스의 온도, 압력을 내린다.

풀이 가

20 다음 중 디젤노킹(diesel knocking) 방지법으로 가장 거리가 먼 것은?

가. 착화지연 기간 및 급격연소 시간의 분사량을 감소시킨다.

나. 급기 온도를 높인다.

다. 기관의 압축비를 크게 하여 압축압력을 높게 한다.

라. 회전속도를 높인다.

풀이 라

21 다음 중 디젤기관의 노킹(diesel knocking) 방지법으로 가장 적합한 것은?

가. 세탄가가 10 정도로 낮은 연료를 사용한다.
나. 연료분사개시 때 분사량을 증가시킨다.
다. 기관의 압축비를 높여 압축압력을 높게 한다.
라. 기관 내로 분사된 연료를 한꺼번에 발화시킨다.

풀이 다

22 가솔린엔진은 예혼합연소, 디젤엔진의 상대적인 특성을 비교한 내용으로 틀린 것은?

가. 가솔린엔진은 예혼합연소, 디젤엔진은 확산연소에 가깝다.
나. 가솔린엔진은 연소실 크기에 제한을 받는 편이다.
다. 디젤엔진은 공급공기가 많기 때문에 배기가스 온도가 낮아 엔진 내구성에 유리하다.
라. 연료 속에 황이 포함되지 않은 것이 많고, 연소조절이 용이하다.

풀이 라

23 가솔린엔진과 디젤엔진의 상대적인 특성을 비교한 내용으로 틀린 것은?

가. 가솔린엔진은 예혼합연소, 디젤엔진은 확산연소에 가깝다.
나. 가솔린엔진은 연소실 크기에 제한을 받는 편이다.
다. 디젤엔진은 공급공기가 많기 때문에 배기가스 온도가 낮아 엔진 내구성에 유리하다.
라. 디젤엔진은 가솔린엔진에 비하여 자기착화온도가 높아 검댕, CO, HC의 배출농도 및 배출량이 많다.

풀이 라

참고문헌

1장

https://courses.candelalearning.com/princgenchem/chapter/2-6-industrially-important-chemicals/

https://www.saddlespace.org/whittakerm/science/cms_page/view/7795235

http://highschoolenergy.acs.org/content/hsef/en/what-is-energy/thermometers.html

http://www.physicalgeography.net/fundamentals/6c.html

2장

http://www.slideshare.net/BrijmohanGoel/coal-24578080

http://www.jisf.or.jp/course50/tecnology03/index_en.html

자원의 절약과 재활용촉진에 관한 법률 시행규칙환경부령 제617호 공포일 2015.10.23 시행일 2015.10.23. 일부개정)

자원환경지질, 제46권, 제4호, 359-373, 2013 Econ. Environ. Geol., 46(4), 셰일 가스 자원의 지화학적 평가 및 특성화, 이영주)

http://compassmag.3ds.com/5/Industry/SHALE-GAS

http://www.cleansolutionsco.com/technology.html

김동찬, Technical Development of CWM and COM Fuel, 전기저널 81 pp 31-35

이재도 외 현양기; 최재돈; 조상제; 박종옥; 김재홍, “소각로용 화격자(Stoker) 국산화 기술 개발(Development of Domestic Casting Product Stoker for Refuse Incineration Plants)” 특정연구개발사업 (중점국가연구개발사업), 한국기계연구원, 대한민국, 2002-06

소각시설 설치 · 운영시 고려사항 환경관리공단(http://www.emc.or.kr)

ボイラ研究(Journal of Japan Boiler Association) 第290号, Aug.1998, 4-15.

一般廢棄物を 處理する設備, 第2章 一般廢棄物を 處理する設備 P. 28-53.

http://www.slideshare.net/erasmusaugust/combustion-equipment-power-cycles

https://www.google.co.kr/search?q=underfeed+burning&biw=1477&bih=696&source=lnms&tbm=isch&sa=X&ved=0ahUKEwj3wpXfu77JAhXFjJQKHQV8A-wQ_AUIBigB#imgrc=eHvxogRo7tliaM%3A

https://upload.wikimedia.org/wikipedia/commons/3/37/Fluidized_Bed_Reactor_Graphic.JPG http://wirbelschichtverbrennung.de/13.html

http://www.jeag.com/home/products/rk-line.html

7장

http://www.slideshare.net/Nuumero1/power-plant-systems-new(17/45)

http://www.slideshare.net/Nuumero1/power-plant-systems-new(18/45)

이재도, “소각로용 화격자(Stoker) 국산화 기술 개발(Development of Domestic Casting Product Stoker for Refuse Incineration Plants)” 특정연구개발사업(중점국가연구개발사업), 한국기계연구원, 대한민국, 2002, pp8

https://upload.wikimedia.org/wikipedia/commons/3/37/Fluidized_Bed_Reactor_Graphic.JPG

http://wirbelschichtverbrennung.de/13.html

http://terms.naver.com/imageDetail.nhn?docId=617701&imageUrl=http%3A%2F%2Fdbscthumb.phinf.naver.net%2F1965_000_1%2F20110511154705206_UKQH0GYMZ.jpg%2Fi69_i1.jpg%3Ftype%3Dm4500_4500_fst_n%26wm%3DY&cid=42322&categoryId=42322

http://www.jeag.com/home/products/rk-line.html

http://www.powermag.com/applying-cfd-to-optimize-furnaces-cofiring-biomass-and-the-impact-of-cofiring-on-scr/

http://www.steam-generator.com/coal-water-slurry-fuel-cwsf-steam-boilers-automization-type/

http://www.oilheatamerica.com/knowledge-base/equipment/burners/

http://www.sunflame.net/english/core/010/

http://www.spiraxsarco.com/Resources/Pages/Steam-Engineering-Tutorials/the-boiler-house/boiler-efficiency-and-combustion.aspx

http://www.airheaters.info/oil-burner/gun-type-oil-burners-operating-principles.html

http://inspectapedia.com/heat/Draft_Inducer_Fan_Requirements.php

김세원 외 류태우; 김동정; 강필중; 채경찬, 저공해 버너 및 연소로의 성능진단 기술개발, Development of Performance Diagnostic Technique on Low Emission Burner and Furnace, 한국생산기술연구원, 대한민국, 1999.

8장

http://research.noaa.gov/News/NewsArchive/LatestNews/TabId/684/ArtMID/1768/ArticleID/11153/Greenhouse-gas-benchmark-reached-.aspx

http://co2.kemco.or.kr/toe/toe.aspx

IPCC.2005.Carbon dioxide capture and storage.Cambridge and New York: Cambridge University Press. http://www.ipcc.ch/pdf/special-reports/srccs/srccs_technicalsummary.pdf(accessed December 7, 2013)

http://www.kcrc.re.kr/html/news.html

http://airemiss.nier.go.kr/nape/introduction/emission/airpollution/emission05.jsp?mm=1&sm=4&ssm=1

https://www.eversource.com/Content/nh/about/major-projects-infrastructure/clean-air-project

Source: Allied Environmental Technologies, Inc. http://www.americancoalcouncil.org/?page=nox

http://www.americancoalcouncil.org/?page=nox

https://www.amsoil.com/articlespr/article_2cycleapplications.aspx

조경두, 자동차 대기오염 실태조사 및 개선방안, 인천발전연구원, 2003년, pp21

https://www.princeton.edu/ssp/64-tiger-cub-1/64-data/combustion-chemistry.pdf Emission#1-Combustion Chemistry Toyota Motor Sales, USA

자동차는 제작차 배출허용기준(제62조 관련)으로 대기환경보전법 시행규칙 별표 17(시행 2015.12.22.)(환경부령 제629호)

이치웅, 자동차 배출가스 저감기술 현황과 전망, 한국과학기술정보연구원, 2007년

齊藤 孟, 大聖 泰弘 "自動車排出ガス低減技術の到達地點と今後の見通し",「環境情報科學(日本)」, 36(1), 2007, pp.9～14.

김용환, 자동차 배기가스 정화촉매의 개발, 한국과학기술정보연구원, 2012

松本 伸一, "自動車排出ガス淨化觸媒開發の現狀",「セラミックス(日本)」, 47(6), 2012, pp.412～416.

과년도('09～'15) 대기환경기사 연소공학편

찾아보기

기타

저자 : **최 성 우**

- 연세대학교 환경과학과 (이학사)
- 연세대학교 대학원 보건학 (석사)
- 미국 일리노이공과대학 환경공학과 (Ph.D.)
- 미국 노스캐롤라이나 대학 교환교수
- 현)계명대학교 자연과학대학 환경과학전공 교수

연소공학 정가 20,000원

발 행 2022년 3월 10일 2판 3쇄
저 자 최성우
발행인 정우용
발행처 도서출판 **동화기술**
경기도 파주시 광인사길 201(문발동, 파주출판도시)
Tel (031)955-4211~6 donghwapub@nate.com
Fax (031)955-4217 www.donghwapub.co.kr
(등록) 1977년 12월 19일/9-16호

Printed in Korea
ISBN 978-89-425-9147-3